森林调查技术

主 编 管 健
副主编 邢献予

科学出版社
北京

内 容 简 介

本书以工作过程为导向，选取林业企业的典型工作任务，依据教育部最新修订的专业教学标准进行编写，是校企"双元"育人的职业教育改革成果。本书内容包括林地测量、单木材积测定、林分调查、森林抽样调查4个模块，20个工作任务，16个子任务。主要讲授森林罗盘仪测绘平面图、全站仪测图、GNSS手持机的应用、地形图的应用、单木材积测定、林分调查及森林抽样调查的基础知识和技术方法，为森林资源调查和各种专业调查提供图面材料，为林业生产提供所需的可靠数据来源。

本书注重对职业能力和可持续发展能力的培养，符合"中高本衔接"人才培养的需要，符合林业从业人员职业能力养成规律和岗位技能强化规律，可作为林业技术、林业信息技术应用及森林和草原资源保护等专业人员学习森林调查技术的教材，也可作为林农和社会学习者的培训指导用书。

图书在版编目（CIP）数据

森林调查技术/管健主编. —北京：科学出版社，2023.2
ISBN 978-7-03-072987-3

Ⅰ. ①森… Ⅱ. ①管… Ⅲ. ①森林调查 Ⅳ. ①S757.3

中国版本图书馆 CIP 数据核字（2022）第 156487 号

责任编辑：杨 昕 宋 丽 / 责任校对：王万红
责任印制：吕春珉 / 封面设计：东方人华平面设计部

科学出版社 出版
北京东黄城根北街16号
邮政编码：100717
http://www.sciencep.com

北京中科印刷有限公司 印刷
科学出版社发行 各地新华书店经销

*

2023年2月第 一 版　　开本：787×1092　1/16
2023年2月第一次印刷　　印张：17
字数：403 000
定价：52.00 元
（如有印装质量问题，我社负责调换〈中科〉）
销售部电话 010-62136230　编辑部电话 010-62135397-2032

版权所有，侵权必究

前　言

2019年1月，国务院发布《国家职业教育改革实施方案》；2020年9月，教育部等九部门印发《职业教育提质培优行动计划（2020—2023年）》；2021年10月，中共中央办公厅 国务院办公厅印发《关于推动现代职业教育高质量发展的意见》；2022年10月，党的二十大报告提出，统筹职业教育、高等教育、继续教育协同创新，推进职普融通、产教融合、科教融汇，优化职业教育类型定位。这些引领职业教育发展的纲领性文件，为职业教育的发展指明道路和方向，标志着我国职业教育进入新的发展阶段。

在"绿水青山就是金山银山"发展理念的指导下，《中华人民共和国森林法》于2019年12月28日第十三届全国人民代表大会常务委员会第十五次会议修订，我国林草事业改革发展进入新时代。本书编写团队坚持"立德树人"的教育理念，紧密对接行业、企业的发展需求，落实课程思政的实践要求，探索校企深度合作模式，在编写过程中注重吸收林业行业发展的新知识、新技术、新工艺、新方法。本书在内容安排上打破了传统的学科体系和课程理论体系，并兼顾南北方林业特点，以林业企业的真实工作任务完成过程为依据，按照职业教育的认知方法和学习规律设计学习型工作任务。

本书主要以模块及任务的形式进行编写，16个子任务所涉及的内容分散在不同任务中，各模块根据需要挑选任务，做到课题理论教学与现场实践教学相结合，课内训练与综合训练相结合，课程内容训练与实际生产任务相结合。在教学内容组织实施的过程中，以团队形式共同实施一个完整的模块工作任务，使学生能够掌握相关知识，具备相应专业技能，激发学习兴趣和思维，培养综合职业能力。

本书具有如下3个特征：

1）课岗标准融通。将林业企业典型工作任务中的技能点融入教学模块中，实现课堂教学和岗位职业技能要求的有机融合。

2）工作过程导向。以森林调查员的工作过程为主线，以典型工作任务为载体，以工作过程导向的任务为引领，将岗位需要的专业知识和操作技能加以重组，在"学和做"的过程中理解"为什么做"，并懂得"该怎么做"和"如何做得更好"。

3）校企双师协同。由校企双师共同开发，书中的"注意事项"是从事森林调查工作的林业工作者长期经验和工作技能的凝练，体现了从业人员对工作的敬业精神、对成果负责的精益精神，以及注重细节的专注精神和及时总结改进的创新精神。

本书由管健担任主编，负责全书大纲设计、统稿、校稿和定稿工作；邢献予担任副主编，协助主编承担统稿和校稿工作。本书具体编写分工如下：管健编写课程导入和模块三，邢献予编写模块二，付丽梅编写模块一中的任务1、任务2、任务3，靳来素编写模块一中的任务4和模块四中的任务20，邢宝振编写模块一中的任务5和模块四中的任务18、任务19。辽宁省林业调查规划监测院教授级高级工程师秦学军担任本书的主审。中国铁路沈阳局集团有限公司沈阳林业管理所高级工程师薛鹏和辽宁生态工程职业学

森林调查技术

院教授级高级工程师王福玉对本书结构及其层次划分提出了建设性意见，同时对全书内容编写进行了具体指导。

本书在编写过程中得到了辽宁生态工程职业学院、中国铁路沈阳局集团有限公司沈阳林业管理所和辽宁省林业调查规划监测院的大力支持和协助，并参考引用了国内一些著作资料，在此特向上述单位和著作者表示谢意。

由于编者水平有限，书中难免有疏漏之处，诚盼广大读者批评指正。

管 健

目　录

课程导入 ··· 1

模块一　林地测量

任务 1　测量距离 ·· 11
　　子任务 1.1　丈量距离 ·· 11
　　子任务 1.2　视距测量距离 ·· 20
任务 2　确定直线方向 ··· 26
任务 3　测绘平面图 ·· 32
　　子任务 3.1　导线测量 ·· 32
　　子任务 3.2　碎部测量 ·· 39
任务 4　GNSS 应用 ·· 44
　　子任务 4.1　GNSS 手持机的基本操作 ·· 44
　　子任务 4.2　GNSS 手持机在林地调查中的应用 ······························ 49
任务 5　地形图的应用 ··· 54
　　子任务 5.1　地形图的应用基础 ·· 55
　　子任务 5.2　地形图的室内应用 ·· 70
　　子任务 5.3　由地形图绘平面图 ·· 73
　　子任务 5.4　地形图在林地调查中的应用 ······································· 78
自测题 ··· 84

模块二　单木材积测定

任务 6　直径的测定 ·· 91
任务 7　树高的测定 ·· 97
任务 8　伐倒木材积测算 ··· 104
任务 9　材种材积测算 ·· 113
任务 10　立木材积测算 ·· 124
任务 11　单木生长量测定 ··· 132
　　子任务 11.1　树干解析外业 ·· 132
　　子任务 11.2　树干解析内业 ·· 140
自测题 ··· 155

模块三　林分调查

任务 12　林分结构规律及调查因子测定 ·· 161

任务 13　林分蓄积量测算 …… 174
任务 14　标准地调查 …… 181
任务 15　角规测树 …… 188
　　子任务 15.1　角规绕测技术 …… 188
　　子任务 15.2　角规控制检尺 …… 195
任务 16　测定林分生长量 …… 198
任务 17　林分多资源调查 …… 208
自测题 …… 218

模块四　森林抽样调查

任务 18　系统抽样调查森林资源 …… 225
　　子任务 18.1　森林系统抽样调查外业 …… 225
　　子任务 18.2　森林系统抽样调查内业 …… 231
任务 19　森林分层抽样调查 …… 235
任务 20　森林资源遥感调查 …… 242
自测题 …… 263

参考文献 …… 266

课程导入

森林调查的目的是为国家制定林业方针政策，编制国家、地方和生产经营单位的林业区划、规划和计划，为实现森林资源的合理经营、科学管理和林业的可持续发展提供可靠的基础资料，充分发挥森林生态系统的多种效益，更好地为国家生态文明建设服务。

一、森林调查技术的概念

1. 森林调查

森林调查实质上就是对森林的数量、质量和生长动态进行测定与评价。通过森林调查测定森林的数量，评定森林的质量，分析树木、林分、森林的生长动态变化规律，为国家林业和草原局以及各级林业和草原部门拟定林业发展规划、确定森林经营技术措施、合理利用森林资源、扩大林业再生产、保护生态环境等提供原始数据和科学理论依据，从而实现科学经营、永续利用森林资源的目的。

森林调查通常是以林区为调查对象，把一定面积的林区作为调查总体，分别采用典型调查法和抽样调查法来估测森林资源的总体数量与质量，摸清森林资源的动态变化规律，客观反映自然条件和社会经济条件并对其进行综合分析、评价，提出全面、准确的森林资源调查材料、图面材料、统计报表和调查报告等。抽样调查的有关知识将在高等学校相关课程中学习。

2. 森林调查技术

森林调查技术是指对树木、林分、森林及林产品进行数量测算、质量评定和生长动态分析的理论与技术方法。它以树木和林分为对象查清森林资源的数量和质量，是各林业学科对森林进行研究分析所必须掌握的基本知识和技能。

二、森林调查的任务与内容

1. 森林调查的任务

森林调查的任务是用科学方法和先进技术手段查清森林资源数量、质量及其消长变化状况、变化规律，进行综合分析和评价，为国家、地区制定林业方针政策提供科学数据和理论依据，为林业和草原部门、森林经营单位编制林业区划、规划、计划及指导林业生产提供基础资源数据，即提供合理组织林业生产的基础及检查森林经营效果的重要手段。同时，为林业各学科研究提供树木、森林测定理论、方法和技术，为实现森林资源的合理经营、科学管理、永续利用、可持续发展，以及充分发挥森林的生态效益、经济效益、社会效益服务。

2. 森林调查的内容

森林调查的内容由传统的测量学和测树学两部分组成。前者主要讲授罗盘仪测设标准地和测绘平面图的基本原理和操作步骤，讲述地形图的判读应用以及全球导航卫星系统（global navigation satellite system，GNSS）等信息技术在森林调查中的应用等，为森林调查工作提供图面材料；后者主要讲授单株树木和林分蓄积量测定的基础知识和技术方法，为制定森林经营措施、编制经营规划提供科学数据。

三、森林调查技术历史沿革

森林调查技术的发展历史与社会生产力水平和科学技术发展密切相关。森林调查技术由简单到粗放再到精准，进而发展成为一门学科，其发展过程可概括为以下 4 个阶段。

1. 目测阶段（踏勘阶段）

古代森林茂密，人烟稀少，生产简单，对树木与木材无须精密测量，资源浪费严重。在距今 2700 多年的春秋战国时期，一般采用"把""握""围"作为树木粗度的量度单位，只有在制作车辆所需构件时才用尺寸计量。18 世纪前，木材生产情况是买卖山林，小面积集中采伐。这一时期森林调查还没有形成完整的体系，只能进行目测调查，估测木材材积并进行交换。到了 18 世纪，目测全林总材积的方法是将调查地区划为若干个分区，以目测方法估计单位面积林地上的林木材积，并将样地上的样木伐倒实测其材积，以此来校正目测调查的结果。这种目测调查法至今仍为林业调查工作所沿用。对于结构简单的森林，这是一种较为适宜且快速的方法。自 1913 年起，有学者开始研究目测产生的偶然误差和偏差，并指出采用回归分析方法可以校正调查员在调查时产生的目测偏差。然而，在大面积森林调查时只能在其中选定若干个观测点进行目测，很难满足精度要求。因此，这种方法只适用于小面积且林相简单的森林。

2. 实测阶段

19 世纪初期，其他学科的发展推动了调查技术的迅速发展。林业工作者开始利用胸高直径（简称胸径）、树高、形数与材积之间的关系，分别按照树种编制了适合森林调查和材积计算的各种材积表。由于交通和工业的发展，人们对林产品的数量和质量也有了新的要求。随着林业生产的逐渐发展，通过目测小面积林分推算全林蓄积量的方法已经不能满足实际需要，目测法逐渐被实测法替代。森林调查技术由目测调查阶段到实测调查阶段经历了 200 多年的发展历程。目前，世界上一些国家仍然采用全林实测法，特别是在特殊林分（特种用途林等）和伐区调查中仍然采用全林每木调查（又称每木检尺）法。应当注意的是，这种方法成本高、速度慢。

由目测调查发展到实测调查，虽然初步解决了精度不足的问题，但是主观决定实测比重增加了不必要的工作量，形成了工作量与精度的矛盾。20 世纪初，由于林业生产发展的需要，世界上有些国家进行了大面积森林资源清查和全国森林资源清查，使得工作量与精度这一矛盾更加尖锐化。为了解决这一矛盾，必须探索更为完善的调查方法。

3. 森林抽样调查阶段

对小面积森林可采用全林实测法，但是对大面积森林进行全林每木调查是不可能的，也没有必要。在这个时期，数理统计、会计电算化等理论和方法得到广泛应用，其中数理统计理论和方法提供了设计最优森林调查方案的理论和方法，即用最小工作量取得最高精度，或按既定精度要求使工作量最小，初步解决了精度和工作量的矛盾。这是森林调查技术的一个突破，即森林调查技术突破了实测框的限制，跨入了森林抽样调查阶段。

标准地调查法和抽样调查法在森林调查中的应用，不仅加速推进森林调查工作，而且为监测森林资源消长的森林连续清查的进展打下了理论基础。抽样调查法与标准地调查法相比，前者避免了主观偏差，并且抽样调查方案一经制订，操作就较为简单，便于组织生产。随着抽样调查理论和方法的不断发展和完善，森林调查的精度不断提高，调查方法也更加多样化。

应用航空像片进行森林调查，可以提取各种土地类型的面积。航空像片所提供的地物影像客观地记录了地物在拍摄瞬间的实况，反映了森林实况。从像片上不仅可以判读各种林分调查因子，而且可以利用航空像片绘制林相图等图面材料。这种方法对于难以到达且人烟稀少、粗放经营的原始林区特别适用。数理统计促进了航空摄影技术在森林调查中的应用。它提供了森林调查最优设计方案的设计理论，用较低成本就可获取满足生产要求的调查资料，并可采用抽样技术对森林类型面积作出全面估计，从航空像片上测得各种林分调查因子后，只要应用复相关分析和适当的抽样技术，就能很好地估计出林木蓄积。之后，经地面检查，再应用回归分析，就可消除航空像片判读偏差。

20 世纪 60 年代出现了多光谱扫描仪，并初步建立了图形识别学说。20 世纪 70 年代出现了地球资源技术卫星，同时电子计算机得到了广泛应用。它们使森林调查技术得到迅速发展。多光谱像片和陆地卫星的专题制图仪（thematic mapper，TM）影像提供了大量信息，对判读大面积林区的森林分类十分有利。应用电子计算机进行森林资源的统计分析，不仅缩短了森林调查的作业时间，还可使森林调查内业全部实现自动化。因此，航空像片和电子计算机是现代森林调查不可缺少的工具。

4. "3S" 技术广泛应用阶段

在 21 世纪，"3S"［GNSS，地理信息系统（geographic information system，GIS），遥感（remote sensing，RS）]技术在森林调查实践中得到了较为广泛的应用。以"3S"集成技术为支撑建立对地观测系统，可以从整体上解决与地学相关的资源问题与环境问题，实现定性、定位、定量的统一，从而使森林资源调查与监测的范围扩大、周期缩短、精度提高、现势性增强、工作量减小，把森林资源调查与监测技术的发展推向数字化、实时化、自动化、动态化、集成化、智能化的高新科技时代。

综上所述，森林调查技术的发展是与社会生产力和现代科学技术的发展息息相关的。当今，森林调查技术现代化的主要标志是电子计算机的应用。森林资源信息系统的建立，抽样技术的迅速发展，最优数学模型的选用，以及精密仪器的研制、"3S"技术的广泛应用等，这些都有可能改变旧有的某些测树方法，使外业调查和制表的工作量大幅减少，并将森林调查技术的理论和方法提高到一个新的水平。

四、新中国成立以来的森林调查史

我国森林调查技术的发展是从中华人民共和国成立后开始的。

自1949年新中国成立以来，经过多代林业专家学者的艰苦奋斗、学习研究，我国的森林调查事业已经进入了一个崭新的历史时期。70多年来，我国从中央到地方陆续建立了森林资源管理体系，基本查清了全国森林资源状况。在总结新中国成立以来我国森林调查经验和教训的基础上，结合国内外森林调查实践，我国将森林调查分为以下3类。

1. 国家森林资源连续清查（简称一类调查）

国家森林资源连续清查由国务院林业和草原主管部门组织，以省、自治区、直辖市和大林区为单位进行，以全国或大林区为调查对象，要求在保证一定精度的条件下，能够迅速及时地掌握全国或大区域森林资源总的状况和变化，为分析全国或大区域的森林资源动态，制定国家林业政策、计划，调整全国或大区域的森林经营方针，指导全国的林业发展提供必要的基础数据。森林资源的落实单位在国有林区为林业局、在集体林区为县，也可为其他行政区划单位或自然区划单位。调查的主要内容包括森林面积、蓄积量、生长量、枯损量及更新采伐量等。调查方法主要采用抽样调查法并定期进行复查，复查间隔期一般为5年。

目前，我国已经应用森林资源连续清查法建立起较完善的国家森林资源清查体系。

2. 森林资源规划设计调查（简称二类调查）

森林资源规划设计调查也称森林经理调查，由省级人民政府、林业和草原主管部门负责组织，以国有林业局、国有林场、县级行政区域或其他部门所属林场为单位进行，为林业基层生产单位（林业局或林场）全面掌握森林资源的现状及变动情况，分析以往的经营活动效果，编制或修订基层生产单位（林业局或林场）的森林经营方案或总体设计提供可靠的科学数据。因为小班是开展森林经营利用活动的具体对象，也是组织林业生产的基本单位，所以森林资源二类调查应落实到小班上。森林经营水平和经营集约程度决定了调查的详细程度。调查的主要内容，除各地类小班的面积、蓄积量、生长量及经营情况外，还要进行林业生产条件的调查和其他专业调查。调查间隔期为10年或5年。

3. 作业设计调查（简称三类调查）

林业基层生产单位为满足伐区设计、造林设计、抚育采伐设计及林分改造等而进行的调查，均属作业设计调查。其目的是清查一个作业设计范围内的森林资源数量、出材量、生长状况、结构规律及作业条件等，取得作业前应具备的资料，为开展生产作业设计及施工服务。作业设计调查是基层生产单位开展经营活动的基础手段，应在二类调查的基础上，根据规划设计的要求在具体作业前进行。当前我国大部分林区采用全林实测法进行三类调查，森林资源应落实到具体的山头地块或一定范围作业地块上。

来自世界银行的数据显示，截至 2018 年底，俄罗斯是全球森林面积最大的国家，约为 814.9×10^{4}km^2，森林覆盖率约为 49.8%；巴西的森林面积位列全球第二，约为 492.55×10^{4}km^2，森林覆盖率约为 58.9%；加拿大拥有全球第三大的森林面积，约为 347×10^{4}km^2，森林覆盖率约为 38.2%；第四位是美国，森林面积约为 310.37×10^{4}km^2，森林覆盖率约为 33.9%；我国的森林面积约为 220×10^{4}km^2，位列世界第五。

1950～2018 年中国森林资源清查数据见表 0-1。国家林业和草原局发布的第九次全国森林资源清查成果——《中国森林资源报告（2014—2018）》显示，全国森林植被总生物量为 188.02×10^{8}t，总碳储量为 91.86×10^{8}t，森林覆盖率为 22.96%，比第八次全国森林资源清查的森林覆盖率提高了 1.33 个百分点，净增森林面积超过了一个福建省的面积。我国森林总面积和森林蓄积量分别位列世界第五和第六，人工林面积居世界首位，森林资源呈现出数量持续增加、质量稳步提升、效能不断增强的良好态势。

表 0-1　1950～2018 年中国森林资源清查数据

年份（次）	林地面积/(10^{8}hm^2)	森林资源面积/(10^{8}hm^2)	人工林面积/(10^{8}hm^2)	天然林面积/(10^{8}hm^2)	森林覆盖率/%	森林蓄积/(10^{8}m^3)
1950～1962	2.120	0.850			8.90	
1973～1976（1）	2.576	1.220			12.70	86.56
1977～1981（2）	2.671	1.150			12.00	90.28
1984～1988（3）	2.674	1.250			12.98	91.41
1989～1993（4）	2.629	1.340			13.92	101.37
1994～1998（5）	2.633	1.589	0.4709		16.55	112.67
1999～2003（6）	2.849	1.749	0.5365	1.1576	18.21	124.56
2004～2008（7）	3.059	1.955	0.6169	1.1969	20.36	137.21
2009～2013（8）	3.126	2.077	0.6933	1.2184	21.63	151.37
2014～2018（9）	3.237	2.20	0.7954	1.3868	22.96	175.60

（1）林地面积和林木蓄积

我国林地总面积为 32 368.55×10^{4}hm^2。其中，乔木林地为 17 988.85×10^{4}hm^2，灌木林地为 7384.96×10^{4}hm^2，疏林地为 342.18×10^{4}hm^2，未成林造林地为 699.14×10^{4}hm^2，苗圃地为 71.98×10^{4}hm^2，宜林地为 4997.79×10^{4}hm^2。活立木蓄积为 190.07×10^{8}m^3。其中，森林蓄积为 175.60×10^{8}m^3，疏林蓄积为 10 027.00×10^{4}m^3，散生木蓄积为 87 803.41×10^{4}m^3，四旁树蓄积为 46 859.80×10^{4}m^3。

（2）森林面积和森林蓄积

森林面积按林种分，防护林为 10 081.92×10^{4}hm^2，占比为 46.2%；特用林为 2280.40×10^{4}hm^2，占比为 10.45%；用材林为 7242.35×10^{4}hm^2，占比为 33.19%；薪炭林为 123.14×10^{4}hm^2，占比为 0.56%；经济林为 2094.24×10^{4}hm^2，占比为 9.60%。森林蓄积按林种分，防护林为 881 806.90×10^{4}m^3，占比为 51.69%；特用林为 261 843.05×10^{4}m^3，占比为 15.35%；用材林为 541 532.54×10^{4}m^3，占比为 31.75%；薪炭林为 5665.68×10^{4}m^3，占比为 0.33%；

经济林为 14 971.42×10⁴m³，占比为 0.88%。

森林按主导功能统计，公益林面积为 12 362.32×10⁴hm²，商品林面积为 9459.73×10⁴hm²，分别占比为 56.65%和 43.35%。

乔木林面积为 17 988.85×10⁴hm²，占森林面积的 81.6%。其中，幼龄林面积为 5877.54×10⁴hm²，蓄积为 213 913.86×10⁴m³；中龄林面积为 5625.92×10⁴hm²，蓄积为 482 135.45×10⁴m³；近熟林面积为 2861.33×10⁴hm²，蓄积为 351 428.80×10⁴m³；成熟林面积为 2467.66×10⁴hm²，蓄积为 401 111.45×10⁴m³；过熟林面积为 1156.40×10⁴hm²，蓄积为 257 230.03×10⁴m³。

（3）天然林面积和天然林蓄积

天然林面积为 13 867.77×10⁴hm²，占林地面积的 63.55%；天然林蓄积为 1 367 059.63×10⁴m³，占森林蓄积的 80.14%。

天然林面积按林种分，防护林占比为 55.06%，特用林占比为 14.98%，用材林占比为 28.68%，薪炭林占比为 0.76%，经济林占比为 0.52%。

天然乔木林按龄组分，中幼龄林面积占比为 60.94%，蓄积占比为 38.49%；近熟林面积占比为 16.72%，蓄积占比为 20.42%；成、过熟林面积占比为 22.34%，蓄积占比为 41.09%。

（4）人工林面积和人工林蓄积

人工林面积为 7954.28×10⁴hm²，占林地面积的 36.45%；人工林蓄积为 338 759.96×10⁴m³，占森林蓄积的 19.86%。

人工林面积按林种分，防护林占比为 30.75%，特用林占比为 2.55%，用材林占比为 41.05%，薪炭林占比为 0.23%，经济林占比为 25.42%。

人工乔木林按龄组分，中幼龄林面积占比为 70.42%，蓄积占比为 50.18%；近熟林面积占比为 14.15%，蓄积占比为 21.33%；成、过熟林面积占比为 15.43%，蓄积占比为 28.49%。

（5）林地林木权属

林地权属。国有林地面积为 8436.61×10⁴hm²，占比为 38.66%；集体林地面积为 13 385.44×10⁴hm²，占比为 61.34%。

林木权属。在森林面积中，国有占比为 37.92%，集体所有占比为 17.75%，个体所有占比为 44.33%。在森林蓄积中，国有占比为 59.04%，集体所有占比为 14.93%，个体所有占比为 26.03%。

（6）森林资源质量

林地质量好的占比为 39.96%，主要分布在南方和东北东部；林地质量中等的占比为 37.84%，主要分布在中部和东北西部；林地质量差的占比为 22.20%，主要分布在西北、华北干旱地区和青藏高原。在现有宜林地中，质量差的占比为 50.82%，且主要分布在干旱、半干旱地区。

全国乔木林每公顷蓄积量为 94.83m³，每公顷年均生长量为 4.73m³，每公顷株数为 1052 株，平均郁闭度为 0.58，平均直径为 13.4cm。森林质量好的占比为 20.68%，森林质量中等的占比为 68.04%，森林质量差的占比为 11.28%。

（7）森林生态状况和生态效益

在乔木林面积中，处于原始状态或接近原始状态的天然林面积占比为 20.38%；群落结构完整的面积占比为 64.95%；处于健康状态的面积占比为 84.38%；受火灾、病虫害等各类灾害影响的面积占比为 10.69%。经综合评定，全国乔木林生态功能指数为 0.57，生态功能总体处于中等水平。生态功能等级好的占比为 14.10%，主要分布在东北和西南等主要林区。

五、"森林调查技术"与其他课程的关系及其学习方法

"森林调查技术"与其他课程的关系非常密切。森林调查是一项复杂的综合性工作，牵涉面广，森林调查技术与很多课程有着紧密或直接的联系。例如，森林调查的对象是森林，"森林植物"的识别是基础；在研究单株树木和林分的生长规律时，弄清森林生长和分布与"森林环境"的关系是关键；为了鉴定森林立地条件、评定森林在数量和质量方面的生长能力，需要应用"森林环境"特别是"森林生态学"的相关知识。森林调查技术不仅是"森林资源经营管理""森林经营技术""森林资源资产评估"的基础课程，也为其他许多专业课程（如森林营造技术课程等）服务，因此该课程是现代林业技术专业的一门重要的专业基础课。它除了为森林调查提供基础知识和基本技术方法外，还为扩大现代林业技术专业学生的知识领域，适应现代林业生产的实际需要奠定基础。

因此，要想学好本课程，就需要掌握数学、森林植物及其识别、森林植物生长与环境等基础知识及其他林业专业知识，在学习中应将各任务的理论知识准备与其技能实训有机结合，除认真学习各任务的理论知识外，更应注重操作技能实训等实践环节。

六、森林调查常用的符号和单位

森林调查主要调查因子常用的符号和单位见表 0-2。

表 0-2　常用的符号和单位

主要调查因子	常用符号	单位名称	单位符号	精度要求
直径	D 或 d	厘米	cm	0.1
树高	H 或 h	米	m	0.1
长度	L 或 l	米	m	0.1
断面积	G 或 g	平方米	m^2	0.000 01
林分蓄积量	M 或 m	立方米	m^3	0.000 1
材积	V 或 v	立方米	m^3	0.000 1
形数	F 或 f	—	—	0.001
形率	Q 或 q	—	—	0.01

模块一　林地测量

情境描述

在林业生产过程中往往需要对林地进行测量，如测量林地点位之间的距离、测量林地的面积、确定林地的地理位置、确定地形图上地物的实际位置等，因此需要掌握距离测量知识。可用皮尺等工具进行丈量，也可应用森林罗盘仪配合视距尺进行观测，还可应用全站仪进行测量。测定直线的方位角，配合距离丈量，能够进行林地控制测量和碎部测量，并以测量结果为基础绘制林地平面图，计算出林地面积，这就是森林罗盘仪导线测量。大面积林地还可应用全球导航卫星系统（GNSS）手持机进行面积量算。目前，GNSS手持机主要应用北斗卫星导航系统（Beidou navigation satellite System，BDS），定位更加精准。在林业生产中还应具有地形图的识别与应用能力，这样才能更好地将地形图上的地物与实际相匹配，进行图上距离量算、实际距离转换、方位角转换等，从而更好地服务于生产。

任务 1 测 量 距 离

📖 任务描述

距离测量是林地面积测算、林地勘察、林业规划制定等工作的基础。距离测量的主要工具是测绳、钢尺、森林罗盘仪、测距仪,需要掌握直线定线、距离丈量的方法及森林罗盘仪的使用方法等知识和技能。

☕ 知识目标

1. 熟悉距离丈量的工具种类和使用方法。
2. 掌握距离丈量及精度的计算方法。
3. 了解森林罗盘仪的结构与功能。
4. 掌握森林罗盘仪测定磁方位角的方法和步骤。
5. 掌握森林罗盘仪视距测量的方法。

📂 技能目标

1. 能够熟练测定地面上两点之间的距离。
2. 能够正确计算距离丈量精度。
3. 能够利用森林罗盘仪测定直线的磁方位角。
4. 能够利用森林罗盘仪进行视距测量。

🖋 思政目标

1. 培养学生实事求是、科学严谨的工作态度。
2. 培养学生分析问题、解决问题的能力。
3. 培养学生善于观察、勤于总结的工作习惯。
4. 引导学生认识合作的重要性,培养其团队合作意识。

子任务 1.1 丈 量 距 离

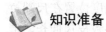

一、丈量距离基础知识

距离是指地面上两点之间的直线长度,可分为水平距离和倾斜距离。在森林调查中,两点之间的距离是指地面上的两点投影在同一水平面上的直线长度,即水平距离,简称平距。若两点不在同一水平面上，则其之间连线的长度就是倾斜距离。在测量工作中，可根据需要将倾斜距离转化为水平距离。测量地面上两点之间水平距离的工作就是距离丈量，它是森林调查的基础性工作。根据使用的仪器和方法不同，距离丈量可分为直接测量距离（简称量距）（如卷尺量距）、间接量距（如视距测量）和电子物理量距（如电磁波测距）。本任务介绍直接量距。

丈量距离的工具通常有钢尺、皮尺和玻璃纤维卷尺、测绳、辅助工具。

（1）钢尺

钢尺是用钢材质制成的带状尺，可卷入金属圆盒或金属架内，故又称钢卷尺，如图 1-1 所示，其长度有 20m、30m、50m 等几种。家用钢卷尺一般是指长度仅为 2~5m 的小钢卷尺。钢尺分为盒式钢尺和手柄式钢尺两种。

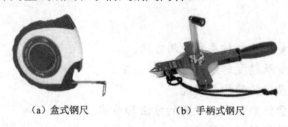

(a) 盒式钢尺　　　　(b) 手柄式钢尺

图 1-1　钢尺

钢尺的零分划位置有两种形式：有明显的零分划线且刻在钢尺前端，称为刻线尺；没有明显的零分划线，零点位于钢尺的最外端（拉环的外缘），称为端点尺，如图 1-2 所示。使用时应当注意零点的位置，以免发生量距错误。一般情况下，钢尺的最小分划单位为 mm，是精度较高的测量工具。

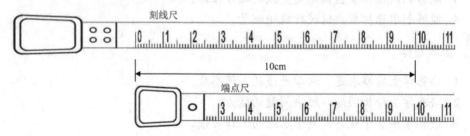

图 1-2　刻线尺与端点尺

（2）皮尺和玻璃纤维卷尺

皮尺是用漆布制成的带状软尺，它的外观如图 1-3 所示。皮尺有 15m、20m、30m 和 50m 等不同量程，基本分划单位为 cm。皮尺大多为端点尺，即零刻度位置在尺端拉环的外缘，整米、整分米处均有注记，如图 1-4 所示。长期使用容易导致皮尺伸长、精度下降或损坏，因此皮尺只能用于较低精度的量距。

玻璃纤维卷尺是用玻璃纤维束和聚氯乙烯树脂等新材料制成的，它在精度、强度和使用寿命等方面优于皮尺，但不及钢尺，如图 1-5 所示。

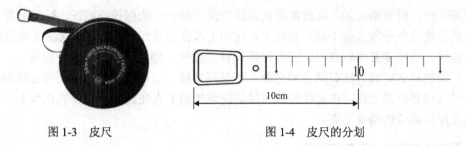

图 1-3　皮尺　　　　　　　图 1-4　皮尺的分划

（3）测绳

测绳是用尼龙材质包裹麻线、金属丝混织而成的线状尺，绳粗一般为 3～4mm，长度有 30m、50m、100m 等几种。在整米处包有薄金属片，并注记米数，如图 1-6 所示。由于测绳分划粗略、绳长较长且耐拉力差，一般用于低精度的量距工作。

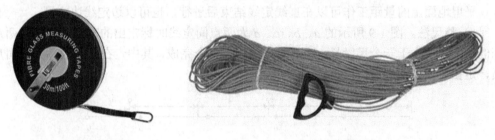

图 1-5　玻璃纤维卷尺　　　　　　图 1-6　测绳

（4）辅助工具

1）测钎。测钎由长度为 20～30cm 的粗铁丝制成，如图 1-7 所示。测量时，用作标定尺段端点位置和计算整尺段数，也可作为瞄准的标志。

2）标杆。标杆长度为 2～3m，用圆木或合金制成，下端装有锥形铁脚，杆身上涂以红白相间的油漆，间距为 20cm，因此又称花杆，用来标定点位和直线定线，为了便于观测，有时还在杆顶系一面彩色小旗，如图 1-8 所示。

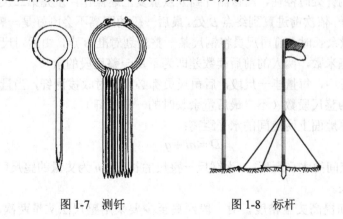

图 1-7　测钎　　　　　图 1-8　标杆

二、直线定线

当地面两点之间距离较长或地势起伏较大时，一次施尺难以完成，需要将所量距离分成若干个尺段分别丈量，这就需要在直线方向上插上一些标杆或测钎，标定出若干个分段点并使这些分段点位于同一直线上，这项工作称为直线定线。一般情况下可用标杆目估定线，当精度要求较高时，应当采用森林罗盘仪、经纬仪等仪器进行定线。

常用的目估定线方法有两点间定线、延长线定线、过山岗定线、过山谷定线四种。无论采用哪种定线方法，在定线时都应尽量使增加的节点在原两点相连的直线上，这样才能使距离测量的精度更高。

三、距离丈量的方法和精度计算

常用的距离丈量方法有钢尺量距、皮尺量距、视距测量和电磁波测距等。按照量具的精度不同，量距又可分为一般量距和精密量距。下面仅讲述钢尺量距的一般方法。

（1）平坦地面的距离丈量

平坦地面上的量距工作可以在直线定线结束后进行，也可以边定线边丈量。

1）整尺法。图 1-9 所示的 a、b、c、d 为两点间定线时标定出的节点，每相邻两点间的长度均稍小于一个尺段长。距离丈量由两人配合完成，其中走在前面的称为前司尺员，走在后面的称为后司尺员。

图 1-9　整尺法量距

丈量时，后司尺员在起点 A 处拿着钢尺的零点一端，并在 A 点插上一根测钎。当前司尺员拿着钢尺的末端和一组测钎沿直线方向行至定线点 a 处时，后司尺员将钢尺的零分划对准起点 A，在前司尺员控制钢尺通过地面上的定线点 a 后，两人同时将钢尺拉紧、拉平、拉稳，并立即将一根测钎垂直地插入钢尺整尺段处的地面，完成第一尺段的丈量。然后，后司尺员拔起点 A 处的测钎，两人共同把尺子提离地面前进，当后司尺员到达前司尺员所插的测钎处时停住，沿该测钎到 b 点重复上述操作，量完第二尺段。后司尺员拔起地上的测钎，依次前进直到终点 B 处。最后一段的距离不会刚好是一整尺段的长度，称为余长。丈量余长时，前司尺员将钢尺某一整刻划对准 B 点，由后司尺员利用钢尺的前端部位读出毫米数，两人的前后读数差即为不足一整尺段的余长。

在丈量过程中，每量毕一尺段，后司尺员都必须及时收拔测钎，当量至终点时，手中的测钎数即为整尺段数（不含最后量余长时的一根测钎）。

按下式计算地面上两点间的水平距离：

$$D = nl + q \tag{1-1}$$

式中，D 为两点间的水平距离；l 为钢尺一整尺的长度；n 为丈量的整尺段数；q 为不足一整尺段的余长。

为了校核和提高丈量精度，对一段距离至少要采用整尺法丈量两次。通常的做法是用同一钢尺往返丈量各一次。由点 A 量到点 B 称为往测，由点 B 量到点 A 称为返测，如图 1-9 所示。

在符合精度要求时，取往测、返测距离的平均值作为最后结果。距离丈量的精度是

用相对误差 K 来衡量的。相对误差为往测、返测距离之差（简称较差）的绝对值$|\Delta D|$与它们的平均值$\overline{D}$之比，并将其化为分子为1的分数，分母为整数，分母越大，说明精度越高，即

$$K=\frac{|\Delta D|}{\overline{D}}=\frac{1}{N} \tag{1-2}$$

在平坦地区，钢尺量距的相对误差 K 值不应大于 1/3000；在量距困难地区，其相对误差不应大于 1/1000。如果超出该范围，就应重新进行丈量。皮尺量距的相对误差 K 值一般不应大于 1/200。

例 1.1 如图 1-9 所示，将 AB 进行定线后用整尺法分段测量，将测量数据记录在"普通钢尺量距记录手簿"（表 1-1）中，求 AB 的往返距离、AB 丈量精度及其丈量结果。

表 1-1 普通钢尺量距记录手簿

钢尺尺长　30m　　　　　　　　　　　　　　　　　　　　量距日期

测线编号	量距方向	整尺段长 $n\times l$/m	余长 Q/m	全长 D/m	往返平均数 $\overline{D}$/m	相对误差 K	备注
AB	往	6×30	15.364	195.364	195.378	$\dfrac{1}{6978}$	
	返	6×30	15.392	195.392			

测量者_____　　　　记录者_____　　　　计算者_____

解：AB 往测距离为

$$D_{AB}=nl+q=6\times30+15.364=195.364(\mathrm{m})$$

AB 返测距离为

$$D_{BA}=nl+q=6\times30+15.392=195.392(\mathrm{m})$$

较差绝对值为

$$|\Delta D|=|D_{往}-D_{返}|=|195.364-195.392|=0.028(\mathrm{m})$$

量距精度（相对误差）为

$$K=\frac{|\Delta D|}{\overline{D}}=\frac{0.028}{195.378}\approx\frac{1}{6978}<\frac{1}{3000}$$

往、返测距离的平均值为

$$\overline{D}=\frac{D_{往}+D_{返}}{2}=\frac{195.364+195.392}{2}=195.378(\mathrm{m})$$

故 AB 的丈量结果为 195.378m。

2）串尺法。当量距的精度要求较高时，采用串尺法进行丈量。如图 1-10 所示，丈量前按照直线定线方法在直线 AB 上定出若干小于尺长的尺段，如 Aa、ab、bc、cd、dB，从一端开始依次分别丈量各尺段的长度。丈量时，前司尺员和后司尺员在尺段的两端点处将钢尺拉紧、拉平、拉稳，并在这一瞬间各自读出前尺上和后尺上的读数（估读至 mm），记录员及时将它们记录在手簿中。

图 1-10 串尺法量距

例1.2 采用串尺法进行丈量时，前尺读数为28.378m，后尺读数为0.052m，求该尺段的长度D。

解：
$$D=28.378-0.052=28.326 \text{（m）}$$

为了提高丈量精度，对同一尺段需要串动钢尺丈量3次，钢尺串动要求在10cm以上。3次串动钢尺丈量的差数一般不超过5mm，然后取其平均值作为该尺段长度的丈量结果。

（2）倾斜地面的距离丈量

1）水平整尺法。当地面倾斜且尺段两端高差较小时，可将钢尺拉平并采用整尺段丈量。水平整尺法类似于平坦地面上整尺法丈量，但是为了操作方便，在返测时仍应由高向低进行丈量，若改为由低向高进行丈量，则不易做到准确。丈量时，一个司尺员先将钢尺零点对准斜坡高处的地面点，另一个司尺员沿下坡定线方向将钢尺抬高，目估使钢尺水平，并用垂球将钢尺末端位置投点在地面上，同时插入一根测钎，完成第一尺段的丈量。然后，斜坡高处的司尺员拔起钢尺零点处的测钎，两人共同把尺子提离地面向下坡方向前进，当斜坡高处的司尺员到达第一尺段钢尺末端位置的测钎时停住，从该测钎依次向下坡方向重复上述操作，直至量到坡下地面点。

2）水平串尺法。当地面倾斜程度较大，不可能将钢尺整尺段拉平丈量且量距的精度要求又较高时，可将一整尺段分成若干小段后采用水平串尺法来丈量。水平串尺法类似于平坦地面上串尺法丈量，但是为了操作方便，丈量操作步骤接近于水平整尺法，返测仍应由高向低进行。

如图1-11所示，先将钢尺零点一端的某刻划对准地面B点，另一端将钢尺抬高并目估使钢尺水平，在将钢尺拉紧、拉平、拉稳后，再将钢尺末端某刻划位置用垂球投点在地面上的a点处，则前尺上和后尺上的读数（估读至mm）差即为Ba的水平距离。同法丈量ab段、bc段和cA段的长度，各段距离的总和即是AB的水平距离。

3）倾斜尺法。当丈量精度要求较高且地面倾斜均匀、坡度较大时（图1-12），可先在倾斜地面上按照直线定线的方法，随坡度变化情况将AB直线分成若干段，并打上小木桩，每段长度应短于钢尺的尺长。用钢尺沿桩顶按照串尺法丈量，得出AB的斜距L，用森林罗盘仪测出AB的倾斜角θ。按下式计算水平距离D：

$$D = L\cos\theta \tag{1-3}$$

如果未测倾斜角θ，而是测定了A、B两点间的高差h，则水平距离$D = \sqrt{L^2 - h^2}$。

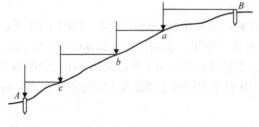

图1-11 水平串尺法量距

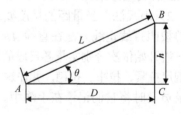

图1-12 倾斜尺法量距

（3）高低不平地面的丈量方法

沿地面量距，当某些尺段的地面高低不平时，前、后司尺员应当同时抬高并拉紧尺子，使尺子呈悬空状态并保持大致水平，用垂球将尺子端点或某一分划投影到地面上，得到该尺段的水平距离。若为整尺段或较长的尺段，则尺子中间还需要有人托住，使尺子能够大致保持水平。

▍任务实施

测尺法测定两点间距离

一、工具

每组配备：钢尺、皮尺各 1 把，测绳 1 条，标杆 3 根，测钎 1 组，小木桩 2 根，记录板 1 块，计算器 1 台，记录表格 1 张，粉笔，记号笔，铅笔等。

二、方法与步骤

第 1 步 布点

在实习基地根据地形选择合适地点，分别按照 4 种直线定线类型各布设两个点 A、B，在两点打上木桩，并在其顶部钉上小钉或画"十"字以示点位。

第 2 步 直线定线

以布设的两点 A、B 为基础增加节点，利用目估法进行直线定线。

（1）两点间定线

如图 1-13 所示，A、B 为地面上相互通视的两点，两点之间的距离约为 80～100m，为测出 AB 的水平距离，先在 A、B 两点各竖立一根标杆，甲站在 A 点标杆后约 1m 处，乙持标杆站在 b 点附近，甲用手势指挥乙左右移动标杆，直到甲从 A 点沿标杆的同一侧看到 A、b、B 3 根标杆在一条直线上。同法定出直线上的其他各点。两点间目估定线，一般应当由远及近进行，即从 B 到 A 方向先定出 a 点，再来标定 b 点。

图 1-13 两点间定线

（2）延长直线定线

如图 1-14 所示，A、B 为直线的两端点，两点之间的距离约为 20～40m，为在 AB 的

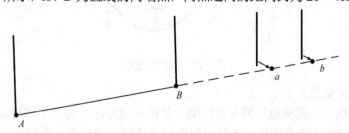

图 1-14 延长直线定线

延长线上增加一段距离，使其总距离约为80~100m，先在 A、B 两点各竖立一根标杆，测量员携带标杆沿 AB 方向前进，约至 a 点处左右移动标杆，直到 A、B、a 3 根标杆都在同一方向线上，此时定出 a 点。同法可以定出 b 点。

（3）过山岗定线

如图 1-15 所示，地面上 A、B 两点被一山岗隔于两侧且互不通视，为丈量 AB 的距离，先在 A、B 两点竖立标杆，甲乙两人在山岗顶部各持一根标杆，分别选择能够同时看到 A、B 两点的位置。首先由甲在 C_1 点立标杆，并指挥乙将其标杆立在 C_1B 方向上的 D_1 处；再由立于 D_1 处的乙指挥甲移动 C_1 上的标杆至 D_1A 方向上的 C_2 处；接着，再由站在 C_2 处的甲指挥乙移动 D_1 上的标杆至 C_2B 方向上的 D_2 处。这样相互指挥、逐渐趋近，直到 C、D、B 在同一直线上，同时 D、C、A 也在同一直线上，即 A、C、D、B 4 点在同一条直线上。

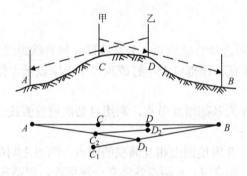

图 1-15　过山岗定线

在过山岗定线过程中用到了两点间定线，增加的节点在实际标定中位置不唯一。

（4）过山谷定线

如图 1-16 所示，A、B 两点分别位于山谷两侧且相距较远，山谷的地势低，由 A 点向 B 点望去，很难看到谷底处的标杆。为丈量 AB 的距离，先在 A、B 两点处竖立标杆，观测者甲在 A 点处指挥丙在 AB 直线上的 a 点处插上标杆；观测者乙在 B 点处指挥丁在 BA 直线上的 b 点处插上标杆；然后在 Ab 或 Ba 的延长线上定出 c 点的位置。

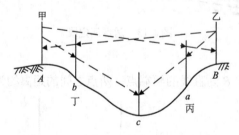

图 1-16　过山谷定线

第 3 步　测量距离

在直线定线后，根据地形情况选用钢尺量距一般方法中的"平坦地面的距离丈量"方法或"倾斜地面的距离丈量"方法，用钢尺或皮尺分段量距，各段距离之和即为欲测直线的水平距离。要求往返各丈量一次,将测量结果填入表 1-2 所示。

第 4 步 精度计算

求算往测、返测距离的相对误差 K。对于钢尺,若 $K \leqslant 1/3000$(困难地区 $K \leqslant 1/1000$),则取平均值作为最后结果;对于皮尺,若 $K \leqslant 1/200$(困难地区 $K \leqslant 1/100$),则取平均值作为最后结果。若误差超限,则应重新丈量。

三、数据记录

距离丈量记录表如表 1-2 所示。

表 1-2 距离丈量记录表

量距工具_____ 尺长_____ 量距日期_____

测线编号	定线方法	量距方向	整尺段长/m	余长/m	全长/m	往返平均数/m	相对误差/m	备注
1		往						
		返						
2		往						
		返						
3		往						
		返						
4		往						
		返						

测量者_____ 记录者_____ 计算者_____

四、注意事项

1) 在使用钢尺、皮尺等测量工具之前,要认真查看其零点、末端的位置和注记情况,以免读数错误。

2) 在丈量时,直线定线要直;一定要将钢尺、皮尺等拉平、拉直、拉稳,而且拉力要均匀;插入测钎应竖直、准确,若地面坚硬,则可在地面上作出相应记号;当尺子整段悬空时,中间应当有人将其托住以减小垂曲误差;尺子不能有打结或扭折等现象。

3) 读数要细心,避免读错和听错数字。例如,把"9"看成"6",或把"4"和"10""1"和"7"听错了。在丈量最后一段余长时,要注意尺面的注记方向,不要读错。

4) 在使用钢尺时,不得在地面上拖行,更不能被车辆碾压或行人踩踏;在拉尺时,不要用力硬拉;在收尺时,不能有卷曲扭缠现象,摇柄不能逆转;在钢尺使用完毕后,要用软布擦去灰尘,若遇雨淋,则要在擦干后再涂一薄层机油以防生锈。

5) 在使用皮尺时,还应注意放尺、收尺都要用左手食指与中指轻夹皮尺的尺带,防止其扭曲缠绕。

子任务 1.2 视距测量距离

知识准备

一、森林罗盘仪的构造

森林罗盘仪具有磁定向及距离、水平、坡角等测量功能。它主要用于森林资源普查、农田水利工程及一般工程的测量。

森林罗盘仪不仅构造紧凑合理,而且体积小、重量轻、使用方便,是森林资源调查的常用工具。它的种类很多,形式各异,主要由望远镜、磁罗盘、安平装置和连接部件组成,其构造如图 1-17 所示。

1. 连接螺旋; 2. 球臼; 3. 水平制动螺旋; 4. 罗盘盒; 5. 水平度盘; 6. 望远镜微动螺旋; 7. 望远镜目镜;
8. 望远镜制动螺旋; 9. 照门; 10. 对光螺旋; 11. 准星; 12. 望远镜物镜; 13. 竖直度盘; 14. 磁针; 15. 水准器;
16. 磁针制动螺旋。

图 1-17 森林罗盘仪的构造示意图

(1) 望远镜

望远镜是森林罗盘仪的瞄准设备,它由物镜、目镜和十字丝分划板三部分构成,其上方有准星和照门,用于粗略瞄准。图 1-18 所示为森林罗盘仪的外对光式望远镜剖面图。

物镜的作用是使被观测目标成像于十字丝平面上;目镜的作用是放大十字丝和被观测目标的像。十字丝装在十字丝环上,用 4 个校正螺钉将十字丝环固定在望远镜筒内。在十字丝横丝的上下还有对称的两根短横丝,称为视距丝,用作视距测量。十字丝交点与物镜光心的连线称为视准轴,视准轴的延长线就是望远镜的观测视线。

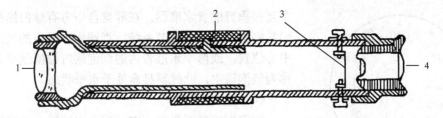

1. 物镜；2. 对光螺旋；3. 十字丝分划板；4. 目镜。

图 1-18　外对光式望远镜剖面图

在望远镜旁还装有能够测量竖直角（倾斜角）的竖直度盘，以及用于控制望远镜转动的制动螺旋和微动螺旋。望远镜上还有对光螺旋，用以调节物镜焦距，使被观测目标的影像清晰。

（2）磁罗盘

磁罗盘由磁针、水平度盘及壳体组成，图 1-19 所示为磁罗盘的剖面图。

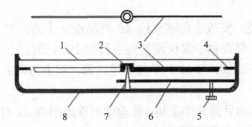

1. 玻璃盖；2. 磁针帽；3. 磁针；4. 水平度盘；5. 磁针制动螺旋；6. 杠杆；7. 顶针；8. 罗盘盒。

图 1-19　磁罗盘的剖面图

磁针为一长条形人造磁铁，置于圆形罗盘盒的中央顶针上，可以自由转动。罗盘盒下部有一磁针制动螺旋，旋紧后可将磁针抬起压紧在罗盘盒的玻璃盖上，避免磁针帽与顶针尖之间的碰撞和磨损。磁针帽内镶有玛瑙或硬质玻璃，下表面磨成光滑的凹形球面。测量时，旋松磁针制动螺旋，使磁针在顶针尖上灵活转动，不用时将磁针制动螺旋旋紧即可。罗盘壳可以相对于支架作 360° 旋转。

我国位于北半球，磁针北端受磁北极引力较大，使磁针在自由静止时两端不能保持水平，磁针北端会向下倾斜与水平面形成一个夹角，称为磁倾角。为了消除磁倾角的影响，保持磁针两端的平衡，常在磁针南端缠上铜丝，这也是磁针南端的标志。

水平度盘为铝制或铜制的圆环，装在罗盘盒内缘。盘上最小分划为 1°，并每隔 10° 作一注记。

用森林罗盘仪测定磁方位角时，水平度盘是随着瞄准设备一起转动的，但是磁针静止不动，在这种情况下，为了能够直接读出与实地相符合的方位角，将方位罗盘按照逆时针方向注记。如图 1-20 所示，0°～360° 是按照逆时针方向注记的，可以直接测出磁方位角。

（3）安平装置

在使用森林罗盘仪时，应使仪器保持水平状态。在罗盘盒内装有一个圆水准器或两个互相垂直的管水准器,在罗盘盒下方有球臼结构,它们共同构成了水平调节系统。当圆水准器内的气泡位于中心位置,或两个水准管内的气泡同时被横线平分时,称为气泡居中,此时罗盘盒处于水平状态。

（4）连接部件

球臼螺旋在罗盘盒下方,配合水准器一起使用,可以整平森林罗盘仪。在球臼与罗盘盒之间的连接轴上还装有水平制动螺旋,控制罗盘的水平转动。通过球臼及球臼螺旋可以连接罗盘盒与三脚架,在三脚架的架头中心下面有小钩,用来悬挂垂球,方便对中。

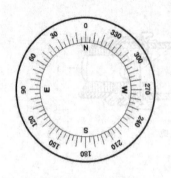

图1-20 水平度盘及注记形式

二、森林罗盘仪测定磁方位角

使用森林罗盘仪测定直线 AB 的磁方位角,操作步骤如下。

（1）安置

打开并伸缩三脚架,安放在待测直线 AB 的起点 A 上方,使三脚架高度适中、架头大致水平,挂上垂球,将森林罗盘仪连接到三脚架上;同时,于 B 点竖立标杆。如果是在坡地上安置,那么三脚架应于坡下方向立两只脚、坡上方向立一只脚。

（2）对中

固定一个架腿,移动另外两个架腿,使垂球对准地面点 A,对中容许误差为 2cm（以 A 点为中心,半径为 2cm 的圆范围内）。

（3）整平

将仪器稳固安装在三脚架上,使仪器各可调节部位均处于中间状态。调整球臼使仪器处于大致水平,再前后、左右、仰俯移动罗盘盒,使水准器气泡居中,从而使仪器水平。

仪器整平后,旋松磁针制动螺旋,让磁针自由转动。

（4）瞄准

转动目镜视度圈,直到观察者清晰看到分划板十字丝;转动仪器使望远镜粗瞄准器（准星和照门）大致瞄准目标或标尺,再调节对光螺旋使物像清晰,使十字丝交点精确对准目标 B 点。

（5）读数

待磁针静止后,在磁针正上方沿注记增大方向读出磁针北端所指的度数,夹角即为所测直线的磁方位角。

注意：若水平度盘上的 0°分划线在望远镜的物镜一端,则应按磁针北端读数,如图 1-21（a）所示,∠A=300°。若水平度盘上的 0°分划线在望远镜的目镜一端,则应按磁针南端读数,如图 1-21（b）所示。

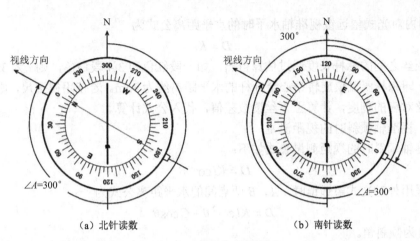

(a) 北针读数　　　　　　　　(b) 南针读数

图 1-21　磁方位角读数图

三、森林罗盘仪视距测量

视距测量是根据几何光学和三角测量原理，利用望远镜内的视距丝，配合标杆、视距尺或水准尺，间接测定两点间水平距离和高差的一种方法。虽然普通视距测量精度一般只有 1/300～1/200，但是由于该方法操作简便、迅速且不受地形起伏限制，因此被广泛应用于精度要求不高的地形测量中。这里只针对水平距离测量进行说明。视距测量如图 1-22 所示。

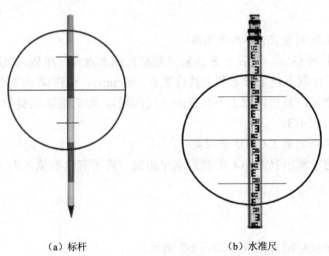

(a) 标杆　　　　　　　　(b) 水准尺

图 1-22　视距测量

（1）视准轴水平时的视距测量

视准轴水平时的视距测量公式如下：

$$D = Kl + C \tag{1-4}$$

式中，D 为两点间的水平距离；l 为尺间隔（上下丝的差值）；K 为视距乘常数，通常为 100；C 为视距加常数，当森林罗盘仪采用外对光式望远镜时，C 值约为 0.3m。

在内对光式望远镜中增设调焦透镜，若选择适当的调焦透镜焦距和物镜焦距使

$C=0$，则内对光式望远镜视准轴水平时的水平距离公式为

$$D = Kl \tag{1-5}$$

视距丝之间的标杆长度通过估算得出，如一段红色和 3/4 段白色，则 l 为 35cm，D 为 35m，即森林罗盘仪旋转中心至标杆的水平距离约为 35m。若使用视距尺，则分别读取上下丝对应的刻度，计算上下丝读数差值，代入公式计算。

(2) 视准轴倾斜时的视距测量

视准轴倾斜时的视距测量公式如下：

$$D = Kl\cos^2\theta \tag{1-6}$$

当采用外对光式望远镜时，A、B 两点间的水平距离公式为

$$D = Kl\cos^2\theta + C\cos\theta \tag{1-7}$$

式中，θ 为倾斜角。

■ 任务实施

视距法测量两点间距离

一、工具

每组配备：森林罗盘仪 1 套，标杆 2 根，视距尺或水准尺 1 把，计算器 1 台，记录板 1 块，记录表格 1 张，铅笔等。

二、方法步骤

第 1 步 视距测量 AB 的水平距离

将 B 点的标杆移出，然后于 B 点竖立视距尺或水准尺。用望远镜瞄准 B 点的视距尺，消除视差，读取下丝读数 a 和上丝读数 b（至 mm），或在调节微倾螺旋后，将上丝或下丝对准整数值，直接读取上下丝夹距（尺间隔），然后读取倾斜角（估读至 0.5°）。将观测数据记入表 1-3。

第 2 步 视距测量 BA 的水平距离

依照上述方法测出直线 BA 的视距水平距离。将所有读数填入表 1-3，计算视距平均距离。

三、数据记录

森林罗盘仪视距测量记录表如表 1-3 所示。

表 1-3 森林罗盘仪视距测量记录表

测量地点_____　　　　　　　　　　　仪器编号_____

测线	往测视距尺读数/m			倾斜角/(°)	水平距离/m	返测视距尺读数/m			倾斜角/(°)	水平距离/m	平均距离/m	备注
	上丝	下丝	间隔			上丝	下丝	间隔				
AB												
BA												

测量者_____　　记录者_____　　日期_____

四、注意事项

1)仪器应当存放在清洁、干燥、无腐蚀性气体及无铁磁物磁场干扰的地方,使用前应当检查森林罗盘仪,确保其完好、正常。

2)仪器在不使用时,应将磁针锁牢,避免轴尖的磨损。

3)在调整望远镜时,应当先调整目镜使十字丝清晰(不模糊、不发亮),再调整物镜使目标清晰。

4)视距测量时应当尽可能把标尺竖直,观测时应当尽可能使视线距离地面1m以上。

5)使用时,严格注意避免磕碰及漏进雨水、灰尘等。

任务评价

1)主要知识点及内容如下:

直线定线,丈量距离;距离丈量工具,距离丈量方法,距离丈量精度;森林罗盘仪的构造与使用,森林罗盘仪测定磁方位角,森林罗盘仪视距测量;带有视距丝的测量仪器配合水准尺或视距尺可进行视距测量。

2)对任务实施过程中出现的问题进行讨论,并完成测量距离任务评价表(表1-4)。

表1-4 测量距离任务评价表

任务程序			任务实施中应注意的问题
人员组织			
材料准备			
实施步骤	1. 丈量工具的使用		
	2. 磁方位角的确定		
	3. 森林罗盘仪测定磁方位角	①森林罗盘仪读数	
		②标杆操作	
		③正反磁方位角测定	
	4. 森林罗盘仪视距测量	①森林罗盘仪安置与操作	
		②视距尺读数(标杆估量)	
		③距离计算	

任务2　确定直线方向

📖 任务描述

直线定向就是确定地面上两点间的方向关系，是林地面积测算、林地勘察、林业规划制定等工作的基础。只有确定了直线方向，才能绘制林地平面图，开展勘定样地边界、引点定位等工作，因此应当掌握直线定向的方法。直线定向的主要工具是森林罗盘仪。

📖 知识目标

1. 了解3种基本方向及其之间的角度关系。
2. 掌握同一直线正反方位角的关系。
3. 掌握两直线间的水平夹角的计算方法。

技能目标

1. 学会不同方位角之间的转化。
2. 能够通过方位角计算两直线间的水平夹角。

思政目标

1. 培养学生科学严谨的工作作风。
2. 培养学生"知行合一"的学习态度。

知识准备

一、基本方向及其关系

（1）真子午线方向

通过地面上一点指向地球南北极的方向线（地理经线）就是该点的真子午线。地面点位的真子午线的切线方向即为该点的真子午线方向。真子午线切线北端所指的方向为真北方向，它可用天文观测方法确定。

（2）磁子午线方向

在地球磁场作用下，地面上某点的磁针在自由静止时其轴线所指的方向称为该点的磁子午线方向。磁针北端所指的方向为磁北方向，可用森林罗盘仪测定。

（3）坐标纵轴方向

坐标纵轴方向是指平面直角坐标系中的纵轴方向，坐标纵轴北端所指的方向为坐标北方向。在高斯平面直角坐标系中，同一投影带内的所有坐标纵轴线与中央子午线平行。

上述3种基本方向中的北方向，总称为"三北方向"；在一般情况下，"三北方向"

是不一致的，如图 2-1 所示。

由于地球的地理南北极与地磁南北极不重合，因此地面上某点的磁子午线方向和真子午线方向之间有一夹角，这个夹角称为磁偏角，以 δ 表示。磁子午线北端在真子午线以东者称为东偏，δ 取正值；磁子午线北端在真子午线以西者称为西偏，δ 取负值，如图 2-2 所示。

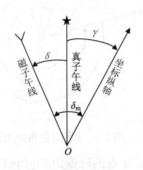 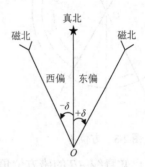

图 2-1　三北方向示意图　　　　图 2-2　磁偏角的正负

地面上各点的磁偏角不是一个定值，它随地理位置不同而异。我国西北地区磁偏角为 +6°左右，东北地区磁偏角为 -10°左右。此外，即使在同一地点，时间不同磁偏角也有差异。因此，采用磁子午线方向作为基本方向，其精度较低。

地面上某点的磁子午线方向与坐标纵轴方向之间的夹角称为磁坐偏角，以 δ_m 表示。磁子午线北端在坐标纵轴以东者，δ_m 取正值；反之，δ_m 取负值。

子午线收敛角，即坐标纵轴偏角，以真子午线为准，坐标纵轴与真子午线之间的夹角，以 γ 表示。坐标纵轴在真子午线以东者，γ 为正；坐标纵轴在真子午线以西者，γ 为负。在投影带中央经线以东的图幅均为东偏，以西的图幅均为西偏。

二、方位角、象限角及两者之间关系

在测量工作中，常采用方位角或象限角表示直线的方向。

1. 方位角和象限角

（1）方位角

由基本方向的北端起，沿顺时针方向到某一直线的水平夹角，称为该直线的方位角，其值为 0°～360°。如图 2-3 所示，直线 OA、OB、OC、OD 的方位角分别为 30°、150°、210°、330°。

根据基本方向的不同，方位角可分为以下几种：以真子午线方向为基本方向的，称为真方位角，用 A 表示；以磁子午线方向为基本方向的，称为磁方位角，用 A_m 表示；以坐标纵轴方向为基本方向的，称为坐标方位角，用 α 表示。3 种方位角之间的关系如图 2-4 所示，其关系式为

$$A = A_m + \delta \qquad A = \alpha + \gamma \qquad \alpha = A_m + \delta - \gamma \qquad (2-1)$$

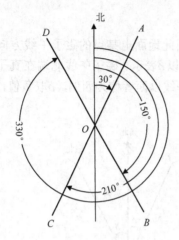
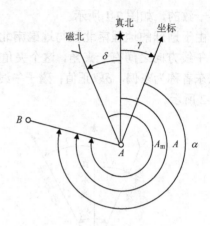

图 2-3 方位角　　　　　　　　　图 2-4　3 种方位角的关系

例 2.1　已知直线 AB 的磁方位角 $A_m=165°18'$，A 点的磁偏角 δ 为西偏 $3°01'$，子午线收敛角 γ 为东偏 $1°05'$，求直线 AB 的坐标方位角、真方位角各为多少？

解：由式（2-1）可得

$$\alpha_{AB} = A_m + \delta - \gamma = 165°18' + (-3°01') - (+1°05') = 161°12'$$

$$A_{AB} = A_m + \delta = 165°18' + (-3°01') = 162°17'$$

（2）象限角

从基本方向的北端或南端起到某一直线所夹的水平锐角，称为该直线的象限角，以 R 表示，其角值为 $0°\sim90°$。象限角不但要写出其角值，还要在角值之前注明象限名称。如图 2-5 所示，直线 OA、OB、OC、OD 的象限角分别为北东 $30°$ 或 NE30°、南东 $30°$ 或 SE30°、南西 $30°$ 或 SW30°、北西 $30°$ 或 NW30°。象限角和方位角一样，可分为真象限角、磁象限角和坐标象限角 3 种。

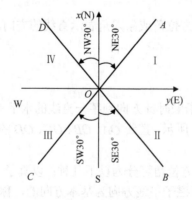

图 2-5　象限角

2. 方位角、象限角之间的互换关系

以坐标方位角为例。方位角与象限角之间的互换关系见表 2-1。

表 2-1　方位角与象限角的互换关系

象限		根据方位角 α 求象限角 R	根据象限角 R 求方位角 α
编号	名称		
Ⅰ	北东（NE）	$R=\alpha$	$\alpha=R$
Ⅱ	南东（SE）	$R=180°-\alpha$	$\alpha=180°-R$
Ⅲ	南西（SW）	$R=\alpha-180°$	$\alpha=180°+R$
Ⅳ	北西（NW）	$R=360°-\alpha$	$\alpha=360°-R$

3. 同一直线正反方位角的关系

在测量工作中，把直线的前进方向叫作正方向，反之称为反方向。如图 2-6 所示，A 为直线起点，B 为直线终点，通过 A 点的坐标纵轴与直线 AB 所夹的坐标方位角 α_{AB} 称为直线的正坐标方位角，与直线 BA 所夹的坐标方位角 α_{BA} 称为反坐标方位角。

由于任何地点的坐标纵轴都是平行的，因此所有直线的正坐标方位角和它的反坐标方位角均相差 180°，即

$$\alpha_{正}=\alpha_{反}\pm 180°\tag{2-2}$$

若 $\alpha_{反}>180°$，则上式右端取"-"号；若 $\alpha_{反}<180°$，则上式右端取"+"号。在森林调查中，常采用坐标方位角确定直线方向。

由于真子午线之间或磁子午线之间并不相互平行，因此正反真方位角或正反磁方位角之间不存在上述关系。但是当地面上两点间距离不远时，通过两点的子午线可视为平行，此时也可认为同一直线的正反真方位角或正反磁方位角相差 180°。依据该结论，森林罗盘仪可用于进行小范围地区测量作业。

三、用方位角计算两直线间的水平夹角

如图 2-7 所示，若已知两条直线 CB 与 CD 的方位角分别为 α_{CB} 和 α_{CD}，则这两直线间的水平夹角为

$$\beta=\alpha_{CD}-\alpha_{CB}\tag{2-3}$$

由此可知，计算水平夹角的方法是：站在角顶上，面向所求夹角，该夹角的值等于右侧直线的方位角减去左侧直线的方位角，当不够减时，应加 360°再减。

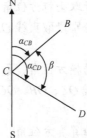

图 2-6　正反方位角　　　　　图 2-7　水平夹角的计算

▍任务实施

测定直线方位角

一、工具

每组配备：地形图 1 张，三角板 1 对，量角器 1 个，方格坐标纸 1 张，计算器 1 台，记录表格 1 张，铅笔等。

二、方法与步骤

第 1 步　绘制平面直角坐标系

在方格坐标纸的中央位置选取任一方格交点 O 作为平面直角坐标系的原点，并过 O 点沿方格坐标纸的纵横方向垂直地画出坐标系的两轴，其中纵轴为 X 轴，上方为北方向，横轴为 Y 轴，右方为东方向。然后，从北方向起，按照顺时针依次注记 Ⅰ、Ⅱ、Ⅲ、Ⅳ 四个象限的名称，如图 2-8 所示。

第 2 步　作直线

过原点 O，用三角板在 Ⅰ、Ⅱ、Ⅲ、Ⅳ 四个象限中分别作出任一直线 OA、OB、OC、OD，如图 2-9 所示。

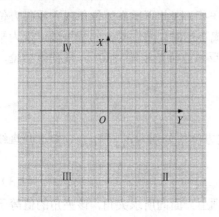
图 2-8　绘制平面直角坐标系

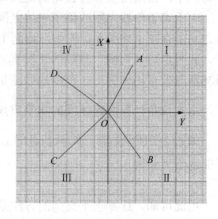
图 2-9　象限中作直线

第 3 步　量取坐标方位角、象限角

用量角器分别量取直线 OA、OB、OC、OD 的坐标方位角和象限角，并将量取结果填入表 2-2。

第 4 步　转换方位角、象限角

对同一直线 OA、OB、OC、OD 进行方位角、象限角的互算，并用量取到的角值进行检验。

第 5 步　推算真方位角、磁方位角

根据直线 OA、OB、OC、OD 已量取的坐标方位角，结合三北关系图，推算不同直线相应的真方位角、磁方位角。

任务 2 确定直线方向 31

第 6 步 计算反方位角

根据直线 OA、OB、OC、OD 已量取的坐标方位角，计算不同直线相应的反方位角。

第 7 步 用方位角计算两直线间的水平夹角

1) 计算直线 OA、OB、OC、OD 中任意两条直线间的水平夹角。

2) 用量角器量取 ∠AOB 的大小，并将其与计算值 β 进行比较。

三、数据记录

1) 坐标纸绘图材料。

2) 直线定向记录表（表 2-2）。

表 2-2 直线定向记录表

测线编号	象限	坐标方位角	象限角	真方位角	磁方位角	反坐标方位角	水平夹角	备注
OA								
OB								
OC								
OD								

测量者_____   记录者_____   日期_____

四、注意事项

1) 在使用量角器时，要注意其角值注记的方向，读数时估读到 0.5° 即可。

2) 方位角最小为 0°，最大为 360°；象限角最小为 0°，最大为 90°；两条直线间的水平夹角应大于 0°。

■ **任务评价**

1) 主要知识点及内容如下：

基本方向及其关系，方位角、象限角及两者转化关系，同一直线正反方位角关系，用方位角计算两直线间的水平夹角。

先明确 3 个基本方向的关系，再利用森林罗盘仪结合地形图进行直线定向。

2) 对任务实施过程中出现的问题进行讨论，并完成确定直线方向任务评价表（表 2-3）。

表 2-3 确定直线方向任务评价表

任务程序		任务实施中应注意的问题
人员组织		
材料准备		
实施步骤	1. 直角坐标系的建立	
	2. 磁方位角、真方位角的计算	
	3. 反坐标方位角的计算	
	4. 两直线间水平夹角的计算	

任务 3　测绘平面图

 任务描述

测绘平面图是林业生产中进行森林资源调查、苗圃建设及道路建设的主要工作之一。通过平面图的绘制，能够清晰地呈现地物间的位置关系及目标地块的整体概况，便于编制生产调查规划、方案及实施相关任务。本任务主要采用森林罗盘仪导线测量方法，将测量结果呈现在平面图上，并进行面积测量和周围特征地物的标定等工作。

 知识目标

1. 了解导线测量的布设形式。
2. 掌握森林罗盘仪测定闭合导线的方法和步骤。
3. 熟悉碎部测量的方法和适用条件。

 技能目标

1. 能够使用森林罗盘仪等工具进行导线测量。
2. 能够在控制测量基础上进行碎部测量。
3. 能够合理运用不同的碎部测量方法。

 思政目标

1. 通过多人协作任务，使学生意识到个人与团队之间的相互关系，增强学生沟通协作能力和集体责任感。
2. 通过对不同方法的学习，从中选用合适的碎部测量方法，培养学生分析问题的能力，从而学以致用解决实际问题。

子任务 3.1　导 线 测 量

知识准备

测定控制点平面位置，作为测区内测定碎部点平面位置的依据，称为平面控制测量。按照测量方式不同，平面控制测量分为三角测量、导线测量和现代 GNSS 定位测量。本任务介绍导线测量。

一、森林罗盘仪导线测量

导线测量是在目标林区范围将各个控制点连成一系列折线或多边形，这些控制点称为导线点；用森林罗盘仪测定各导线边的磁方位角，用皮尺丈量或视距测量相邻两导线点间的距离,最后绘制导线图,以上工作总称为导线测量。

导线按照布设形式可分为以下 4 类:

1)闭合导线。如果导线由一个已知控制点出发,在经过若干个转折点后仍回到该已知点,组成一个闭合多边形,那么这种导线称为闭合导线,如图 3-1 所示的 1-2-3-4-5-6-1。

2)附合导线。如果导线从一个已知控制点出发,在经过若干个转折点后终止于另一个已知控制点,那么这种导线称为附合导线,如图 3-1 所示的 3-*a*-*b*-6。

3)支导线。若导线由一个已知点开始,在支出 2~3 个点后就中止了,既不回到起点,也不附合到其他已知点上的导线,则称为支导线,如图 3-1 所示的 5-①-②-③。

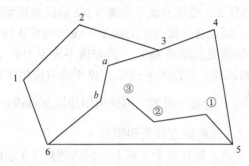

图 3-1 罗盘仪导线的布设形式

4)导线网和节点导线。多条单一导线相连可以形成导线网,从 3 个或 3 个以上已知控制点开始,几条导线汇合于一个节点形成节点导线,如图 3-2 所示。

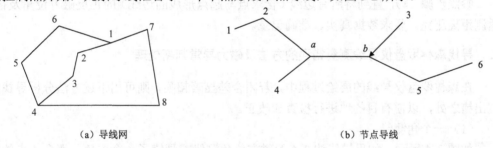

(a)导线网　　　　　　　　　　　　(b)节点导线

图 3-2 导线网和节点导线

在小区域内使用森林罗盘仪进行林地面积测量时,应当布设闭合导线进行测量。

森林罗盘仪测量导线的步骤如下。

(1)选设导线点

在布设导线之前,应对测区进行踏查,导线点应当选在土质坚实、点位标志易于保存且方便安置仪器的地方,两点之间应当通视,导线边长为 50~100m。以 5 个点的闭合导线为例,如图 3-3 所示。

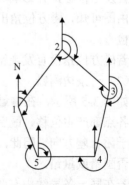

图 3-3 罗盘仪观测磁方位角示意图

（2）测量第一条边 1-2 边的正磁方位角和距离

将森林罗盘仪安置在 1 点，标杆立于 2 点上，森林罗盘仪经对中、整平后，旋松磁针固定螺钉放下磁针，瞄准、读数，得到第一条边 1-2 方向的磁方位角（正磁方位角）。用皮尺和测绳测量 1-2 边线的水平距离，也可用视距测量水平距离。

若地面有坡度且倾斜角在 5°以上（含 5°），则需要测量倾斜距离和竖直角，然后根据三角函数转化为水平距离。

（3）测量第一条边 1-2 边的反磁方位角和距离

旋紧森林罗盘仪磁针固定螺钉，将其移到 2 点上，在 1 点立标杆，森林罗盘仪经对中、整平后，旋松磁针固定螺钉放下磁针，瞄准 1 点，可测得 2-1 方向的磁方位角（1-2 方向的反磁方位角）。测量 2-1 边线的水平距离（1-2 边线的返测距离）。

由于测区范围较小，因此各导线点上的磁子午线方向可认为是相互平行的。这样，同一导线边的正反磁方位角应当相差 180°。若差值不等于 180°，则其不符的值（正反方位角之差值与 180°相比较）不得大于±1'，并以平均方位角作为该导线边的方位角，即 $\alpha_{平均} = \dfrac{\alpha_{正} + (\alpha_{反} \pm 180°)}{2}$。若超出限差，则应查明原因加以改正或重测。

（4）测量第二条边 2-3 边的磁方位角和距离

保持森林罗盘仪在 2 点，标杆立于 3 点上，同法测量 2-3 边线的正磁方位角、往测距离；再将森林罗盘仪移至 3 点，回看 2 点，测定 3-2 边的磁方位角（2-3 边的反磁方位角）和距离，将结果准确记录下来。

（5）测量其他边的磁方位角和距离

参照步骤（4），直到将所有边线（含末点与起点形成的边线）的正反磁方位角及往、返测距离测完。要求数据真实、准确记录。

二、寻找森林罗盘仪导线测量错误的方法及磁力异常判断处理

在森林罗盘仪导线的展绘过程中，若闭合差显著超限，则可用下述方法分析寻找可能出错之处，以便有目的地进行检查和改正。

（1）一个角测错

如图 3-4 所示，如果导线边 3-4 的磁方位角测错或画错了一个 x 角，那么 4 点的点位就会发生位移，并影响其后各点，最后导致闭合差 1'-1 过大。

由图可知，磁方位角出错的边与闭合差方向大致垂直。因此，应对该边的磁方位角进行检查。

若磁方位角没有发现错误，则按照如下方法检查距离是否出现问题。

（2）一条边测错

如图 3-5 所示，在测量或展点时，若把 3-4 边的长度测错或画错，则会引起 4 点及其后各点都产生位移，最后反映出闭合差 1'-1 过大。由图可知，发生错误的那条边大致平行于闭合差方向。因此，当闭合差明显超限时，可以先检查与闭合差方向大致平行的边是否画错或量错。

若在同一条导线内有两个以上的磁方位角或距离发生错误，或一个磁方位角和一条

边的距离发生错误，则上述方法不再适用。

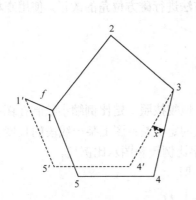

图 3-4 磁方位角错误检查

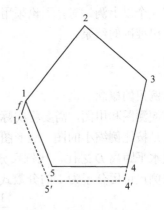

图 3-5 距离错误检查

（3）磁力异常判断处理

使用森林罗盘仪进行测量时，磁偏角在小范围内变化幅度很大的现象称为磁力异常。例如，在某一闭合导线磁方位角施测结果中，个别测站发生了磁力异常，可以根据一直线的正、反磁方位角的关系进行改正（表 3-1）。

表 3-1 森林罗盘仪导线方位角的改正

测站	目标	正磁方位角/(°)	反磁方位角/(°)	平均磁方位角/(°)	备注
1	2	96	276	96	正、反磁方位角列内括号中的数值和平均磁方位角列内的数值都是改正后的正确值
2	3	25	204（205）	25	
3	4	288（289）	111（109）	289	
4	5	247（245）	65	245	
5	1	155	75	155	

由表可知，1-2、5-1 两条边的正、反磁方位角都相差 180°，说明其磁方位角是正确的，同时也说明与这两条边有关的 1、2、5 三个测站没有受到磁力异常的影响。2-3、3-4、4-5 三条边的正反磁方位角相差均与 180° 不符，说明 3、4 两个测站受到磁力异常的影响。由于在未受磁力异常影响的 2、5 两个测站观测的 2-3 边的正磁方位角和 4-5 边的反磁方位角都是正确的，因此以同一条直线上的正确的磁方位角为依据，可以判断出受影响的方位角差了多少。由于 2-3 边的正磁方位角（25°）是正确的，因此判断其反磁方位角（204°）因受磁力异常影响而少了 1°（应为 205°）；同理，在测站 3 上观测的 3-4 边的正磁方位角（288°）也应加 1°（应为 289°）。再分析 4-5 边的观测结果，由于 4-5 边的反磁方位角（65°）是正确的，因此在测站 4 上观测的 4-5 边的正磁方位角（247°）多了 2°，应从该测站所测的两个磁方位角中都减去 2°，即 3-4 边的反磁方位角应为 109°、4-5 边的正磁方位角应为 245°。

经过上述改正，2-3、3-4、4-5 三条方位角有问题的边都符合正、反磁方位角相差 180° 的关系，从而消除了磁力异常的影响。

因为磁力异常对根据两直线的磁方位角计算得到的水平夹角没有影响，所以也可利用夹角和前一边未受磁力异常影响的磁方位角来推算正确的磁方位角。但是当磁力异常连续出现在 3 个以上测站时，无论采用何种方法进行磁方位角的改正，使用森林罗盘仪都不可能测出准确的结果。

三、比例尺

（1）比例尺的概念

为了方便测图和用图，需要将实际地物、地貌按照一定比例缩小绘制在图上，因此地形图通常是按比例缩小的图。地形图比例尺的定义是：图上某一线段的长度 d 与地面上相应线段水平距离 D 之比。比例尺分为数字比例尺和图示比例尺。

数字比例尺可用分子为 1 的分数式表示，即

$$\frac{1}{M} = \frac{d}{D} = 1:M \tag{3-1}$$

式中，M 为比例尺分母，表示放大的倍数。

从以上可知，M 越大，比例尺越小；M 越小，比例尺越大。

按照比例尺大小，通常将地形图分为以下 3 类：

1）大比例尺地形图。大比例尺地形图是指比例尺为 1∶500、1∶1000、1∶2000、1∶5000 的地形图，此类地形图一般采用地面测量仪器通过野外实测获得，大面积测图也可采用航空摄影测量的方法成图。

2）中比例尺地形图。中比例尺地形图是指比例尺为 1∶10 000、1∶25 000、1∶50 000、1∶100 000 的地形图，此类地形图为国家基本地形图，目前均用航空摄影测量的方法成图。

3）小比例尺地形图。小比例尺地形图是指比例尺为 1∶250 000、1∶500 000、1∶1 000 000 的地形图，此类地形图一般由中比例尺地形图缩小编绘而成。

一般情况下，地形图只采用以上种类的数字比例尺，只有在特殊情况下才采用任意数字比例尺。地形图数字比例尺注记在图廓外南面正中央。

图示比例尺绘制在数字比例尺的下方，如图 3-6 所示。其作用是方便使用分规直接在图上量取直线的水平距离，同时还可抵消在图上量取长度时图纸伸缩变形的影响。

图 3-6　地形图上的数字比例尺和图示比例尺

（2）比例尺的精度

地形图比例尺的大小与图内容的详略程度有很大关系。比例尺越大，精度数值越小，图上表示的地物、地貌越详尽，测图的工作量也越大；反之则相反。因此，必须掌握各种比例尺地形图的精度。

正常人肉眼能够分辨的最小尺度为 0.10mm，对于间距小于 0.10mm 的两点，只能将其视为一个点。因此，将图上 0.10mm 所对应的实地投影长度称为这种比例尺地形图的精度，或称该地形图比例尺精度，即 $0.1M$（M 为比例尺分母）。地形图比例尺及其精

度见表 3-2，测图时应根据工作需要选择合适的比例尺。

表 3-2　比例尺及其精度

比例尺	1∶500	1∶1000	1∶2000	1∶5000	1∶10 000
比例尺精度/m	0.05	0.10	0.20	0.50	1.00

根据比例尺精度，在测图中可以解决两个方面的问题：①根据比例尺的大小，确定碎部测量中的量距精度。②根据预定的量距精度要求，可以确定所采用的比例尺大小。例如，在测绘 1∶1000 比例尺地形图时，碎部测量中实地量距精度只要达到 0.10m 即可，小于 0.10m 的长度在图上无法绘出；若要求在图上能够显示 0.20m 的精度，则所用测图比例尺不应小于 1∶2000。

四、面积量算

将闭合导线测定结果绘制在方格坐标纸上，如图 3-7 所示，分别查数图形边线内的完整方格数和被图形边线分割的不完整方格数，完整方格数加上不完整方格数的一半即为总方格数，再用总方格数乘以 1 个方格所对应的实地面积，得出实际总面积 A。

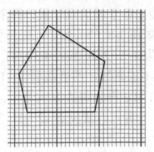

图 3-7　透明方格法计算面积

例 3.1　如图 3-7 所示，位于图形内的完整方格数为 238，不完整方格数为 46，已知方格的边长为 1mm，比例尺为 1∶10 000，则该图形的面积为

$$A = \left(\frac{1 \times 10\,000}{1000}\right)^2 \times \left(238 + \frac{46}{2}\right) = 26\,100 (\text{m}^2)$$

为了提高面积量算的精度，在森林罗盘仪林地面积测量导线图展绘时，常选用较大比例尺（1∶1000、1∶500 或 1∶200）进行绘图以提高精度，也可采用绘图软件（如 ArcGIS）进行绘制。

■ **任务实施**

绘制林地平面图

一、工具

每组配备：三角板 2 个，量角器 1 个，计算器 1 台，导线测量手簿（带数据），铅笔等。

二、方法与步骤

第1步 展绘

选择方格坐标纸的纵轴作为磁北方向,在图纸左上角绘一条磁北方向线。

以草图为基础确定图形的大体轮廓和点位方向,在图纸上适当位置定出 1 点。对外业测量结果进行数据处理,确定各边的磁方位角和水平距离。用量角器,根据 1-2 边的平均磁方位角确定 1-2 边的方向线,在该方向线上根据 1-2 边的水平距离,按照绘图比例尺标定出 2 点在图上的位置 2′;再根据 2-3 边的磁方位角和水平距离标定出 3 点在图上的位置 3′;同法绘制其他各点的位置直至再绘出起点的位置 1′,如图 3-8(a)(虚线部分)所示。

第2步 平差

1)计算闭合差。若 1′ 点与 1 点不重合,则连接两点 1′ 和 1,测量其图上距离,换算成实地距离得到绝对闭合差 f,绝对闭合差 f 与导线全长 $\sum D$ 之比称为导线相对闭合差,以 K 表示,要求 K 不超过 1/200。若在容许范围内,则按图解平差方法进行图上平差。若超限,则需检查展绘和记录的错误,必要时进行外业返工重测。

2)图解平差。导线闭合差由各直线的误差累计得来,越到后面误差累计越大,因此各点位均需作出相应调整。如图 3-8(b)所示,采用任一比例尺画出导线全长 1-1′,在其上按照同一比例尺依次截取 1-2、2-3、3-4、4-5、5-1 各边长,得到 2′、3′、4′、5′、1′ 各点,并在 1′ 点向上作 1′-1 的垂线,然后截取 1′-1 等于绝对闭合差的图上长度。连接 1′ 和 1 构成直角三角形 11′1,再分别从 2′、3′、4′、5′ 各点向上作 1-1′ 的垂线,与 1-1 相交得到 2、3、4、5 各点。线段 2′-2、3′-3、4′-4、5′-5 即为相应导线点的改正值。

在图 3-8(a)中,过 2′、3′、4′、5′ 各点分别沿 1′-1 方向作绝对闭合差 1′-1 的平行线,并从各点起分别在平行线上截取相应的改正值,得到改正后的各导线点位置,如图 3-8(a)所示的 1、2、3、4、5 各点,再将它们按照顺序连接,即可得到平差后的闭合导线图形,如图 3-8(a)(实线部分)所示。

平差后,将图 3-8(a)中的虚线部分擦掉,图面上最终只保留图 3-8(a)中的实线部分。

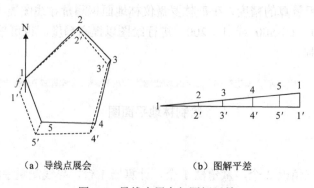

(a)导线点展会 (b)图解平差

图 3-8 导线点展会与图解平差

第 3 步　面积量算

1）将闭合导线测量结果展绘在间隔为 1mm 的方格坐标纸上。

2）先读取图形轮廓线包含的整格数 N，再读取轮廓线内不足一整格的读数值 n，并累计得到 N'，且 $N'=N+n/2$。

3）按测图比例尺计算出 1 个方格所对应的实地面积 S，$S=$（方格边长×比例尺分母÷1000）^{2}。

4）用累计的总格数 N' 乘以 1 个方格所对应的实地面积 S，得到实际总面积 A。即

$$A=\left(\frac{d\times M}{1000}\right)^2\times N' \tag{3-2}$$

式中，A 为实际总面积（m²）；d 为方格的大小（mm）；M 为比例尺分母；N' 为总方格数。

三、数据记录

平差后的导线点展绘图及闭合导线面积量算结果。

四、注意事项

1）展绘时，一旦选好北方向，方格坐标纸方向就要保持固定，以免造成磁方位角绘制错误，形成较大误差。

2）绘制草图时先确定起点 1 的位置，避免平面图图幅超出方格坐标纸边界。

3）比例尺的选择要合适，要能完整、清晰地表现测绘区域，不可过小或过大。

4）量算面积时，注意格子不要数重，也不要数漏，一般数 2~3 次，取其平均值。

子任务 3.2　碎 部 测 量

知识准备

在森林罗盘仪导线测量完成后，以各导线点作为控制点，用森林罗盘仪测绘其周围地物的碎部点（房屋、河流、道路、绿地等轮廓的特征点）的过程，称为碎部测量。

一、碎部测量相关概念

（1）测量原则

为了限制误差累积和传播，保证测图精度及速度，测量工作必须遵循"从整体到局部，先控制后碎部"的原则，即先进行整个测区的控制测量，再进行碎部测量。

（2）地物及其特征点

地物是指地面上的不同类别和不同形状的物体。地物有天然的也有人工的，如房屋、道路、河流、电信线路、桥涵、草坪、苗圃、林地、塔、碑、井、泉、独立树等。测绘地物时，除独立物体是以该物体的中心位置为准外，其他地物都是先确定组成地物图形的主要竖直面内的拐点（变坡点），以及水平面内的弯点和交点等的平面位置，将相邻点连线，组成与实地物体水平投影相似的图形。这些主要拐点、弯点和交点等统称为地

物特征点，也称地物碎部点。

（3）地貌及其特征点

地貌是指地球表面高低起伏的自然形态，包括山顶、鞍部、山脊、山谷、山坡、山脚、凹地等。地貌特征点是指山顶、鞍部、山脊、山谷、山脚等地形变换点及山坡上的坡度变换点，也称地貌碎部点。

二、碎部测量的方法

以经过平差的导线点作为依据进行森林罗盘仪碎部测量，最后绘制平面图。森林罗盘仪碎部测量的主要方法有极坐标法、方向交会法和导线法等，如图3-9所示。

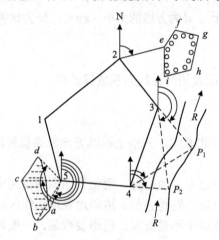

图3-9 森林罗盘仪碎部测量

（1）极坐标法

极坐标法是利用方位角和水平距离来确定碎部点的平面位置。此法适用于测站附近地形开阔且通视条件良好的情况，如草坪、道路等。

（2）方向交会法

此法适用于目标显著、量距困难或立尺员不易到达，并在两个测站均能看到特征点的情况，如河流、峭壁等。应当注意的是，图3-9中，交会角$\angle 3P_14$、$\angle 3P_24$不应小于30°或大于150°。

（3）导线法

被测地物具有闭合轮廓，其内部不通视，不便进入其中施测碎部，如林地、果园、池塘等。可用森林罗盘仪闭合导线测定该地物的位置和形状，只需单向测出各边的正方位角和边长即可。

对河流、道路等较大线状物体位置和形状的测绘，可用森林罗盘仪的导线或支导线。进行碎部测量时，上述3种方法既可以单独使用，也可以相互配合进行，施测时可以根据具体情况灵活运用。

碎部测量结束后，应当擦去铅笔底图上展点时留下的各种辅助线，并保留导线点的位置；然后用铅笔按照先图内后图外、先注记后符号的顺序，正确使用图式描绘各种地面物体的轮廓、位置并加以注记等，使底图成为一幅内容齐全、线条清晰、取舍合理、注记正确的平面图原图，方便复制利用。

任务实施

特征地物测量

一、工具

每组配备：森林罗盘仪1套，标杆2根，皮尺1把，计算器1台，记录板1块（含记录表格），铅笔等。

二、方法与步骤

以控制测量各导线点作为测站点，根据实地情况从极坐标法、方向交会法和导线法中选用合适的方法进行碎部测量。

（一）极坐标法

第1步　布点

在方便采用极坐标法的测区布设碎部点。

第2步　选点安置仪器

选取就近的控制点安置森林罗盘仪，分别在各碎部点竖立标杆。

第3步　施测

将森林罗盘仪对中、整平后，分别瞄准各碎部点，测得该控制点到各碎部点的磁方位角，用皮尺量距或视距测量距离。

第4步　记录

将测量结果记入表3-3。

第5步　展点与平差

将测量数据绘制在控制测量图解平差后的导线闭合图形上，绘图时长度要按原有比例尺进行绘制。

（二）方向交会法

第1步　选择碎部点

在控制测量边线上，任意寻找一个远处地物作为碎部点。

第2步　在第1个控制点观测碎部点

在该边线的一端控制点安置森林罗盘仪，经对中、整平，瞄准碎部点，测得该控制点到碎部点的磁方位角。

第3步　在第2个控制点观测同一碎部点

在该边线的另一端控制点安置森林罗盘仪，经对中、整平，瞄准碎部点，测得该控制点到碎部点的磁方位角。

第4步　记录

将测量结果记入表3-4。

第5步 绘图

将测量数据绘制在控制测量图解平差后的导线闭合图形上。

(三)导线法

第1步 选择控制点作为起点

在控制测量的某控制点上安置森林罗盘仪,在碎部点1上竖立标杆。

第2步 测量第1个碎部点

森林罗盘仪经对中、整平,瞄准碎部点1,测得该控制点到碎部点1的磁方位角,用皮尺量距或视距测量距离。

第3步 测量第2个碎部点

将森林罗盘仪移到碎部点1,在碎部点2上竖立标杆,经对中、整平,瞄准碎部点2,测得碎部点1到碎部点2的磁方位角,用皮尺量距或视距测量距离。

第4步 同法测量第3个到第n个碎部点

将森林罗盘仪移到碎部点2,在碎部点3上竖立标杆,经对中、整平,瞄准碎部点3,测得碎部点2到碎部点3的磁方位角,用皮尺量距或视距测量距离……重复进行,直到从碎部点n测到碎部点1,将全部碎部点测完。

第5步 记录

将测量结果记入表3-5。

第6步 绘图

将测量数据绘制在控制测量图解平差后的导线闭合图形上,绘图时长度要按原有比例尺进行绘制。

三、数据记录

森林罗盘仪碎部测量(极坐标法、方向交会法、导线法)记录表如表3-3~表3-5所示。

表3-3 森林罗盘仪碎部测量(极坐标法)记录表

测站	目标	磁方位角/(°)	倾斜角/(°)	距离/m		备注
				斜距	平距	

测量者_____ 记录者_____ 日期_____

表3-4 森林罗盘仪碎部测量(方向交会法)记录表

测站	目标	磁方位角/(°)	备注

测量者_____ 记录者_____ 日期_____

表 3-5　森林罗盘仪碎部测量（导线法）记录表

测站	目标	磁方位角/(°)	倾斜角/(°)	距离/m		备注
				斜距	平距	

测量者_____　　　记录者_____　　　日期_____

四、注意事项

1）碎部测量时，立尺员应将标尺竖直，并随时观察立尺点周围情况，弄清碎部点之间的关系，在地形复杂时还需绘出草图，协助绘图人员做好绘图工作。

2）绘图人员要注意图面整洁、注记清晰，并做到随测点、随展绘、随检查。

3）在每站工作结束后，应当进行检查，在确认地物、地貌无错测或漏测时，方可迁站。

任务评价

1）主要知识点及内容如下：

森林罗盘仪导线测量，平面控制测量与碎部测量；比例尺概念，比例尺精度，平面图绘制、展绘和平差，平面图面积量算。

2）对任务实施过程中出现的问题进行讨论，并完成测绘平面图任务评价表（表3-6）。

表 3-6　测绘平面图任务评价表

任务程序			任务实施中应注意的问题
人员组织			
材料准备			
实施步骤	1. 森林罗盘仪导线测量	①导线点的选择	
		②方位角测量	
		③距离丈量	
	2. 平面图绘制	①比例尺选择	
		②总体构图	
		③闭合差	
		④平差	
		⑤面积量算	
	3. 碎部点的测量		
	4. 碎部点的绘制		

任务4　GNSS应用

任务描述

GNSS能够提供全天候、全天时、高精度的定位、导航和授时服务。在林业生产中利用GNSS进行森林资源调查、林地管理与巡查等，不仅大大降低管理成本，还提升了工作效率。GNSS应用主要包括林区面积测算、木材量估算、护林员巡查、森林防火、测定地区界线等。本任务主要是认识和使用GNSS手持机，并进行林地调查。

知识目标

1. 了解GNSS的基本原理。
2. 了解我国的北斗卫星导航系统。
3. 掌握南方S760系列GNSS手持机的操作方法。
4. 了解GIStar软件的基本功能。
5. 了解GNSS手持机在林地调查中的应用。

技能目标

1. 学会南方S760系列GNSS手持机的基本操作。
2. 能够对南方S760系列GNSS手持机的各种参数进行正确设置。
3. 能够熟练使用南方S760系列GNSS手持机进行林地面积测量。

思政目标

1. 培养学生科学严谨的工作态度。
2. 培养学生的保密意识。
3. 增强学生的民族自豪感，激发学生奋发向上的学习动力和社会责任感。

子任务4.1　GNSS手持机的基本操作

知识准备

一、北斗卫星导航系统

北斗卫星导航系统（简称北斗系统）是我国自主研发、独立运行的全球卫星导航系统。北斗卫星导航系统与美国的全球定位系统（GPS）、俄罗斯的格洛纳斯导航卫星系统（global navigation satellite system，GLONASS）、欧盟的伽利略导航卫星系统（Galileo navigation satellite system，Galileo）兼容共用，并称全球四大导航卫星系统。

北斗系统向全球免费提供定位、测速和授时服务，定位精度为 10m，测速精度为 0.2m/s，授时精度为 10ns。授权服务是为有高精度、高可靠卫星导航需求的用户，提供定位、测速、授时和通信服务及系统完好性信息服务。我国生产定位服务设备的生产商都将会提供对 GPS 和北斗系统的支持，从而提高定位的精确度。

1. 北斗系统概述

北斗系统基本组成包括空间段、地面控制段和用户段。

（1）空间段

北斗系统目前在轨工作卫星有 5 颗地球静止轨道（geostationary earth orbit，GEO）卫星、5 颗倾斜地球同步轨道（inclined geo-synchronous orbit，IGSO）卫星和 4 颗中圆地球轨道（medium earth orbit，MEO）卫星。北斗卫星导航系统星座组成如图 4-1 所示，相应的位置如下：

GEO 卫星的轨道高度为 35 786km，分别定点于东经 58.75°、80°、110.5°、140°和 160°。

IGSO 卫星的轨道高度为 35 786km，轨道倾角为 55°，分布在 3 个轨道面内，升交点赤经分别相差 120°，其中 3 颗卫星的星下点轨迹重合，交叉点经度为东经 118°，其余两颗卫星的星下点轨迹重合，交叉点经度为东经 95°。

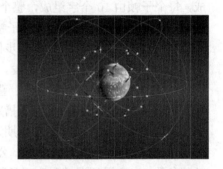

图 4-1　北斗卫星导航系统星座组成

MEO 卫星轨道高度为 21 528km，轨道倾角为 55°，回归周期为 7 天 13 圈，相位从 Walker24/3/1 星座中选择，第一轨道面升交点赤经为 0°。4 颗 MEO 卫星位于第一轨道面 7、8 相位、第二轨道面 3、4 相位。

（2）地面控制段

地面控制段负责系统导航任务的运行控制，主要由主控站、时间同步/注入站、监测站等组成。主控站是北斗系统的运行控制中心，主要包括如下任务：

1）收集各时间同步/注入站、监测站的导航信号监测数据，进行数据处理，生成导航电文等。

2）负责任务规划与调度和系统运行管理与控制。

3）负责星地时间观测比对，向卫星注入导航电文参数。

4）卫星有效载荷监测和异常情况分析等。

时间同步/注入站主要负责完成星地时间同步测量，向卫星注入导航电文参数。

监测站对卫星导航信号进行连续观测，为主控站提供实时观测数据。

（3）用户段

用户段包括北斗兼容其他卫星导航系统的芯片、模块、天线等基础产品，以及终端产品、应用系统与应用服务等。

2. 北斗系统空间信号特征

（1）空间信号接口特征

1）空间信号射频特征。北斗系统采用右旋圆极化 L 波段信号。B1 频点的标称频率为 1561.098MHz，卫星发射信号采用正交相移键控调制，其他信息详见北斗系统空间信号接口控制文件（BDS-SIS-ICD-2.0）的规定。

2）导航电文特征。

① 导航电文构成。根据信息速率和结构不同，导航电文分为 D1 导航电文和 D2 导航电文。D1 导航电文速率为 50B/s，D2 导航电文速率为 500B/s。MEO/IGSO 卫星播发 D1 导航电文，GEO 卫星播发 D2 导航电文。

D1 导航电文以超帧结构播发。每个超帧由 24 个主帧组成，每个主帧由 5 个子帧组成，每个子帧由 10 个字组成，整个 D1 导航电文传送完毕需要 12min。其中，子帧 1 至子帧 3 播发本星基本导航信息；子帧 4 的 1~24 页面和子帧 5 的 1~10 页面播发全部卫星历书信息及与其他系统时间同步信息。

D2 导航电文以超帧结构播发。每个超帧由 120 个主帧组成，每个主帧由 5 个子帧组成，每个子帧由 10 个字组成，整个 D2 导航电文传送完毕需要 6min。其中，子帧 1 播发本星基本导航信息，子帧 5 播发全部卫星历书信息及与其他系统时间同步信息。

卫星导航电文的正常更新周期为 1h。导航信息帧格式详见 BDS-SIS-ICD-2.0 的规定。

② 公开服务导航电文信息。公开服务导航电文信息主要包括卫星星历参数；卫星钟差参数；电离层延迟模型改正参数；卫星健康状态；用户距离精度指数；星座状况（历书信息）等。

导航信息详细内容参见 BDS-SIS-ICD-2.1 的规定。

（2）空间信号性能特征

1）空间信号覆盖范围。北斗系统公开服务空间信号覆盖范围用单星覆盖范围表示。单星覆盖范围是指从卫星轨道位置可见的地球表面及其向空中扩展 1000km 高度的近地区域。

2）空间信号精度。空间信号精度采用误差的统计量描述，即任意健康的卫星在正常运行条件下的误差统计值（95%置信度）。

空间信号精度主要包括 4 个参数：用户距离误差（URE）、URE 的变化率（URRE）、URRE 的变化率（URAE）、协调世界时偏差误差（UTCOE）。

（3）相关术语和缩略语

北斗系统常用下列缩略语：

BDS—BeiDou Navigation Satellite System，北斗导航卫星系统，简称北斗系统；

BDT—BeiDou Navigation Satellite System Time，北斗时；

CGCS2000—China Geodetic Coordinate System 2000，2000 中国大地坐标系；

GEO—Geostationary Earth Orbit，地球静止轨道；

ICD—Interface Control Document，接口控制文件；

IGSO—Inclined Geosynchronous Orbit，倾斜地球同步轨道；

MEO—Medium Earth Orbit，中圆地球轨道；

NAV—Navigation （as in "NAV data" or "NAV message"），导航；
OS—Open Service，公开服务；
RF—Radio Frequency，射频；
PDOP—Position Dilution Of Precision，位置精度因子；
SIS—Signal In Space，空间信号；
TGD—Time Correction of Group Delay，群延迟时间改正；
URE—User Range Error，用户距离误差；
UTC—Universal Time Coordinated，协调世界时；
UTCOE—UTC Offset Error，协调世界时偏差误差。

二、南方 S760 系列 GNSS 手持机概述

南方 S760 系列 GNSS 手持机如图 4-2 所示。按键区有 4 个键，分别是 WIN 键、ESC 键、ENT 键、PWR 键；两个指示灯，工作状况指示灯和电源指示灯；一个小的凹入式的重启（复位）键，位于按键区左上角指示灯旁。S760 USB 接口与电源线接口如图 4-3 所示。

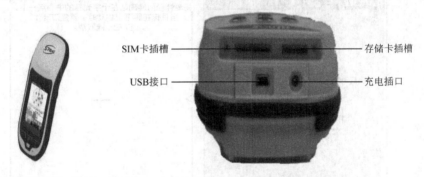

图 4-2　南方 S760 系列 GNSS 手持机　　　图 4-3　S760 USB 接口与电源线接口

■ **任务实施**

认识与使用 GNSS 手持机

一、工具

每组配备：南方 S760 系列 GNSS 手持机。

二、方法与步骤

第 1 步　GNSS 手持机的开机、关机和重启

1）开机。按住 PWR 键 3s 直到红灯熄灭蓝灯亮起，松开 PWR 键，即可开机。开机后屏幕出现微软的 Windows 标志和 Windows 欢迎界面。

如果手持机在使用中待机（仅仅关闭屏幕），那么短按 PWR 键将唤醒屏幕，出现之前运行的界面。

2）关机和重启。长按 PWR 键 3s，界面将出现一个提示框，单击相应选项可以进行重启、关机和取消等操作。或者直接用触笔单击重启键，手持机也将重启。

第2步　手持机与计算机连接管理数据

1）使用自带的 USB 数据线连接手持机和计算机。

2）在计算机上安装 Microsoft ActiveSync 同步软件，并重新启动计算机。这时需要打开手持机进行首次连接，此时系统打开"新硬件向导"对话框安装驱动程序。安装完成后，系统检测手持机并配置通信端口。连接成功后，使用"浏览"功能，即能进入手持机程序管理和文件管理文件夹。

当手持机与计算机同步后，单击"此电脑"按钮，在打开的"此电脑"窗口中选择"移动设备"选项，可以浏览移动设备（手持机）中的所有内容，同时也可进行文件的删除、复制等操作。

第3步　校正触摸屏

双击"开始"→"控制面板"→"笔针"按钮，打开"笔针属性"对话框，如图 4-4 所示，在此对话框中单击"再校准"按钮，参考校正向导，即可对触摸屏进行校正，如图 4-5 所示。

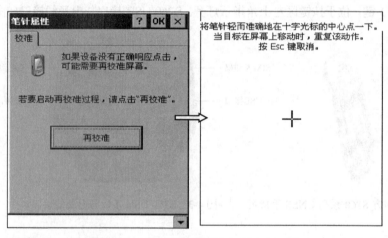

图 4-4　"笔针属性"对话框　　　图 4-5　触摸屏再校准

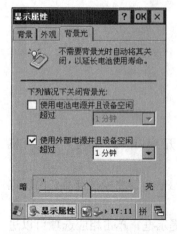

图 4-6　背景光设置显示属性

第4步　景灯设置

手持机需要长时间待机，可以进行如下设置。

1）单击"开始"→"设置"→"控制面板"→"显示"→"背景光"按钮，打开"显示属性"对话框。

2）取消选中"背景光"选项卡中"使用电池电源并且设备空闲超过"复选框，如图 4-6 所示。

第5步　GPRS 网络设置

1）单击"开始"→"设置"→"连接属性页"→"连接"→"高级"→"选择网络"按钮。

2）在打开的下拉框中选择"Internet 设置"选项后单击"OK"按钮，返回至上一界面。

3）单击"任务"标签即可出现网络连接设置主图，

单击"Internet 设置"下面的"添加新调制解调器连接"按钮。

4）在选择调制解调器栏，选择"电话线路"（GPRS）选项，然后单击"下一步"按钮，添加新的 GPRS 连接。

5）输入访问点名称 cmnet（若 WAP 包月则输入 cmwap），单击"下一步"按钮，再单击"完成"按钮。

第 6 步 电源设置

短按 PWR 键将临时关闭屏幕并切换到睡眠模式，睡眠模式下挂起设备关闭屏幕使之进入低耗电状态以节省电量。当空闲一段时间后设备将自动进入睡眠模式。

1）单击"开始"→"设置"→"电源"按钮。

2）取消选中使用电池电源时"设备闲置以下时间后自动关闭"复选框，但是睡眠模式下仍然能够接收信息和数据，短按 PWR 键将唤醒设备。

三、注意事项

1）搜到 4 颗以上卫星且信号良好。
2）事先充满电量。
3）地势开阔，不能在密林中操作。

子任务 4.2 GNSS 手持机在林地调查中的应用

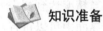
知识准备

一、GIStar 简介

GIStar 是南方 S760 系列 GNSS 手持机的标配软件，是一套利用 GIS 技术来采集、管理、导入、导出地理信息数据的软件系统。GIStar 加强了图形和数据采集功能，可以对现实世界的 GIS 信息进行采集，并对数据进行图形化信息处理，从而提高地理信息管理水平；为有关部门提供 GIS 数据资源，最大限度地满足用户需求。GIStar 系列软件有手持机上的 GIStar 程序，并包含了一些 PC 端的配套软件。其主要特征如下：

1）GIStar 在 HandStar 和 HandCtrl 的基础上进行升级，加强了图形处理和数据采集功能。

2）增加了数据字典软件，可以实现采集属性的自定义。

3）增加了数据导出软件。

4）增加了静态采集功能。

5）增加了 NMEA 输出功能（为第三方软件提供 GGA）。

二、软件的安装

首先下载 GIStar 安装包，将 GIStar 文件夹复制到手持机中。在资源管理器中找到复制文件，运行 GIStar.exe，按照提示步骤操作。安装完毕后，系统会在菜单中自动创建快捷方式"GIS 数据采集",双击快捷方式进入 GIStar 操作界面;也可以打开资源管理器找到 GIStar.exe,直接双击运行。

任务实施

应用 GNSS 手持机采集数据

一、工具

每组配备:南方 S760 系列 GNSS 手持机。

二、方法与步骤

第 1 步 新建工程

在手持机上启动 GIStar 软件,在主界面上选择"管理"→"工程"→"新建工程"命令,打开工程信息界面,对工程名称、储存路径、创建日期、操作人员、工程说明等工程信息进行设定,单击"下一步"按钮进入坐标系统界面,设置相关坐标系统参数,最后设置工程文件名称,即可完成新建工程。

第 2 步 数据采集

在 GIStar 主界面上依次选择"作业"→"测量"→"动态采集"命令,如图 4-7 所示,切换到动态采集模式。动态采集模式界面为 GIStar 默认界面,如图 4-8 所示。

单击上方工具栏中的"+"图标或者按两次 Enter 键进入采集界面。当精度达到要求时,自动显示要素状态,如图 4-9 所示。单击"确定"按钮,在打开的界面中可以进行采集要素设置和采集坐标设置。

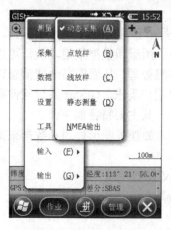  

图 4-7 动态采集菜单   图 4-8 动态采集界面   图 4-9 要素状态界面

采集要素包括点、线、面和数据字典,如图 4-10 所示。单击"确定"按钮进入下一步。若采集要素选择默认点、线、面,则进入名称、编码设置界面,如图 4-11 所示。在林地调查中,一般将采集要素设置为"面",当采集完成后,可以在手持机上直接查看图形和面积,最后可以导出 Shape 文件格式的数据文件，可以在计算机中进行编辑处理。当然，在采集时也可以将采集要素设置为"点"或者"线"，在后期编辑时可以将其转换为面要素。

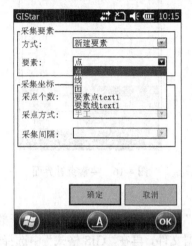

图 4-10 采集要素界面

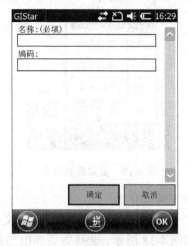

图 4-11 名称、编码设置界面

第 3 步　记录设置

选择"作业"→"设置"→"记录设置"命令，如图 4-12 所示，打开记录设置界面，如图 4-13 所示。

在记录设置界面中，可以对采集条件、采集方式、天线进行设置，也可以在采集状态界面中单击"采集设置"按钮，对限差等进行设置。此外，还可以设置里程、查看精度，如图 4-14 所示。

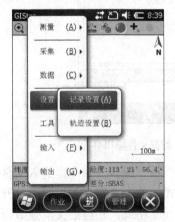

图 4-12 记录设置菜单

图 4-13 记录设置界面

图 4-14 采集状态界面

第 4 步　数据查看

选择"作业"→"数据"→"要素查看"命令，如图 4-15 所示。通过要素查看界面查看所有要素和坐标，如图 4-16 所示。同时，还可以查看线要素的周长、面要素的面积等。

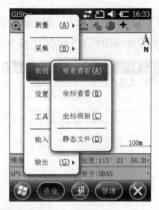
图4-15 要素查看菜单

图4-16 要素查看界面

第5步 文件导出

选择"作业"→"输出"→"数据文件"命令,如图4-17所示,打开数据文件输出界面,如图4-18所示。选择需要导出的数据文件,再在"GIS格式"中选择输出格式,通常选择通用的Shape文件格式,也可以在"自定义格式"选项卡中自定义需要的格式。在选择需要的导出位置后,单击"导出"按钮完成数据导出。导出文件存放在手持机中,可以通过手持机自带的USB数据线传输到计算机中进行编辑。

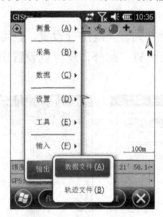
图4-17 文件输出菜单

图4-18 数据文件输出界面

如果需要,用户可以自定义格式,选择"自定义格式"→"编辑"命令,进入文件格式列表选项,单击"导入"按钮,可以导入.cfg文件格式。单击"新建"按钮,打开新建格式界面,在该界面下可以创建.csv格式、.txt格式、.dat格式,并自定义其他数据项,设置完成后单击"确定"按钮,完成格式自定义。

三、注意事项

1)搜到4颗以上卫星且信号良好。
2)事先充满电量。
3)地势开阔,不能在密林中操作。

4）要正确建立工程，且要记住路径。

任务评价

1）主要知识点及内容如下：

南方 S760 系列 GNSS 手持机的设置及基本操作；新建工程、数据采集、记录设置、数据查看、文件导出。

2）对任务实施过程中出现的问题进行讨论，并完成 GNSS 手持机调查林地任务评价表（表 4-1）。

表 4-1　GNSS 手持机调查林地任务评价表

任务程序		任务实施中应注意的问题
人员组织		
材料准备		
实施步骤	1. 新建工程	
	2. 数据采集	
	3. 记录设置	
	4. 数据查看	
	5. 文件导出	

任务 5　地形图的应用

📖 任务描述

地形图具有文字形式和数字形式所不具备的直观性、一览性、量算性和综合性的特点，这就决定了地形图的独特功能和广泛用途。在林业生产中，森林资源清查、林业规划设计、工程造林、森林环境保护等都是以地形图作为重要的基础资料开展工作的。本任务的主要内容包括地形图识图基础、地形图的分幅与编号、基本数据的计算、在地形图上进行境界线的勾绘、面积计算等。

☕ 知识目标

1. 了解国家基本地形图的分类。
2. 了解国家基本地形图分幅与编号标准、方法。
3. 熟悉地形图的图外注记和作用。
4. 掌握地形图上各种基本数据的计算方法。
5. 熟悉高斯平面直角坐标格网的意义与作用。
6. 掌握等高线特性及特殊地貌表示方法。
7. 掌握 1∶50 000 地形图及 1∶10 000 地形图在森林调查中的应用。
8. 熟悉地形图与现地对照的方法。

技能目标

1. 会利用地图分幅规则求出相邻地形图的新旧图幅编号。
2. 能够根据经纬度求出该地地形图的新旧图幅编号。
3. 能够利用地形图计算某点的坐标与高程。
4. 能够量算图上两点间的距离与方位角。
5. 能够确定某一方向的坡度。
6. 会判断山峰、平地、山脊线、沟谷线、鞍部地形。
7. 能够把地形图绘成平面图。
8. 能够实地对图读图、实地定向和确定站立点的位置。
9. 能够在地形图上进行面积测算。

思政目标

1. 培养学生对地形图的保密意识。
2. 培养学生仔细认真的工作态度、团队合作意识，增强学生自主分析能力。
3. 通过地形图学习，培养学生实事求是的工作作风。

子任务 5.1　地形图的应用基础

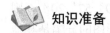 知识准备

一、地形图分类

地形图是普通地图中的一种。在平面图上将地面高低起伏的形态用等高线或其他符号表示出来，这种既表示地物的平面位置又表示地貌形态的图，称为地形图。

国家基本地形图是按照国家测绘总局有关规定、规范测绘的标准图幅地形图，因其根据国家颁布的测量规范、图式和比例尺系统测绘或编绘，也称为基本比例尺地形图。各国所使用的地形图比例尺系统不尽相同，我国把 1∶1 000 000、1∶500 000、1∶250 000、1∶100 000、1∶50 000、1∶25 000、1∶10 000 和 1∶5000 八种比例尺的地形图规定为基本比例尺地形图。

二、地形图分幅与编号

地形图只是实地地形在图上的缩影，不是直观的景物。我国地域辽阔，受绘图比例尺的限制，不可能在一张图幅有限的纸上将其全部描绘出来，为了便于管理和使用地形图，需要按照一定方式将大区域的地形图划分为若干尺寸适宜的单幅图，称为地形图分幅。为了便于储存、检索和使用系列地形图，按照一定的方式给予各分幅地形图唯一的代号，称为地形图编号。我国地形图的分幅与编号方法分为两类：①国家基本比例尺地形图采用的梯形分幅与编号（国际分幅与编号）。②大比例尺地形图采用的矩形分幅与编号。本任务介绍梯形分幅与编号。

梯形分幅以国际 1∶1 000 000 地形图的分幅与编号为基础，也称为国际分幅。它是以经线和纬线来划分的，一幅图的左右以经线为界，上下以纬线为界，图幅形状近似梯形，因此称为梯形分幅。现有两种：①按 1993 年以前地形图分幅和编号标准产生的，称为旧分幅与编号。②按照 1992 年国家标准局发布的《国家基本比例尺地形图分幅和编号》（GB/T 13989—1992），对 1993 年 3 月以后测绘和更新的地形图采用的分幅和编号，称为新分幅与编号。自 2012 年 10 月 1 日起实施的《国家基本比例尺地形图分幅和编号》（GB/T 13989—2012）代替 GB/T 13989—1992。因为旧分幅与编号的纸质图一直在延用，并且新分幅是与旧分幅规则一样的，只是编号规则不同，所以首先介绍旧分幅与编号内容。

1. 旧分幅与编号方法

（1）分幅与编号标准

1∶1 000 000 地形图的分幅采用国际 1∶1 000 000 分幅标准，按经差 6°、纬差 4°进行分幅，即由 180°经线起算，自西向东每经差 6°为一列，全球分为 60 列，依次用阿拉伯数字 1、2、…、60 表示其相应列号；由赤道分别向北、向南按纬差 4°为一行，

各分为 22 横行（分到北纬 88°和南纬 88°），依次用字母 A、B、C、…、V 表示其相应行号，由经线和纬线所围成的每一格（梯形）为一幅 1∶1 000 000 地形图。每一幅图的编号由其所在的"横行—纵列"的编号组成。图 5-1 所示为北半球东侧 1∶1 000 000 地形图的分幅编号。例如，某地的经度为东经 116°23′30″，纬度为 39°57′20″，则其所在的 1∶1 000 000 比例尺地形图的图号为 J-50。1∶1 000 000 地形图的分幅是其他基本比例尺地形图分幅的基础。

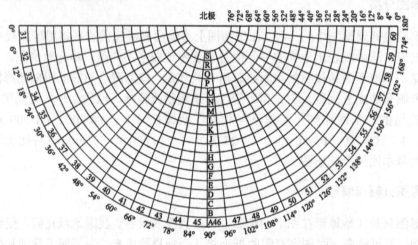

图 5-1　北半球东侧 1∶1 000 000 地形图的分幅编号

1∶500 000 地形图的分幅是按纬差 2°、经差 3°把一幅 1∶1 000 000 地形图分成 2 行 2 列，共 4 幅 1∶500 000 地形图，分别用 A、B、C、D 表示，其编号为"1∶1 000 000 图号-序号码"。例如，上述某地的 1∶500 000 图的编号为 J-50-A。

1∶250 000 地形图的分幅是按纬差 1°、经差 1°30′把一幅 1∶1 000 000 地形图分成 4 行 4 列，共 16 幅 1∶250 000 地形图，分别以[1]、[2]、[3]、…、[16]表示，其编号为"1∶1 000 000 图号-序号码"。例如，上述某地的 1∶250 000 图的编号为 J-50-[2]。

1∶100 000 地形图的分幅是按纬差 20′、经差 30′把一幅 1∶1 000 000 地形图分成 12 行 12 列，共 144 幅 1∶100 000 地形图，分别以 1、2、3、…、144 表示，其编号为"1∶1 000 000 图号-序号码"。如图 5-2 所示，上述某地的 1∶100 000 图的编号为 J-50-5。

1∶50 000 地形图的分幅是按纬差 10′、经差 15′把一幅 1∶100 000 地形图分成 2 行 2 列，共 4 幅 1∶50 000 地形图，分别用 A、B、C、D 表示，其编号为"1∶100 000 图号-序号码"。如图 5-3 所示，上述某地的 1∶50 000 图的编号为 J-50-5-B。

1∶25 000 地形图的分幅是按纬差 5′、经差 7.5′把一幅 1∶50 000 地形图分成 2 行 2 列，共 4 幅 1∶25 000 地形图，分别用 1、2、3、4 表示，其编号为"1∶50 000 图号-序号码"。如图 5-3 所示，上述某地的 1∶25 000 图的编号为 J-50-5-B-2。

1∶10 000 地形图的分幅是按纬差 2′30″、经差 3′45″把一幅 1∶100 000 地形图分成 8 行 8 列，共 64 幅 1∶10 000 地形图，分别用（1）、（2）、…、（64）表示，其编号为"1∶100 000 图号-序号码"。如图 5-4 所示，上述某地的 1∶10 000 图的编号为 J-50-5-(15)。

任务 5　地形图的应用

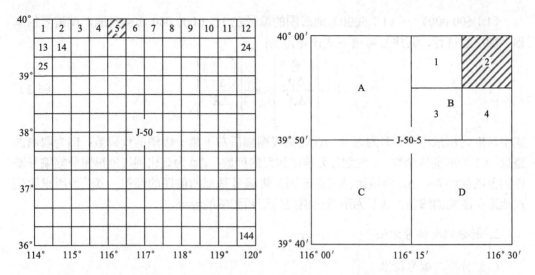

图 5-2　1∶100 000 图的分幅与编号　　图 5-3　1∶50 000 图、1∶25 000 图的分幅与编号

1∶5000 地形图的分幅是按纬差 1′15″、经差 1′52.5″ 把一幅 1∶10 000 地形图分成 2 行 2 列，共 4 幅 1∶5000 地形图，分别用 a、b、c、d 表示，其编号为"1∶10 000 图号-序号码"。如图 5-5 所示，上述某地的 1∶5000 图的编号为 J-50-5-(15)-a。

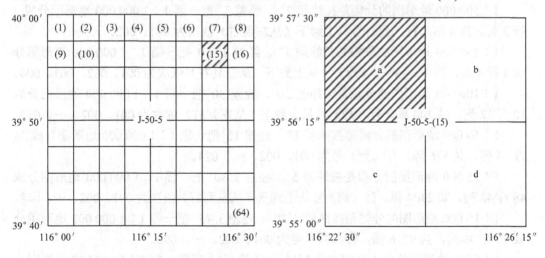

图 5-4　1∶10 000 图的分幅与编号　　图 5-5　1∶5000 图的分幅与编号

（2）旧图幅编号查算

1∶1 000 000 比例尺地形图编号的查算。已知某地的经度 λ 和纬度 φ，则其所在的 1∶1 000 000 图幅编号可由图 5-1 查出，也可用下列公式计算。

$$\begin{cases} 行号 = \dfrac{\phi}{4°}（取商的整数）+1 \\ 列号 = \dfrac{\lambda}{6°}（取商的整数）+31 \end{cases} \quad (5\text{-}1)$$

（1∶500 000）～（1∶5000）地形图的编号在 1∶1 000 000 比例尺地形图编号的基础上加序号进行，其序号可用下式计算得到：

$$W = V - \left[\frac{\left(\frac{\phi}{\Delta\phi}\right)}{\Delta\phi'}\right] \times n + \left[\frac{\left(\frac{\lambda}{\Delta\lambda}\right)}{\Delta\lambda'}\right] \quad (5\text{-}2)$$

式中，W 为所求序号；V 为划分为该比例尺图幅后左下角一幅图的代码数；[ ]为取商的整数；( )为取商的余数；n 为划分为该比例尺的列数；$\Delta\phi$ 为该比例尺地形图分幅编号基础的前图的纬差；$\Delta\lambda$ 为该比例尺地形图分幅编号基础的前图的经差；$\Delta\phi'$ 为所求比例尺地形图图幅的纬差；$\Delta\lambda'$ 为所求比例尺地形图图幅的经差。

2. 新分幅与编号方法

（1）分幅与编号标准

1∶1 000 000 地形图的分幅仍采用国际分幅标准，其编号方法与旧编号方法基本相同，只是去掉字母和数字间的短线，行和列称呼相反，编号为"行号码列号码"，如某地所在的 1∶1 000 000 地形图的编号为 J50。其他比例尺地形图的分幅均在 1∶1 000 000 地形图的基础上加密来进行。

1∶500 000 地形图的分幅是按纬差 2°、经差 3°把一幅 1∶1 000 000 地形图分成 2 行 2 列，共 4 幅，行（列）号从上到下（从左到右）依次为 001、002。

1∶250 000 地形图的分幅是按纬差 1°、经差 1°30′把一幅 1∶1 000 000 地形图分成 4 行 4 列，共 16 幅，行（列）号从上到下（从左到右）依次为 001、002、003、004。

1∶100 000 地形图的分幅是按纬差 20′、经差 30′把一幅 1∶1 000 000 地形图分成 12 行 12 列，共 144 幅，行（列）号从上到下（从左到右）依次为 001、002、…、012。

1∶50 000 地形图的分幅是按纬差 10′、经差 15′把一幅 1∶1 000 000 地形图分成 24 行 24 列，共 576 幅，行（列）号为 001、002、…、024。

1∶25 000 地形图的分幅是按纬差 5′、经差 7′30″把一幅 1∶1 000 000 地形图分成 48 行 48 列，共 2304 幅，行（列）号从上到下（从左到右）依次为 001、002、…、048。

1∶10 000 地形图的分幅是按纬差 2′30″、经差 3′45″把一幅 1∶1 000 000 地形图分成 96 行 96 列，共 9216 幅，行（列）号为 001、002、…、096。

1∶5000 地形图的分幅是按纬差 1′15″、经差 1′52.5″把一幅 1∶1 000 000 地形图分成 192 行 192 列，共 36 864 幅，行（列）号从上到下（从左到右）依次为 001、002、…、192。

（1∶500 000）～（1∶5000）地形图的新图幅编号是以 1∶1 000 000 地形图的编号为基础，由 10 位码组成，下接相应比例尺代码及横行、纵列代码所构成，如图 5-6 所示。因此，所有（1∶500 000）～（1∶5000）地形图的图号均由 5 个元素 10 位代码组成，编码系列统一为一个根部，编码长度相同，方便计算机识别和处理。

上述比例尺地形图的图幅和编号见表 5-1。

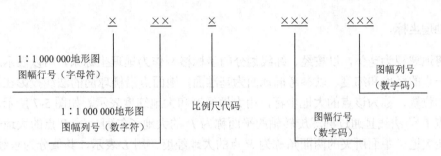

图 5-6 （1∶500 000）~（1∶5000）地形图图号的构成

表 5-1 国家基本比例尺地形图分幅编号表

比例尺		1∶1 000 000	1∶500 000	1∶250 000	1∶100 000	1∶50 000	1∶25 000	1∶10 000	1∶5000
分幅标准	经差	6°	3°	1°30′	30′	15′	7′30″	3′45″	1′52.5″
	纬差	4°	2°	1°	20′	10′	5′	2′30″	1′15″
行号范围		A,B,…,V	001,002	001,002, 003,004	001,002, …,012	001,002, …,024	001,002, …,048	001,002, …,096	001,002, …,192
列号范围		1,2,…,60							
比例尺代码			B	C	D	E	F	G	H
图幅数量关系		1	4	16	144	576	2304	9216	36 864

（2）图幅编号查算

1∶1 000 000 比例尺地形图图幅编号的查算方法与旧编号的查算方法相同。（1∶500 000）~（1∶5000）地形图的图幅编号可按下式进行计算：

$$\begin{cases} 行号 = \dfrac{4°}{\Delta\phi} - \dfrac{\phi}{\Delta\phi} \\ 列号 = \dfrac{\lambda}{\dfrac{6°}{\Delta\lambda}} + 1 \end{cases} \quad (5-3)$$

式中，ϕ、λ 为该地所在的 1∶1 000 000 地形图图幅西南图廓点的纬度和经度；$\Delta\phi$、$\Delta\lambda$ 为地形图分幅的纬差和经差。

例 5.1 某地的经度为 116°23′30″，纬度为 39°57′20″，其编号为 J50 的 1∶1 000 000 地形图，其左上角图廓点的纬度为 40°，经度为 114°，经计算可得各种比例尺地形图新图幅编号，如表 5-2 所示。

表 5-2 某地各种比例尺地形图新图幅编号

比例尺	1∶1 000 000	1∶500 000	1∶250 000	1∶100 000
编号	J50	J50B001001	J50C001002	J50D001005
比例尺	1∶50 000	1∶25 000	1∶10 000	1∶5 000
编号	J50E001010	J50F001020	J50G002039	J50H003077

随着计算机应用的普及，基本比例尺地形图的图幅号都可通过编写相应的计算机程序、输入相应的经纬度方便求得。

三、地理坐标

将地球视为球体，以按经、纬线划分的坐标格网作为地理坐标系，用以表示地球表面某一点的经度和纬度。以参考椭球面为基准面，地面点沿椭球面的法线投影在该基准面上的位置，称为该点的大地坐标，用大地经度和大地纬度表示。如图 5-7 所示，包含地面点 P 的法线且通过椭球旋转轴的平面称为 P 的大地子午面。过 P 点的大地子午面与起始大地子午面所夹的两面角称为 P 点的大地经度，用 L 表示，其值分为东经 0°～180° 和西经 0°～180°。过点 P 的法线与椭球赤道面所夹的线面角称为 P 点的大地纬度，用 B 表示，其值分为北纬 0°～90° 和南纬 0°～90°。

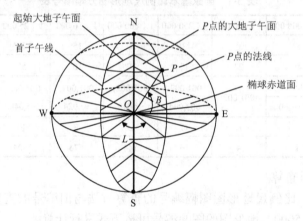

图 5-7　地理坐标系

四、高斯平面直角坐标

当测区范围较大时，建立平面坐标系就不能忽略地球曲率的影响。为了解决球面与平面的矛盾，必须采用地图投影的方法将球面上的大地坐标转换为平面直角坐标。目前，我国采用高斯-克吕格投影。它是一种等角横切椭圆柱投影，该投影解决了将椭球面转换为平面的问题。从几何意义上看，就是假设一个椭圆柱横套在地球椭球体外并与椭球面上的某一条子午线相切，这条相切的子午线称为中央子午线。假想在椭球体中心放置一个光源，通过光线将椭球面上一定范围内的物象映射到椭圆柱的内表面上，然后将椭圆柱面沿一条母线剪开并展成平面，即获得投影后的平面图形，如图 5-8 所示。

该投影的经纬线图形有以下特点：

1) 投影后的中央子午线为直线，无长度变化。其余的经线投影为凹向中央子午线的对称曲线，其长度比球面上的相应经线略长。

2) 赤道的投影为一条直线，并且与中央子午线正交。其余的纬线投影为凸向赤道的对称曲线。

3) 经、纬线投影后仍然保持相互垂直的关系，说明投影后角度无变形。

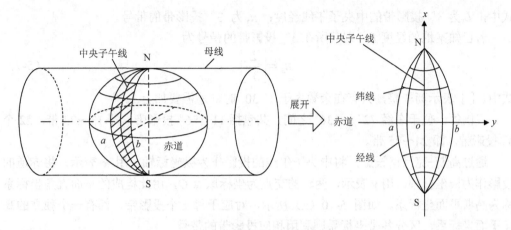

图 5-8 高斯-克吕格投影

高斯-克吕格投影没有角度变形,但是有长度变形和面积变形,离中央子午线越远,变形越大。为了对变形加以控制,测量中采用限制投影区域的办法,即将投影区域限制在中央子午线两侧一定的范围,此范围称为投影带。对(1∶25 000)~(1∶500 000)地形图采用 6°分带,对 1∶10 000 及更大比例尺地形图采用 3°分带,如图 5-9 所示。

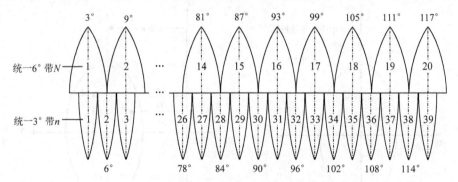

图 5-9 高斯-克吕格投影带

6°带:从首子午线开始,自西向东每隔经差 6°分为一带,将全球划分成 60 个投影带,其编号分别为 1、2、…、60。6°投影带每带的中央子午线经度可用下式计算:

$$L_6 = 6° \cdot n_6 - 3° \tag{5-4}$$

式中,L_6 为 6°投影带的中央子午线经度;n_6 为 6°投影带的带号。

若已知某地的经度 L,则其所在 6°投影带的带号为

$$n_6 = \left[\frac{L}{6°}\right] + 1 \tag{5-5}$$

式中,[ ] 表示商取整。

3°带:从东经 1°30′的子午线开始,自西向东每隔经差 3°为一带,将全球划分成 120 个投影带,其中央子午线在奇数带时与 6°带中央子午线重合。3°投影带每带的中央子午线经度为

$$L_3 = 3° \cdot n_3 \tag{5-6}$$

式中，L_3 为 3°投影带的中央子午线经度；n_3 为 3°投影带的带号。

若已知某地的经度 L，则其所在 3°投影带的带号为

$$n_3 = \left[\frac{L}{3°}\right] \quad (5\text{-}7)$$

式中，[ ] 表示商取整，只有在余数大于 1°30′ 时，才需要加上 1。

我国领土位于东经 72°～136°之间，共包括 11 个 6°投影带，即 13～23 带；22 个 3°投影带，即 24～45 带。

通过高斯-克吕格投影，将中央子午线的投影作为纵坐标轴，用 x 表示，将赤道的投影作为横坐标轴，用 y 表示，两轴的交点为坐标原点 O，由此构成的平面直角坐标系称为高斯平面坐标系。如图 5-10（a）所示，对应于每一个投影带，都有一个独立的高斯平面坐标系，区分各带坐标系则利用相应投影带的带号。

在每一投影带内，y 坐标值有正有负，这对于计算和使用均不方便。为了使 y 坐标都为正值，将纵坐标轴向西（左）平移 500km，即将所有点的 y 坐标值均加上 500km，并在 y 坐标前加上投影带的带号，这种坐标系称为通用坐标系，如图 5-10（b）所示。例如，若 A 点位于第 19 带内，则 A 点的国家统一坐标表示为 $y = 19\ 123\ 456.789$m。

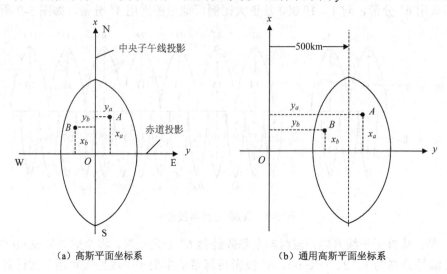

（a）高斯平面坐标系　　　　　　　　　（b）通用高斯平面坐标系

图 5-10　高斯平面坐标系

五、地物符号

地物是地面上天然或人工形成的物体，如湖泊、河流、房屋、道路等。在地形图中，地面上的地物和地貌都是用国家测绘总局颁布的《地形图图式》中规定的符号表示的，图式中的符号可分为地物符号、地貌符号和注记符号 3 种。在国家测绘总局统一制定和颁发的"1∶500、1∶1000、1∶2000 地形图图式"中摘录的部分地物、地貌符号见表 5-3。图式是测绘、使用和阅读地形图的重要依据。因此，在识别地形图之前，应当首先了解地物符号的分类方法。

表 5-3 地物、地貌符号摘录

编号	符号名称	符号样式	编号	符号名称	符号样式
1	三角点 凤凰山——点名 394.468——高程	△ 凤凰山/394.468 3.0	7	建筑中房屋	建 2.0 1.0
2	水准点 II——等级 京石5——点名点号 32.805——高程	2.0 ⊗ II京石5/32.805	8	独立树 针叶	1.6 3.0 1.0
3	卫星定位等级点 B——等级 14——点号 495.263——高程	△ B 14/495.263 3.0	9	独立树 阔叶	1.6 2.0 3.0 1.0
4	乡村路 a. 依比例尺的 b. 不依比例尺的	a 4.0 1.0 ——0.2 b 8.0 2.0 ——0.3	10	独立树 棕榈、椰子、槟榔	2.0 3.0 1.0
5	小路、栈道	1.0 4.0 ——0.3	11	等高线 a. 首曲线 b. 计曲线 c. 间曲线	a ——0.15 b 1.0 ——2.5 0.3 c 6.0 ——0.15
6	内部道路	1.0 1.0			

（1）比例符号

有些地物轮廓较大，如房屋、运动场、湖泊、林分等，可将其形状和大小按测图比例尺直接缩绘在图纸上而形成的符号称为比例符号。用图时，可在图上量取地物的大小和面积。

（2）非比例符号

有些地物很小，如导线点、井泉、独立树、纪念碑等，无法将其依比例缩绘在图纸上，只能用规定的符号表示其中心位置，这种符号称为非比例符号。

非比例符号中表示地物实地中心位置的点叫作定位点。地物符号的定位点规定如下：几何图形符号，其定位点在几何图形的中心，如三角点、图根点、水井等；具有底线的符号，其定位点在底线的中心，如烟囱、灯塔等；底部为直角的符号，其定位点在直角的顶点，如风车、路标、独立树等；几种几何图形组合而成的符号，其定位点在下方图形的中心或交叉点，如路灯、气象站等；下方有底宽的符号，其定位点在底宽中心点，如亭子、山洞等。地物符号的方向均垂直于南图廓。

（3）半比例符号

对于呈带状的狭长地物，如道路、电线、沟渠等，其长度可依比例尺缩绘而宽度无法依比例尺缩绘的符号称为半比例符号。半比例符号的中心线就是实际地物的中心线。

（4）注记符号

在地物符号中用以补充地物信息而加注的文字、数字或符号称为注记符号，如地名、高程、楼房结构、层数、地类、植被种类符号、水流方向等。

六、等高线

地貌是指地表的高低起伏形态,包括山地、丘陵和平原等。在图上表示地貌的方法有很多,地形图中通常用等高线表示。等高线不仅能够表示地面起伏的形态,还能表示地面的坡度和地面点的高程。

(1) 等高线的概念

等高线是由地面上高程相同的点连接而成的连续闭合曲线。如图 5-11 所示,假设有一座山位于平静湖水中,湖水水位涨到 P_3 水平面,随后水位分别下降 10m 到 P_2 水平面、下降 20m 到 P_1 水平面,3 个水平面与山坡都有一条交线,而且都是闭合曲线,该曲线上各点的高程是相等的。这些曲线就是等高线。将各水平面上的等高线沿铅垂方向投影到一个水平面 M 上,并按规定的比例尺缩绘在图纸上,就得到用等高线表示该山头地貌的等高线图。由图可知,这些等高线的形状是由地貌表面形状决定的。

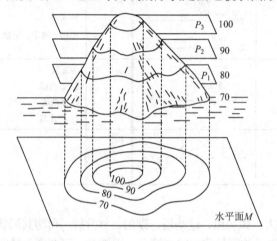

图 5-11 用等高线表示地貌的原理

(2) 等高距和等高线平距

相邻等高线之间的高度差称为等高距,常以 h 表示。图 5-12 所示的等高距为 5m。在同一幅地形图上,等高距是相等的。

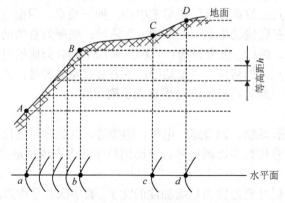

图 5-12 坡度大小与平距的关系

相邻等高线之间的水平距离称为等高线平距,常以 d 表示。因为同一张地形图上等高距是相等的,所以等高线平距 d 的大小直接与地面坡度有关。如图 5-12 所示,地面上 AB 段的坡度大于 CD 段,其 ab 间的等高线平距比 cd 小。由此可见,等高线平距越小,地面坡度就越大;等高线平距越大,地面坡度就越小;地面坡度相同(图上 AB 段),等高线平距相等。因此,可以根据地形图上等高线的疏密来判定地面坡度的陡缓。

同时可知,等高距越小,显示地貌越详细;等高距越大,显示地貌越简略。但是当等高距过小时,图上的等高线过于密集,将会影响图面的清晰醒目效果。因此,在测绘地形图时,应当根据测区坡度大小、测图比例尺和用图目的等因素综合选用等高距的大小。地形测量规范中对等高距的规定见表 5-4。

表 5-4　基本等高距表　　　　　　　　　　　　　　　　　　　　单位:m

比例尺	平地(0°~2°)	丘陵(2°~6°)	山地(6°~25°)	高山地(>25°)
1:500	0.5	0.5	0.5, 1	1
1:1000	0.5	0.5, 1	1	1, 2
1:2000	0.5, 1	1	2	2

(3)等高线的分类

为了便于查看,地形图上的等高线常用不同种类的表现形式,其中常见的、地形图上都有的等高线是首曲线和计曲线,有些地形图在表示局部地形时还用到间曲线和助曲线。

1)首曲线。在同一幅图上,按照规定的等高距描绘的等高线称为首曲线,也称基本等高线。它是宽度为 0.15mm 的细实线,如 9m 等高线、11m 等高线、12m 等高线、13m 等高线(图 5-13)。

2)计曲线。为了读图方便,将凡是高程能被 5 倍基本等高距整除的等高线加粗描绘,称为计曲线,如 10m 等高线、15m 等高线(图 5-13)。

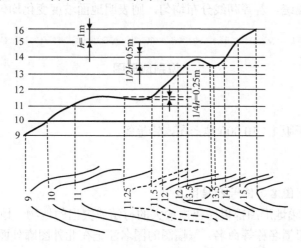

图 5-13　等高线的种类

3)间曲线和助曲线。当首曲线不能显示地貌的特征时,按 1/2 基本等高距描绘的等高线称为间曲线,在图上用长虚线表示,如 11.5m 等高线、13.5m 等高线(图 5-13)。有时为显示局部地貌,可按 1/4 基本等高距描绘等高线,这种等高线称为助曲线。例如,11.25m 等高线(图 5-13),一般用短虚线表示。

(4)等高线的特性

了解等高线的性质,其目的在于能够根据实地地形正确绘制等高线或根据等高线正确判读实际地貌。等高线的特征主要有以下几点:

1)等高性。在同一等高线上的各点,其高程相等。

2)闭合性。等高线应是闭合曲线,不在图幅内闭合,就在图幅外闭合;在图幅内只有遇到符号或数字时才能人为断开。

3)非交性。等高线一般不能相交也不能重叠,只有悬崖和峭壁的等高线才可能出现相交或重叠。当等高线相交时,交点成双出现。

4)正交性。等高线与山脊线、山谷线(合称地性线)正交,如图 5-14 所示。与山脊线相交时,等高线由高处向低处凸出;与山谷线相交时,等高线由低处向高处凸出。

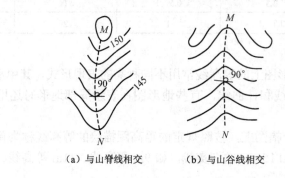

图 5-14 等高线与地性线的正交性

5)密陡稀缓性。同一幅地形图内,等高线越密,表明平距越小,地面坡度越陡;反之,地面坡度越缓。若等高线分布均匀,则表明地面坡度变化均匀。

■ 任务实施

识别地形图

一、工具

每组配备:新版 1∶10 000 地形图,铅笔等。

二、方法与步骤

第 1 步 识别图名、图号和接图表

1)图名。每幅地形图都以图幅内最大的村镇或突出的地物、地貌的名称来命名,也可用该地区的习惯名称等命名。每幅图的图名注记在北外图廓外面正中处。如图 5-15 所示,地形图的图名为"长安集"。

2)图号。为便于保管、查寻及避免同名异地等,每幅图应按规定编号,并将图号

写在图名的下方。如图 5-15 所示，地形图的图号为 12-51-144-T-4

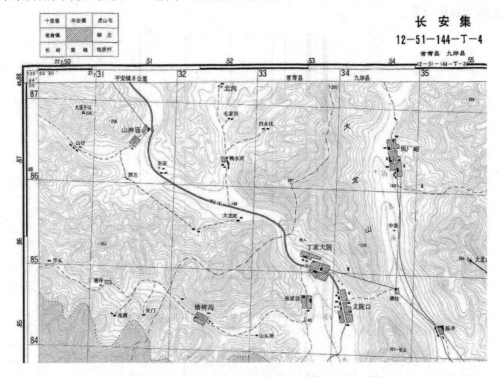

图 5-15 图名、图号和接图表

3）接图表。为了方便检索一幅图的相邻图幅，在图名的左边需要绘制接图表。它由 9 个矩形格组成，中央填绘斜线的格代表本图幅，四周的格表示上下、左右相邻的图幅，并在每个格中注有相应图幅的图名，如图 5-15 所示。

第 2 步　识别地形图图廓与坐标格网

1）图廓。图廓是地形图的边界。1∶100 000、1∶50 000、1∶25 000 地形图图廓包括外图廓（粗黑线外框）、内图廓（细线内框）和中图廓（经纬廓）。外图廓仅为装饰美观；中图廓上绘有黑白相间或仅用短划线表示经差、纬差分别为 1′ 的分度带，使用它可以内插求出图幅内任意点的地理坐标；内图廓为图幅的边线，四角标注经度和纬度，表示地形图的范围。如图 5-16 所示，西图廓经线是东经 128°45′，南图廓纬线是北纬 46°50′。1∶10 000 地形图只有外图廓和内图廓。

（1∶2000）～（1∶500）比例尺地形图图廓只有外图廓和内图廓。内图廓是地形图分幅时的坐标格网线，也是图幅的边界线。外图廓是距内图廓之外一定距离绘制的加粗平行线，仅起装饰作用。

2）坐标格网。内图廓以内的纵横交叉线是坐标格网或平面直角坐标网，因格网长一般以公里为单位，也称公里网。公里数注记在内外图廓线之间，注记的字头朝北，并规定第一条格网和最末一条格网注明全值，中间的公里线只注明个位公里数和十位公里数。使用坐标格网可求出图幅内任意点的平面直角坐标。如图 5-16 所示，5189 表示纵坐标为 5189km（从赤道起算），向上的分别为 90、91 等，其公里线的千位、百位都是

51,故从略;横坐标为 22 482,22 为该图幅所在的 6°投影带的带号,482 表示该纵线的横坐标公里数。

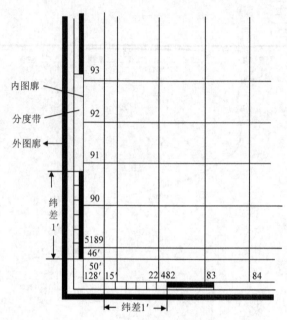

图 5-16　地形图图廓

第 3 步　识别测图比例尺

图示比例尺和数字比例尺绘制在南图廓外正中央(图 5-17)。

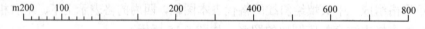

图 5-17　1∶10 000 图示比例尺

用图示比例尺可以直接量得图上两点间的实地水平距离。用数字比例尺可按下式计算图上两点间的实地水平距离。

$$D = d \times \frac{M}{100} \tag{5-8}$$

式中,d 为图上两点间的直线长(cm);D 为相应的实地水平距离(m);M 为地形图的数字比例尺的分母值。

第 4 步　识别坡度尺

在 1∶25 000 和 1∶50 000 地形图南图廓外左下方绘有坡度尺,以便量算地面坡度,如图 5-18 所示。矩形分幅的地形图一般不绘坡度尺。

第 5 步　识别"三北方向"关系图

在中小比例尺图的南图廓线的右下方,还绘有真子午线方向、磁子午线方向和坐标纵轴(中央子午线)方向这三者的角度关系,称为三北方向图,如图 5-19 所示。图上标注子午线收敛角 γ 和磁偏角 δ 的角度值。此外,在南北内图廓线上还绘有标志点 P 和 P',这两点的连线即为该图幅的磁子午线方向。确定了磁子午线方向,就可以利用罗盘对地形图进行实地定向。矩形分幅的地形图没有三北方向关系图。

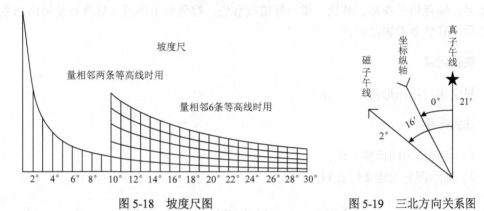

图 5-18　坡度尺图　　　　　图 5-19　三北方向关系图

第 6 步　地物判读

地形图上的地物主要用地物符号和注记符号来表示。因此,判读地物首先要熟悉《国家基本比例尺地图图式》(GB/T 20257—2017)中的一些常用符号,这是识读地物的基本工具;其次,能够区分比例符号、半比例符号和非比例符号的不同,搞清各种地物符号在图上的真实位置,如表示一些独立物的非比例符号及路堤和路堑符号等,在图上量测距离和面积时要特别注意;再次,懂得注记的含义,如表示林种、苗圃的注记,仅仅表明是哪类植物,并非表示树木或苗木的位置、数量或大小等;最后,应当注意有些地物在不同比例尺图上所用符号可能不同(道路、水流等),不要判读错误。

另外,还要考虑符号主次让位问题。例如,当铁路与公路并行时,按比例绘制在图上有时会出现重叠,按规定以铁路为主,公路为次。因此,图上是以铁路中心位置绘制铁路符号,公路符号让位。根据国家测绘总局编印的《地形图图式》认真识别地形图上的地物符号,找出图中主要居民点、道路、河流及其他所有的地物,明确比例符号,非比例符号、半比例符号和注记符号的表达方式。完成实习用地形图中所有地物符号表的填写。

第 7 步　地貌判读

地形图上主要用等高线表示地貌。因此,地貌判读的前提是要熟悉等高线的特点,如等高线形状与实地地面形状的关系,地性线与等高线的关系,等高线平距与实地地面坡度的关系等;其次,要熟悉典型地貌的等高线表示方法,如山丘与凹地、山背与山谷、鞍部的等高线表示方法;最后,要熟悉雨裂、冲沟、悬崖、绝壁、梯田等特殊地貌的等高线表示方法。

在此基础上,判读地貌还应从客观存在的实际出发,分清等高线所表达的地貌要素及地性线,找出地貌变化规律。例如,由山脊线即可看出山脉连绵;由山谷线便可看出水系的分布;由山峰、鞍部、洼地和特殊地貌则看出地貌的局部变化。分辨出地性线(分水线和集水线)就可把个别的地貌要素有机地联系起来,从而对整个地貌有一个较为完整的概念。

要想了解某一地区的地貌,就要先看一下总的地势。例如,哪里是山地,哪里是丘陵、平地;主要山脉和水系的位置与走向,以及道路网的布设情况等。只要按照由大到小、由整体到局部的顺序进行判读,就可掌握整体地貌的情况。

若是国家基本图，则可根据其颜色获得大致了解。例如，蓝色用于溪、河、湖、海等水系；绿色用于森林、草地、果园等植被套色；棕色用于地貌土质符号及公路套色；黑色用于其他要素和注记。

三、数据记录

提交实习用地形图。

四、注意事项

1）做好地形图保密工作。
2）地形图与现地多位置对照。

子任务 5.2　地形图的室内应用

 知识准备

一、坐标计算

（1）坐标正算

根据已知坐标、边长及该边的坐标方位角计算未知点的坐标，称为坐标正算。如图 5-20 所示，已知 A 点的坐标 x_A、y_A 和 AB 边的边长 D_{AB} 及坐标方位角 α_{AB}，则边长 AB 的坐标增量为

$$\begin{cases} \Delta x_{AB} = D_{AB} \cdot \cos\alpha_{AB} \\ \Delta y_{AB} = D_{AB} \cdot \sin\alpha_{AB} \end{cases} \quad (5\text{-}9)$$

B 点的平面坐标为

$$\begin{cases} x_B = x_A + \Delta x_{AB} \\ y_B = y_A + \Delta y_{AB} \end{cases} \quad (5\text{-}10)$$

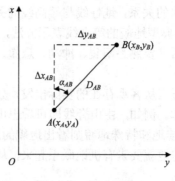

图 5-20　坐标计算图

（2）坐标反算

根据两个已知点的坐标求算两点间的边长及其坐标方位角，称为坐标反算。

直线 AB 的坐标方位角为

$$\alpha_{AB} = \arctan\frac{(y_B - y_A)}{(x_B - x_A)} = \arctan\frac{\Delta y_{AB}}{\Delta x_{AB}} \qquad (5\text{-}11)$$

直线 AB 的长度为

$$D_{AB} = \sqrt{(x_B - x_A)^2 + (y_B - y_A)^2} \qquad (5\text{-}12)$$

对计算得出的 α_{AB}，应当根据 Δx、Δy 的正负判断其所在的象限。

二、距离量算

求图上两点间的距离。根据两点的平面直角坐标计算。

如图 5-21 所示，欲求 PQ 两点间的水平距离，可先求算出 P、Q 的平面直角坐标（x_P, y_P）和（x_Q, y_Q），然后再利用下式计算：

$$D_{PQ} = \sqrt{(x_Q - x_P)^2 + (y_Q - y_P)^2} \qquad (5\text{-}13)$$

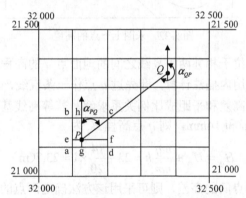

图 5-21　求图上一点的平面直角坐标及坐标方位角

■ 任务实施

测算地形图上点线关系

一、工具

每组配备：新版 1∶10 000 地形图，铅笔等。

二、方法与步骤

第 1 步　方位角计算

根据两点的平面直角坐标计算。欲求直线 PQ（图 5-21）的坐标方位角 α_{PQ}，可由 P、Q 的平面直角坐标（x_P, y_P）和（x_Q, y_Q）求得

$$\alpha_{PQ} = \arctan\frac{y_Q - y_P}{x_Q - x_P} \qquad (5\text{-}14)$$

求得的 α_{PQ} 在平面直角坐标系中的象限位置，将由（$x_Q - x_P$）和（$y_Q - y_P$）的正负确定。

第 2 步　高程求算

可以根据地形图上的等高线确定任一地面点的高程。若地面点恰好位于某一等高线上，则可根据等高线的高程注记或由基本等高距直接确定该点高程。如图 5-22 所示，p 点的高程为 20m。

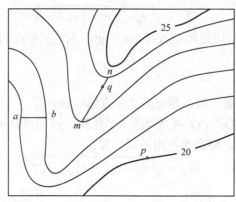

图 5-22　求图上一点的高程

由图可知，当确定位于相邻两等高线之间的地面点 q 的高程时，可用目估法；当精度要求较高时，也可采用内插法计算，即先过 q 点作一条直线，与相邻两等高线分别相交于 m、n 两点，再依高差和平距成比例关系求解。若等高线基本等高距为 1m，mn、mq 的长度分别为 20mm 和 14mm，则 q 点高程 H_q 为

$$H_q = H_m + \frac{mq}{mn}h = 23 + \frac{14}{20}\times 1 = 23.7(\text{m})$$

若确定图上任意两点间的高差，则可采用该方法确定两点的高程后相减即得。

第 3 步　坡度计算

欲求 a、b 两点之间的地面坡度，可先求出两点的高程 H_a、H_b，计算出高差 $h_{ab}=H_b-H_a$，再求出 a、b 两点的水平距离 D_{ab}，然后按下式即可计算地面坡度：

$$i = \frac{h_{ab}}{D_{ab}} \times 100\% \tag{5-15}$$

或

$$\alpha_{ab} = \arctan\frac{h_{ab}}{D_{ab}} \tag{5-16}$$

三、数据记录

将数据分别记入表 5-5～表 5-7 中。

表 5-5　两点坐标及方位角

p 点坐标/m		q 点坐标/m		p 到 q 坐标方位角/（°）
横坐标	纵坐标	横坐标	纵坐标	

任务 5 地形图的应用　73

表 5-6　高程与距离记录表　　　　　　　　　　　　　　　　　　　　　　　　　　　　单位：m

m 点高程	n 点高程	m 到 n 距离	q 到 n 距离	q 到 m 距离	q 点高程

表 5-7　坡度记录表

a 点到 b 点距离/m	a 点高程/m	b 点高程/m	ab 间高差/m	a 点到 b 点坡度/(°)

四、注意事项

1）认真查看量算的数据，以免读数错误。

2）明确等高距及地性线、示坡线。

子任务 5.3　由地形图绘平面图

知识准备

地貌的形态错综复杂、变化万千，一般由山头和洼地、山脊和山谷、鞍部、绝壁、悬崖和梯田等基本形态组合而成，了解和熟悉典型地貌的等高线特征，有助于识读、应用和测绘地形图。典型地貌等高线形状描述如下。

1. 山丘和洼地（盆地）

图 5-23 所示为山丘和洼地及其等高线。山丘和洼地的等高线是一组闭合曲线。在地形图上区分山丘或洼地的方法是：凡是内圈等高线的高程注记大于外圈者为山丘，小于外圈者为洼地。若等高线上没有高程注记，则用示坡线来表示。

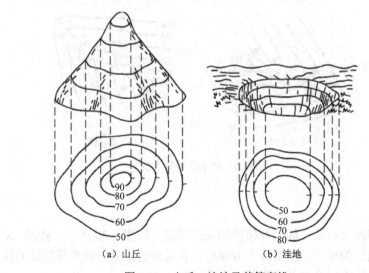

(a) 山丘　　　　　　　　　(b) 洼地

图 5-23　山丘、洼地及其等高线

示坡线是垂直于等高线的短线，用以指示坡度下降的方向。如图 5-23 所示，示坡

线从内圈指向外圈，说明中间高、四周低，为山丘；示坡线从外圈指向内圈，说明四周高、中间低，为洼地。

2. 山脊和山谷

山脊是沿着一个方向延伸的高地。山脊的最高棱线称为山脊线。山脊等高线表现为一组凸向低处的曲线（图 5-24）。

山谷是沿着一个方向延伸的洼地，位于两个山脊之间。贯穿山谷最低点的连线称为山谷线。山谷等高线表现为一组凸向高处的曲线（图 5-24）。

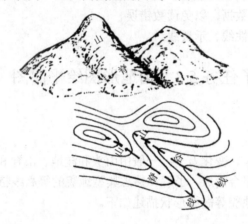

图 5-24 山谷、山脊及其等高线

山脊附近的雨水必然以山脊线为分界线，分别流向山脊的两侧[图 5-25（a）]，因此山脊线又称分水线。在山谷中，雨水必然由两侧山坡流向谷底，向山谷线汇集[图 5-25（b）]，因此山谷线又称集水线。

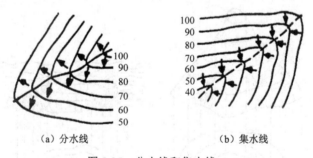

(a) 分水线　　　　　　　(b) 集水线

图 5-25 分水线和集水线

3. 鞍部

鞍部是相邻两个山头之间呈马鞍形的低凹部位，如图 5-26 所示。鞍部（K 点处）往往是山区道路通过的地方，也是两个山脊与山谷会合的地方。鞍部等高线的特点是：在一圈大的闭合曲线内，套有两组小的闭合曲线。

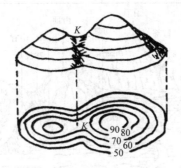

图 5-26 鞍部及其等高线

4. 峭壁和悬崖

近于垂直的陡坡叫作峭壁。因为用于表示峭壁的等高线非常密集，所以采用峭壁符号来代表这一部分等高线，如图 5-27（a）所示。垂直的陡坡叫作断崖，这部分等高线几乎重合在一起，在地形图上通常用锯齿形的峭壁来表示，如图 5-27（b）所示。悬崖是上部突出、下部凹进的陡坡，这种地貌的等高线如图 5-27（c）所示，等高线出现相交，俯视时隐蔽的等高线用虚线表示。

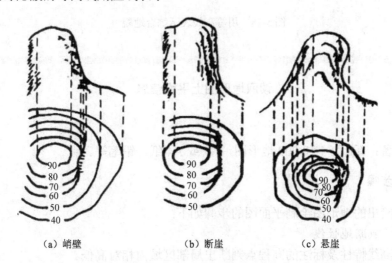

(a) 峭壁　　　　　(b) 断崖　　　　　(c) 悬崖

图 5-27 峭壁、悬崖及其等高线

5. 其他特殊地貌

其他特殊地貌，如冲沟、滑坡等，其表示方法参见地形图图式。

一旦了解和掌握典型地貌等高线，就不难读懂综合地貌的等高线图。图 5-28 所示为某一地区综合地貌及其等高线图，读者可以自行对照阅读。

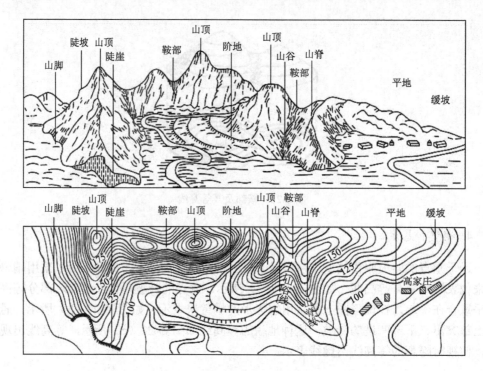

图 5-28　用等高线表示综合地貌

■ 任务实施

读取地形图上平面信息

一、工具

每组配备：新版 1∶10 000 地形图，A3 或 A4 纸，铅笔等。

二、方法与步骤

根据已给出的地形图绘制平面图的步骤如下：

第 1 步　判断地性线

根据等高线特性及标注的高程点判断出局部区域内相对高低。

第 2 步　找出一级山谷线

在高程较小及等高线排列较疏的区域，按照等高线向高处凸起的特点找出大的沟谷，由大沟谷起，等高线向外凸起的还是沟谷，以此方法逐级找出各级小沟谷。沟谷用虚线表示。

第 3 步　找出一级山脊线

同理，根据闭合的等高线及高程对比（也可根据示坡线），四周高程低的即为山丘，逐个找到附近山丘，然后将其连成一条线即为大的山脊线，由大山脊线起，等高线向外凸起的还是山脊，以此方法逐级找出各级小山脊。山脊用实线表示。

第 4 步　依次找出各级山谷线和山脊线

各级山谷线要相连，各级山脊线要相连，山谷线不能与山脊线相连，需要留出适当间隙。需要注意的是，这里所说的相连是指同一个大山脊分出的小山脊相连，不同的大山脊分出的小山脊不能相连，其中间隔着沟谷；同理，同一个大山谷分出的小山谷相连，不同的大山谷分出的小山谷不能相连，其中间隔着山脊。

操作前后对比图，如图 5-29 所示。

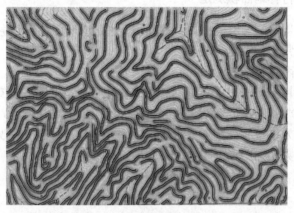

（a）转平面图之前

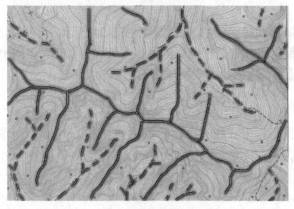

（b）转平面图之后

图 5-29　地形图转平面图前、后示例

三、数据记录

提交由地形图转绘成的平面图。

四、注意事项

1）明确地性线。

2）同一组山脊线之间不能断开，同一组沟谷线之间不能断开。山脊线与沟谷线之间不能相连，也不要离太近。

子任务 5.4　地形图在林地调查中的应用

知识准备

一、利用地形图进行林地面积测定

在地形图上利用区划勾绘的成果量算面积，这是地形图在林业生产中的一项重要用途。下面介绍几种常用的测定方法。

（1）方格法和网点板法

该方法尤其适用于不规则的林地面积测算。求面积时，把印有或绘有间隔为 2mm（4mm 或其他规格）的透明方格网随意盖在图形上，如图 5-30 所示。分别查数图形内不被图形分割的完整方格数和被图形分割的不完整方格数，完整方格数加上不完整方格数的一半即为总方格数，则图形面积 A（m^2）为

$$A = \left(\frac{d \times M}{1000}\right)^2 \times n \qquad (5\text{-}17)$$

式中，d 为方格的大小（mm）；M 为比例尺分母；n 为总方格数。

（2）平行线法

在透明模片上制作相等间隔的平行线，如图 5-31 所示。量测时，把透明模片放在欲量测的图形上，使整个图形被平行线分割成许多等高的梯形，设图中梯形的中线分别为 L_1、L_2、…、L_n，量其长度大小，则所量测的面积为

$$S = h(L_1 + L_2 + \cdots + L_n) = h\sum_{i=1}^{n} L_i \qquad (5\text{-}18)$$

式中，L_i 为被量测图形内平行线的线段长度（$i=1,2,\cdots,n$）；h 为制作模片时所用相邻平行线间的间隔，可以根据被量测图形的大小确定。

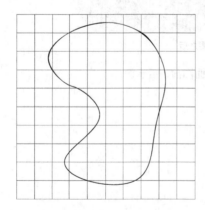

图 5-30　透明方格法求算面积

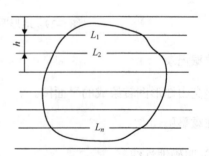

图 5-31　透明平行线法

（3）电子求积仪法

图 5-32 所示为 KP-90N 型电子求积仪，其主要部件有动极臂、跟踪臂和微型计算机。微型计算机表面功能键见表 5-8。各功能键及显示符号在显示屏上的位置，如图 5-33 所示。

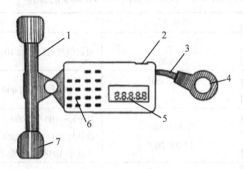

1. 动极臂；2. 交流转换器插座；3. 跟踪臂；4. 跟踪放大镜；5. 显示屏；6. 数字键和功能键；7. 动极轮。

图 5-32　KP-90N 型电子求积仪

表 5-8　KP-90N 型电子求积仪的功能键

字母	名称	字母	名称
ON	电源键（开）	OFF	电源键（关）
0～9	数字键	·	小数点键
START	启动键	HOLD	固定键
MEMO	存储键	AVER	结束及平均值键
UNIT	单位键	SCALE	比例尺键
R-S	比例尺确认键	C/AC	清除键

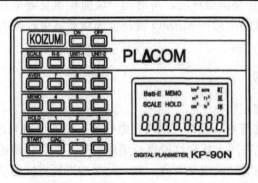

图 5-33　各功能键及显示符号的位置

电子求积仪的操作步骤如下：

1）准备工作。将图纸固定在平整的图板上，把跟踪放大镜大致放在图纸的中央，使动极臂与跟踪臂约成 90°角；用跟踪放大镜沿图形轮廓线试绕行 2～3 周，检查动极臂是否平滑移动。若在转动中出现困难，则可调整动极臂位置。

2）打开电源。按下 ON 键，显示屏上显示"0."。

3）设定面积单位。按下 UNIT 键，选定面积单位。面积单位有米制、英制和日制。

4）设定比例尺。设定比例尺主要使用数字键、SCALE 键和 R-S 键。例如，当测图比例尺为 1∶500 时，其设定的操作步骤见表 5-9。

表 5-9 设定比例尺 1∶10 000 的操作

键操作	符号显示	操作内容
10 000	cm² 10 000	对比例尺进行置数 10 000
SCALE	SCALE cm² 0	设定比例尺 1∶10 000
R-S	SCALE cm² 10 000 000	$10\ 000^2 = 100\ 000\ 000$ 确认比例尺 1∶10 000 已设定，最高可以显示八位数，故显示 10 000 000 而不是 100 000 000
START	SCALE cm² 0	比例尺 1∶10 000 设定完毕，可以开始测量

5）跟踪图形。在图形边界上选取一个较明显点作为起点，使跟踪放大镜的中心与之重合，按下 START 键，蜂鸣器发出声响，显示窗显示"0."；用右手拇指和食指控制跟踪放大镜，使其中心准确地沿图形边界顺时针方向绕行一周，然后回到起点，按下 AVER 键，即显示所测图形的面积。

6）累加测量。若所测图形较大，则需将其分成若干块图形进行累加测量。即在第一块图形面积测量结束后（回到起点），不按 AVER 键而按 HOLD 键（把已测得的面积固定起来）；当测定第二块图形面积时，再按 HOLD 键（解除固定状态）；同法测定其他各块面积。测量结束后按 AVER 键，即显示所测大图形的面积。

7）平均测量。为提高测量精度，可对同一块面积重复测量几次，取其平均值作为最后结果。即每次测量结束后按 MEMO 键，全部测量结束时按 AVER 键，则显示这几次测量的平均值。

二、地形图的实地定向

（1）根据直长地物定向

使图上的直长地物符号（直路、围墙、电线等）与实地直长地物方向一致。例如，当站在道路上时，可先在图上找到这段直长道路符号，然后将地形图展开铺平并转动地形图，使图上的道路与实地的道路方向一致，此时地形图方向与实际方向一致。必须注意使图上道路两侧地形与实地道路两侧地形相一致，以免地形图颠倒。

（2）根据明显地物或地貌特征点定向

定向前，先找出与图上相应且具有方位意义的明显地物，如公路、铁路、水渠、河流、土堤、输电通信线路、独立房子、独立树、明显的山头等，然后转动地形图，使图上地物与实地对应的地物位置关系一致，此时地形图已经基本定向。

（3）根据罗盘定向

如图 5-34 所示，把罗盘平放在地形图上，使度盘上零直径线或南北线与图上磁子午线（磁南与磁北两点的连线）方向一致，转动地形图，使磁北针对准零或"北"字，此时地形图方向与实际方向一致。

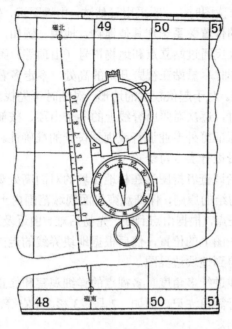

图 5-34 罗盘实地定向

任务实施

野外应用地形图

一、工具

每组配备：新版 1：10 000 地形图，图板，图筒，铅笔等。

二、方法与步骤

第 1 步　确定站立点在地形图上的位置

地形图定向后，只有确定站立点在图上的位置才能开展现场调绘工作。确定站立点的主要方法如下。

根据明显地物或地貌特征点判定：当站立点恰好位于明显地物或地貌特征点时，在图上找出该符号处就是实地站立点在图上的位置。当站立点在明显地物或地貌特征点附近时，可以根据站立点周围明显地物点或地貌点的相关位置确定站立点位置。首先，观察站立点附近的明显地物、地貌（尖山头、冲沟、湖泊、土堆、独立树、水塔、独立屋、桥梁、道路交叉点、池塘等），并将其与图上相应的地物、地貌一一对照；然后，目估站立点至各个明显地物点或地貌点的方位和距离，从而确定站立点在图上的位置；最后，寻找附近地物进行校核。这是确定站立点简便、常用的基本方法。

第 2 步　地形图与实地对照

在确定了地形图的方向和地形图上站立点的位置之后，就可以依照图上站立点周围地物、地貌的符号在实地找出相应的地物、地貌,或者观察实地的地物、地貌,识别其在图上的位置。实地对照读图时,一般采用目估法,由近至远,先识别主要明显的地物、地貌,再根据与其相关的位置关系识别其他地物、地貌。例如,因地形复杂较难确定某些地物、地貌时,可用直尺通过站立点和地物符号(山顶等)照准,依方向和距离确定该地物的实地位置。对图时尽量站在视野开阔的高处,多走多看多比较,区别相似的地物、地貌,避免辨认错误。对于起伏较大的地形,对图时可先找出较高的山顶或制高点,然后按照与其相连的山脊,逐次对照山脊线上的各个山顶、鞍部,从而判明山脊、山谷的走向及起伏的特点,保证野外专业调查或规划设计的准确性。

第3步 利用地形图进行实地勾绘

对坡目测勾绘法是指调查者持图站在林地山坡的对面高处观测,进行区划线的勾绘填图的方法。根据对坡勾绘的原则,仔细观察正面视域范围内土地的分布情况和林分结构的特点,找出地块特征点,根据由点到线、先易后难、由近及远的原则,运用参照法、比例法确定地块转折点在图上的位置,然后根据地块界线的走向及形状连接各转折点,构成一个闭合圈,从而得到地块边界图。

对已勾绘的地块界线进行多角度、多视点的详细观察和修正。

对已勾绘的小班进行简单注记。例如,2马、3杉、4农等。

第4步 林地面积测定

分别用透明方格纸法、平行线法、电子求积仪法测算上述所勾绘的小班图形的实地面积。量算面积时,应当变换方格纸、平行线的位置1~2次,并分别量算面积;用电子求积仪法量算面积时至少要测量两次,以便校核结果和提高量测精度。

三、数据记录

在地形图上作出标记。

四、注意事项

1)用前方交会法及后方交会法确定站立点位置时,交角大于30°、小于150°,理想的交角是接近90°。

2)明显地物要选择正确,图上与现地必须同时存在。

▌任务评价

1)主要知识点及内容如下。

① 地形图的应用基础:地形图分类;地形图分幅与编号;地理坐标;高斯平面直角坐标;地物符号;地貌符号。

② 地形图的室内应用:利用地形图进行林地面积测定,包括方格法和网点板法,平行线法,电子求积仪法。

③ 由地形图绘平面图:典型地貌特征包括山丘和洼地(盆地)、山脊和山谷、鞍部、峭壁和悬崖,以及其他特殊地貌;绘出平面图的步骤。

④ 地形图的实地定向:根据直长地物定向;根据明显地物或地貌特征点定向;根

任务 5 地形图的应用　83

据罗盘定向。

2）对任务实施过程中出现的问题进行讨论，并完成地形图应用任务评价表（表5-10）。

表 5-10　地形图应用任务评价表

任务程序			任务实施中应注意的问题
人员组织			
材料准备			
实施步骤	1. 地形图野外应用	①识别地形	
		②确定站立点位置	
		③现地对图	
	2. 地形图室内应用	①图上测两点距离	
		②图上测两点高差	
		③测某一方向坡度	
		④图上测某点坐标	
		⑤图上测各种方位角	
		⑥图上测某一区域范围面积	

自 测 题

一、名词解释

1. 水平距离　2. 直线定线　3. 磁偏角　4. 磁坐偏角　5. 子午线收敛角
6. 比例尺精度　7. 导线测量　8. 地形图　9. 地物　10. 地貌　11. 等高线
12. 等高距　13. 等高线平距

二、填空题

1. 钢尺的零分划位置有两种形式：①零分划线刻在钢尺前端，称为_____；②零点位于尺端（拉环的外缘），称为_____。
2. 常用的目估定线方法有_____、_____、过山岗定线、过山谷定线 4 种。
3. 三北方向分别为_____、_____、_____。
4. 由基本方向的北端起，沿顺时针方向到某一直线的水平夹角，称为该直线的_____，其角值为_____。
5. 从基本方向的北端或南端起，到某一直线所夹的水平锐角，称为该直线的_____，以 R 表示，其角值为_____。
6. 当地面上两点间距离不远时，通过两点的子午线可视为平行，此时同一直线的正反磁方位角也可认为是相差_____。
7. 为了消除磁倾角的影响，保持磁针两端的平衡，常在磁针_____端缠上铜丝。
8. 为了避免森林罗盘仪的磁针帽与顶针尖之间的碰撞和磨损，不用时应当旋紧_____。
9. 森林罗盘仪是一种观测直线磁方位角或磁象限角的仪器，它的水平度盘用来指示_____角，竖直度盘用来指示_____。
10. 用森林罗盘仪测定磁方位角时，刻度盘是随着_____一起转动的，而_____却静止不动，在这种情况下，为了能够直接读出与实地相符合的方位角，将方位罗盘按_____方向注记，_____方向的注字与实地相反。
11. 用森林罗盘仪进行视距测量时，视距常数值为 100，视野中上下视距丝相隔 40cm，因此测站与目标间距离约为_____。
12. 森林罗盘仪导线按照布置形式可分为_____、_____和支导线 3 种。
13. 比例尺越大，精度数值越_____，图上表示的地物、地貌越_____，测图的工作量也越大；反之则相反。
14. GNSS 的构成包括空间部分、_____部分和_____部分。
15. GNSS 接收机从仪器结构来划分，分为天线单元、_____、_____和_____四大部分。

16. 目前正在运行的全球导航卫星系统有中国的_____、美国的_____、俄罗斯的_____及欧盟的_____。

17. GPS 卫星发送的信号是由载波、_____和_____ 3 部分组成的。

18. 山脊的最高棱线称为_____，山谷内最低点的连线称为_____。

19. 根据地物的形状大小和描绘方法的不同，地物符号可分为_____、_____、_____、_____ 4 种，对于呈带状的狭长地物，如道路、电线、小河等，其长度可依比例尺表示，其宽度不能依比例尺表示，这种符号称为_____。

20. 由山顶向某个方向延伸的凸棱部分称为_____，几乎垂直的陡坡称为_____，垂直的陡坡称为_____。

21. 地形图上主要采用的等高线种类有_____、_____、_____和_____。

22. 相邻等高线间的水平距离，称为_____。

23. 地形图的分幅方法有两种，_____和_____。

24. 1∶1 000 000、1∶100 000、1∶50 000 和 1∶10 000 地形图图幅纬度差分别是_____、_____、_____、_____，经度差分别是_____、_____、_____、_____。

三、选择题

1. 以下测量工具中，测量精度最低的是（　　）。
   A. 钢尺　　　　B. 皮尺　　　　C. 玻璃纤维卷尺　　　　D. 测绳

2. 森林罗盘仪测定斜面倾斜度，应该读取（　　）的数值。
   A. 水平度盘　　B. 竖直度盘　　C. 视距丝间隔　　　　D. 无法测定

3. 全站仪是一种实用性较强的测定仪器，它能够测定（　　）。
   A. 角度　　　　B. 距离　　　　C. 坐标　　　　　　　D. 以上都能

4. 以下比例尺绘制的平面图，表示实际区域最大的是（　　）。
   A. 1∶1000　　　B. 1∶5000　　　C. 1∶10 000　　　　　D. 1∶20 000

5. GNSS 的功能是（　　）。
   A. 为用户提供精确的地理位置　　B. 为用户提供飞机遥感影像
   C. 为用户提供卫星遥感影像　　　D. 为用户提供全面的地理信息

6. 我国自行研制的卫星导航系统是（　　）。
   A. GPS　　　　　　　　　　　　B. 伽利略导航卫星系统
   C. 北斗卫星导航系统　　　　　　D. GLONASS

7. 一般来说，单台 GNSS 接收机实现三维动态定位所需的最少卫星数为（　　）颗。
   A. 2　　　　　B. 3　　　　　C. 4　　　　　D. 5

8. 下面对 GNSS 控制测量精度没有影响的是（　　）。
   A. 已知点的精度　　　　　　　　B. 控制网的布设
   C. 观测条件的好坏　　　　　　　D. 接收机间是否通视

9. 在以下定位方式中，精度较高的是（　　）。
   A. 绝对定位　　　　　　　　　　B. 相对定位

C. 载波相位实时差分　　　　　　D. 伪距实时差分

10. GNSS 定位测量技术给测绘界带来了一场革命，下列说法不正确的是（　　）。
    A. 利用 GNSS 定位测量技术，测量精度可以达到毫米级的程度
    B. 与传统的手工测量手段相比，GNSS 定位测量技术具有测量精度高的优点
    C. GNSS 定位测量技术操作简便，仪器体积小，方便携带
    D. 当前，GNSS 定位测量技术已广泛应用于大地测量、资源勘查、地壳运动观测等领域

11. 与传统的手工测量手段相比，GNSS 定位测量技术具有的特点是（　　）。
    A. 测量精度高，操作复杂
    B. 仪器体积大，不方便携带
    C. 全天候操作，信息自动接收、存储
    D. 中间处理环节较多且复杂

12. GNSS 接收机，按其用途的不同，可分为（　　）、测地型和授时型 3 种。
    A. 大地型　　　　B. 军事型　　　　C. 民用型　　　　D. 导航型

13. 在图上不但表示出地物的平面位置，还表示出地形高低起伏的变化，这种图称为（　　）。
    A. 平面图　　　　B. 地图　　　　C. 地形图　　　　D. 断面图

14. 同一等高线上所有点的高程（　　），但是高程相等的地面点（　　）在同一条等高线上。
    A. 相等，不一定　　　　　　　　B. 相等，一定
    C. 不等，不一定　　　　　　　　D. 不等，一定

15. 等高线通过（　　）才能相交。
    A. 悬崖　　　　B. 雨裂　　　　C. 陡壁　　　　D. 陡坎

16. 相邻两条等高线之间的高差称为（　　）。
    A. 等高线　　　　B. 等高距　　　　C. 等高线平距　　　　D. 相对高程

17. 地形图上等高线的 V 字形，其尖端指向高程增大方向的，为（　　）。
    A. 山谷　　　　B. 山脊　　　　C. 盆地　　　　D. 鞍部

四、判断题

1. 当磁子午线北端在真子午线以东者称为东偏，δ 取正值；在真子午线以西者称为西偏，δ 取负值。　　　　　　　　　　　　　　　　　　　　　　　　（　　）

2. 根据基本方向不同，对应的方位角分别称为真方位角、磁方位角、坐标方位角，但是象限角不用区分。　　　　　　　　　　　　　　　　　　　　　　（　　）

3. 由于任何地点的坐标纵轴都是平行的，因此所有直线的正坐标方位角和它的反坐标方位角均相差 180°。　　　　　　　　　　　　　　　　　　　　　　（　　）

4. 由于任何地点的磁子午线都是平行的，因此所有直线的正磁方位角和它的反磁方位角均相差 180°。　　　　　　　　　　　　　　　　　　　　　　　　（　　）

5. 若森林罗盘仪刻度盘上的 0° 分划线在望远镜的目镜一端，则应按磁针南端读数，

该读数才是所测直线的磁方位角。 (   )
6. 森林罗盘仪搬站时，磁针应当固定。 (   )
7. 相对定位时，两点间的距离越小，星历误差的影响越大。 (   )
8. 采用相对定位不能消除卫星钟差的影响。 (   )
9. 采用双频观测可以消除电离层折射误差的影响。 (   )
10. 电离层折射的影响白天比晚上小。 (   )
11. 测站点应当避开反射物以避免多路径误差影响。 (   )
12. 精度衰减因子越大，位置误差越大。 (   )
13. 等高线越密，坡度越陡。 (   )
14. 等高线向低处凸起为山谷。 (   )
15. 国际分幅 1∶100 000 比例尺的经差为 15′，纬差为 10′。 (   )
16. 在 1∶1 000 000 地形图分幅时，由东西经 0°起算，自西向东每经差 6°为一列。 (   )
17. 在地形图上区分山头或洼地的方法是：凡是内圈等高线的高程注记大于外圈者为洼地，小于外圈者为山头。 (   )
18. 同一幅地形图上，等高距是固定的。 (   )

五、简答题

1. 如何区别磁针的指南端与指北端？
2. 在平面图或地形图的测绘中，比例尺精度有什么实际作用？
3. 简述森林罗盘仪测定直线磁方位角的操作步骤。
4. 使用南方 S760 系列 GNSS 手持机采集数据时，如何提高采集精度？
5. 如何在南方 S760 系列 GNSS 手持机中查看已采集要素的周长和面积？
6. 地形图的图名通常是怎样取的？
7. 地物符号可分为哪几类？试举例说明。
8. 等高线有哪些特性？
9. 等高线平距与地面坡度之间有何关系？
10. 如何区分地形图上的山丘和洼地？
11. 在地形图上测量面积的方法有哪些？

六、计算题

1. 我国某地的地理坐标为东经 123°34′45″，北纬 34°45′56″，分别求该点所在的 1∶100 000 比例尺地形图和 1∶10 000 比例尺地形图的新、旧标准的图幅编号。
2. 在 1∶10 000 地形图上，测得某小班的图上面积为 3.4 cm^2，试求其实地面积为多少 hm^2？
3. 如下图所示，勾绘山脊线和沟谷线。

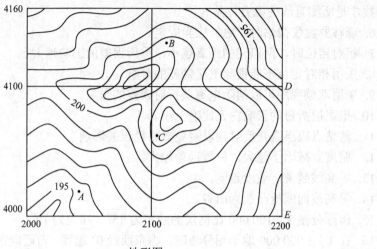

地形图

模块二　单木材积测定

情境描述

为了找出林木生长规律，评定立地条件及经营措施，某基层林场拟测定单木材积。根据作业内容，将任务分解为树干直径的测定、树高的测定、伐倒木材积测算、材种材积测算、立木材积测算及单木生长量测定等。本项工作需要熟悉测定树干直径、树高的工具及相关测定方法，熟悉径阶整化的方法，能够正确测算伐倒木材积、立木材积、树种材积及树木生长量。

任务 6　直径的测定

任务描述

树木是森林调查的基本对象，测定单株树木树干直径是森林调查技术中的基本技能。本任务的主要内容包括树干直径的概念、测量工具、径阶整化及胸径的测定方法等。

知识目标

1. 理解树木直径与胸径的概念。
2. 了解测定树干直径的工具。
3. 掌握树干胸径的测定方法。
4. 掌握树干径阶整化的方法。

技能目标

1. 能够熟练操作测定树干直径的工具，并能正确读数。
2. 能够熟练使用直径测定工具进行树木胸径的测定。

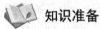**思政目标**

1. 培养学生团结协作、严谨负责的职业素养和专业精神。
2. 提高学生正确认识问题、分析问题和解决问题的能力。

知识准备

一、树干直径的概念

树干直径是指与树干主轴垂直的断面直径。树干直径在测算时可分为带皮直径和去皮直径两种。

胸径是胸高直径的简称，也称干径，是立木测定的基本因子之一。它是指距离地面 1.3m 处的树干直径。

在实际应用中，除了测定常用的胸径外，有时还会测定一些其他特定部位的直径。例如，根径是指树木根颈处的直径。1/4 处直径是指距离根颈向上 1/4 树高处的直径。1/2 处直径是指距离根颈向上 1/2 树高处的直径。3/4 处直径是指距离根颈向上 3/4 树高处的直径。小头直径是指木材小头的直径。

二、树干直径的测定工具

1. 围尺

围尺又称直径卷尺,根据直径与圆周长的关系制作而成,用于测定树干直径,如图 6-1 所示。根据其制作材料的不同,又可分成布围尺、钢围尺、篾围尺。围尺一般长 1~3m。通过围尺测量树干的圆周长,再换算成直径。围尺采用双面(或在同一面的上下)刻划,一面刻普通米尺,另一面刻上与圆周长相对应的直径读数。围尺根据 $C=\pi D$ 的关系(C 为周长,D 为直径)进行刻划,使用时只需将围尺绕树干一周,即可测定出所测部位的直径。围尺具有携带方便、使用简单的特点,在测径位置树干横断面形状不规则时不必测量两次,在使用过程中需要注意围尺与树干垂直。

图 6-1 围尺

2. 轮尺

(1)轮尺的构造

轮尺也称卡尺,是测定树干直径的主要工具,通常为木质或由铝合金制成。其构造如图 6-2 所示,由固定脚、滑动脚和测尺三部分组成。固定脚、滑动脚均垂直于测尺,其中固定脚固定在测尺的零点处,滑动脚套在测尺外面且可左右自由滑动。为了减少滑动脚与测尺之间的摩擦,在滑动脚内常装有小轮。测尺的刻度采用米制,最小刻划单位为厘米,估读到毫米。根据滑动脚在测尺上的位置读出树干的直径。

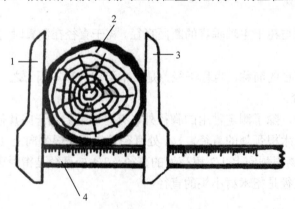

1. 固定脚;2. 树干横断面;3. 滑动脚;4. 测尺。

图 6-2 轮尺

在测定树干直径时，首先检查所选择的轮尺是否符合下列要求：
1）固定脚、滑动脚均必须垂直于测尺。
2）滑动脚能够沿着测尺水平自由滑动。
3）固定脚、滑动脚的长度应大于测尺最大长度的一半。
4）测尺刻度要准确、清晰。
5）轮尺轻便、坚固耐用，并易于携带。

使用轮尺测量树干直径时，必须做到轮尺平面与树干垂直。先将固定脚、滑动脚与测尺紧贴树干，再读取靠近滑动脚内缘的刻划值。当测定部位断面形状不规则时，先测定相互垂直的两个直径，再取其平均值。若测定部位长有节瘤而影响测定，则应在其上下等距位置测定直径并取平均值。

（2）测尺刻度

轮尺应用广泛，不仅可用来测定单株树木树干的直径，也可在森林调查时用于测定大量树木树干的直径。因此，在测尺上有两种刻划，即普通刻划和径阶刻划。普通刻划从固定脚内侧为零开始，米制计量按厘米刻划，可以精确到 0.1cm，用于测量树干实际直径。当轮尺在森林调查中用于测量大量树木树干直径时，为了读数和统计、计算的方便，不记录每株树木的实际直径，而是按照一定的间隔距离（组距）将所测直径划分为不同的组，这些组称作直径组或径阶，用各径阶的中值（径阶值）来表示直径。这种将实际直径按径阶划分的方法叫作径阶整化。

3. 钩尺

钩尺又称检验尺，是直接在树干横断面上测量直径的工具，大多用于测定堆积原木的小头直径，其构造如图 6-3 所示。钩尺是一个长 80cm、宽 3cm、厚 1cm 的木尺，尺面上有米制刻度。在刻度零点位置处装有一个金属钩，使用尺钩钩住所测断面的边缘，尺身通过断面中心，然后读出断面另一端所对应的刻度值，即为所测断面直径。在钩尺上有按照 2cm 整化的径阶刻度。

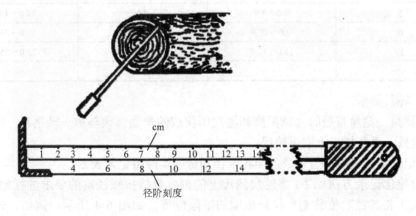

图 6-3 钩尺

▎任务实施

测定胸径

一、工具

每组配备:围尺1条,轮尺1个,钢尺1个,记录板1块,记录表格,粉笔,铅笔等。

二、方法与步骤

第1步 胸高位置确定

用钢尺测量树干距离地面1.3m处的高度,并标注记号。

第2步 直径测量

(1)围尺测量

1)测量。用围尺测量时,要将围尺拉紧并使其与树干保持垂直。用围尺测量胸径后换算得到的断面面积一般稍大。这是因为树干的横断面不是正圆,而在周长相等的平面中以圆的面积为最大。

2)记录。树干直径的实值记录,即将胸径测量的实际值记入表6-2。

径阶整化方法如下:组距通常采用2cm或4cm,用上限排外法划分径阶。各径阶代表的范围见表6-1。例如,测得一个断面的实际直径为6.9cm,按2cm径阶整化时应记作6cm径阶;按4cm径阶整化时应记作8cm径阶。在径阶整化后,将径阶值记入表6-2。

表6-1 径阶范围表 单位:cm

径阶	2cm 径阶范围	径阶	4cm 径阶范围
2	1.0~2.9	4	2.0~5.9
4	3.0~4.9	8	6.0~9.9
6	5.0~6.9	12	10.0~13.9
8	7.0~8.9	16	14.0~17.9
10	9.0~10.9	20	18.0~21.9
12	11.0~12.9	24	22.0~25.9
……	……	……	……

(2)轮尺测量

1)测量。测量直径时注意两脚和测尺所构成的平面必须与树干轴垂直;测量直径时应先读数,再从树干上取下轮尺。

2)记录。直径的实值记录,即将胸径测量的实际值记入表6-2。

径阶整化记录方法如下:将轮尺测尺上的刻度直接按照径阶的要求进行刻度整化,即在测尺上将各径阶值移刻在径阶范围的下限位置,如图6-4所示。例如,若按2cm径阶整化,则8cm径阶的刻度位置在7.0cm处;若按4cm径阶整化,则8cm径阶的刻度位置在6.0cm处。测量直径时,只需读取最靠近滑动脚内缘的径阶值即可。将径阶值记入表 6-2。

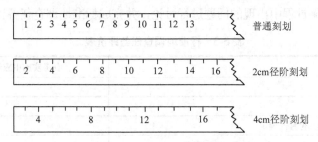

图 6-4 测尺与径阶整化的关系

三、数据记录

胸径测量记录表如表 6-2 所示。

表 6-2 胸径测量记录表　　　　　　　　　　　　单位：cm

树号	胸径（围尺测量）		胸径（轮尺测量）						不同工具所测胸径的差值	
			左右测量直径		前后测量直径		平均			
	实际值	径阶值	实际值	径阶值	实际值	径阶值	实际值	径阶值	实际值	径阶值
1										
2										
3										
4										
5										
6										
7										
8										
9										
10										

观测者_____　　　　记录者_____　　　　计算者_____

注："不同工具所测胸径的差值"的计算是用胸径（围尺测量）-胸径（轮尺测量）。

四、注意事项

1）使用围尺时，要将尺子拉平、拉直；读数要准确。

2）使用轮尺时，在胸高部分测量相互垂直的两个方向。

3）分杈树的分杈位置确定检尺树木的株数，胸高位置不规则时的测量方法。

4）读数要细心，避免读错和听错数字。例如，把"9"看成"6"，或把"4"和"10"，"1"和"7"听错了。

■ **任务评价**

1）主要知识点及内容如下：

树干直径、胸径、径阶及径阶整化、上限排外法；轮尺、围尺。

2）对任务实施过程中出现的问题进行讨论，并完成标准地调查任务评价表（表6-3）。

表6-3 标准地调查任务评价表

任务程序			任务实施中应注意的问题
人员组织			
材料准备			
实施步骤	1. 胸高位置的确定		
	2. 直径测量——围尺	①测量	
		②记录	
		③径阶整化	
	3. 直径测量——轮尺	①测量	
		②记录	
		③径阶整化	
	4. 整理器材		

任务 7　树高的测定

 任务描述

树木是森林调查的基本对象，单株树木高度的测定是树木调查的基本操作，在材积测算、树木生长量计算工作中都要用到树高这一参数。同时，树高的测定也是林分调查、林分蓄积测算重要的基础性内容。因此，应当掌握树高测定工具的使用方法，学会树高的测定方法。本任务的主要内容包括树高的概念、测高仪器及树高的测定方法等。

 知识目标

1. 掌握树高的概念。
2. 了解测定树高的常用工具。
3. 掌握树高的测定方法。

 技能目标

1. 能够熟练操作测定树高的工具，并能正确读数。
2. 能够熟练使用树高测定工具进行树高的测定。

 思政目标

1. 培养学生热爱森林、保护生态、传播生态文明的理念和森林文化知识的精神。
2. 提高学生独立进行林业作业的能力。

 知识准备

一、树高的概念

树高是指树木从地面上根颈处到主干梢顶之间的长度，是表示树木高矮的调查因子，也是主要的伐倒木和立木测定因子。其常见种类有全高、任意干高和全长等。

伐倒木的任意长度均可用皮尺测定。当立木高度在 2.0m 以下时，可以方便测定；若立木高度超过 2.0m，则必须借助一定的测高仪器来测定。

二、树高测定仪器

测定树高的仪器有很多，下面介绍几种常用的测高仪器。

1. 布鲁莱斯测高器

布鲁莱斯（Blume-Liess）测高器是德国的帕迪（Parde）于 1966 年根据三角原理设

计制作的一种实用的测高器。布鲁莱斯测高器的主要部件在密封壳内，指针摆动不受风力影响，测定精度较高，可用来测定较高大的树木（图7-1）。

图7-1　布鲁莱斯测高器

（1）仪器构造

1）瞄准器。瞄准器是位于测高器上沿的中空圆筒部分，用于瞄准树木。它的目镜端有觇孔，另一端有两个相对的准星。

2）制动钮（扳机）。制动钮是位于仪器前端的一个弯曲金属片，按下制动钮可以固定指针。

3）启动钮。启动钮是仪器背面的一个金属圆形凸起，按下启动钮可以放松指针。

4）度盘和指针。度盘和指针都安装在仪器下方的玻璃框内，度盘由弧形刻度带组成。每条弧形刻度表示不同水平距离（8m、15m、20m、30m、40m等）时不同仰、俯角对应的树高刻度，最小刻度为0.5m。最下一条为圆周角，可以仰视60°、俯视30°，用于测定倾斜角或坡度。指针的作用是指示树高或倾斜角数值。

5）视距器。它是利用方解石晶体的双折射光学特性，与特制标尺配合进行视距观测。

（2）测高原理

在平地上测高，测高原理如图7-2所示。根据三角函数中的正切函数关系，可得

$$H = AB\tan\alpha + AE \quad (7-1)$$

式中，H 为树高；AB 为水平距离；AE 为眼高（仪器高）；α 为仰角。

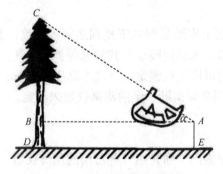

图7-2　布鲁莱斯测高原理

在坡地上测高，测高原理如图7-3所示。先观测树梢，求得 h_1；再观察树干基部，求得 h_2。若两次观测符号相反（仰视为正，俯视为负），则树木全高 $H = h_1 + h_2$ [图7-3（a）]；

若两次观测符号相同,则 $H = h_1 - h_2$[图 7-3(b)、(c)]。

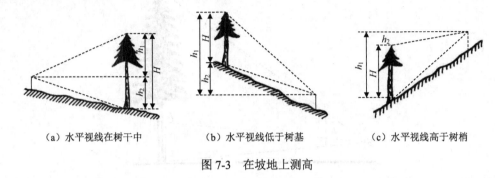

(a) 水平视线在树干中　　(b) 水平视线低于树基　　(c) 水平视线高于树梢

图 7-3　在坡地上测高

2. 克里斯登测高器

(1) 仪器构造

克里斯登测高器是一个长度为 35~60cm、宽度为 2~3cm 的金属片,其两端有直角拐角,上面刻有树高刻划,如图 7-4 所示。

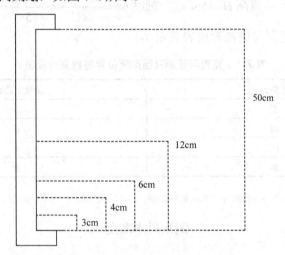

图 7-4　克里斯登测高器及其刻度

(2) 测高原理

如图 7-5 所示,克里斯登测高器利用几何原理测高,即根据通过一点的许多直线把两条平行线截成线段时,其所截相应的线段成比例。图中,ac 为克里斯登测高器两拐角之间的距离,AC 为树高,BC 为立在树干上 2m 长的标尺,O 为眼睛的位置(视点)。

当 ab//AB 时,过 O 点的三条直线(视线 OA、OB、OC)将两条平行线(ac 和 AC)截成相应的线段,则所截线段成比例,即

$$AC : ac = BC : bc \tag{7-2}$$

式中,bc 为测高器下拐角到某一树高刻划的距离;BC 为测杆的长度;AC 为树高。

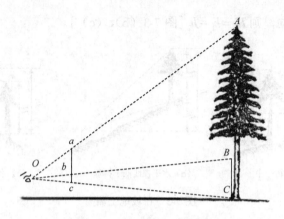

图 7-5 几何测高示意图

从式（7-2）中可以看出，由于 ac、BC 是常量，因此 bc 和 AC 互为反比关系。其中，AC 越大，bc 越小，即树高越高，树高刻划距离下拐角越近，刻划越密。

若仪器长 $ac=30\text{cm}$，固定标尺 $BC=2\text{m}$，将不同树高代入式（7-2），即可求得树高尺的刻度。例如，当树高 $H=5\text{m}$ 时，刻度 $bc=\dfrac{ac\cdot BC}{AC}=\dfrac{0.3\times2}{5}=0.12\text{m}=12\text{cm}$。克里斯登测高器刻度位置与树高对应表见表 7-1。

表 7-1 克里斯登测高器刻度位置与树高对应表

树高/m	刻度位置/cm
5	12
10	6
15	4
20	3

▍任务实施

测定树木高度

一、工具

每组配备：皮尺，布鲁莱斯测高器，克里斯登测高器，罗盘仪，记录板 1 块，记录表格，记号笔，铅笔等。

二、方法与步骤

（一）布鲁莱斯测高器测定树高

第 1 步 选择测点

测点即观测者所站位置，在测点处应能同时通视树干梢顶和树干基部。测点到被测树木的距离约与所测树木的高度相近。

第 2 步　测量水平距离

用皮尺或视距器实测测点到被测树木的水平距离。为了便于读取树高，所测水平距离应为度盘上所标水平距离（10m、15m、20m、30m等）。

第 3 步　测量树高

按动仪器背面启动按钮让指针自由摆动，用瞄准器分别对准树干梢顶和树干基部，稍停 2~3s，待指针停止摆动呈铅垂状态后，按下制动钮固定指针，在刻度盘上读出对应于所选水平距离的树高值，得出水平视线到树干梢顶的高度 h_1 及水平视线到树干基部的高度 h_2（图 7-3）。

第 4 步　记录

将测量值记入表 7-2。

使用布鲁莱斯测高器，其测高误差为±5%。为获得较准确的树高值，应当注意以下几点：

1）测点距离树木的水平距离应当尽量接近树高，此时测高误差相对较小。

2）当树高太小（小于 5m）时，可以采用长杆直接测高，不宜使用布鲁莱斯测高器。

3）对于阔叶树，应当注意准确确定主干梢顶位置，以免测高值偏高或偏低。

（二）克里斯登测高器测定树高

第 1 步　立标尺

把 2m 长的标尺垂直立于被测树干基部，或在被测树干 2m 高处标注记号。

第 2 步　选择测点

选定能够同时看到树干梢顶和树干基部的位置作为测点，观测者伸出左手，持测尺上端使其自然下垂，再借助人的进退或手臂的伸屈调节，使视线恰能通过上拐角瞄准树干梢顶，同时通过下拐角瞄准树干基部，使两拐角之间刚好卡住被测树干全高。

第 3 步　测定树高

观测者头部不动，迅速移动视线看标尺顶端或树干上 2m 标记，读出该点的树高值。

第 4 步　记录

将测量值记入表 7-2。

克里斯登测高器的优点是：不需要测量观测者到被测树木的水平距离，就可以一次性测得树高，使用熟练后可以提高工作效率。其缺点是：观测时要求视线同时卡住三点，掌握较为困难。另外，由于树高越高，在测尺上刻划越密，分划越粗放，因此在测定 20m 以上的树高时误差较大。故此仪器适于测定树高在 20m 以下较低矮的树木，当树高超过 20m 时，读数准确性会降低。

（三）罗盘仪测定树高

第 1 步　测量水平距离

用皮尺测量观测者到被测树木之间的水平距离 l。

第 2 步　测量树高

用罗盘仪分别瞄准树干梢顶、树干基部，读取的倾斜角分别为 α、β。根据三角函数公式：$h_1 = l\tan\alpha$，$h_2 = l\tan\beta$，当树干梢顶、树干基部倾斜角方向相同时，树高 H 计算公式为 $H = h_1 - h_2$；当树干梢顶、树干基部倾斜角方向不相同时，$H = h_1 + h_2$。

第 3 步　记录

将测量值记入表 7-2。

三、数据记录

1）计算。以罗盘仪测定的树高为实测值，计算其他测高方法的误差率，计算公式如下：

$$误差率（\%）= \frac{测定值 - 实际值}{实际值}$$

2）记录。将计算结果记入表 7-2 和表 7-3。

表 7-2　不同工具测定树高记录表

树号	布鲁莱斯测高器/m				克里斯登测高器测高/m	罗盘仪/m			
	水平距离	仪器读数		树高		水平距离	测定高度		树高
		树干梢顶	树干基部				树干梢顶	树干基部	

观测者_____　　　记录者_____　　　计算者_____

表 7-3　不同工具测定树高精度比较表

树号	布鲁莱斯测高器测高/m	克里斯登测高器测高/m	罗盘仪测高/m	误差率/%

观测者_____　　　记录者_____　　　计算者_____

四、注意事项

1）使用布鲁莱斯测高器测高要分清坡上还是坡下，其读数不是树高。

2）使用克里斯登测高器测高时，必须保证树干梢顶与树干基部同时分别在尺的上拐角和下拐角，且仪器垂直地面。

3）罗盘仪测高时不用磁方位角，要用倾斜角和水平距离。

任务评价

1)主要知识点及内容如下:

使用布鲁莱斯测高器、克里斯登测高器、罗盘仪测树高的方法。

2)对任务实施过程中出现的问题进行讨论,并完成树高的测定任务评价表(表7-4)。

表7-4 树高的测定任务评价表

任务程序			任务实施中应注意的问题
人员组织			
材料准备			
实施步骤	1. 布鲁莱斯测高器测定树高	①选择测点	
		②测量水平距离	
		③测量树高	
		④记录	
	2. 克里斯登测高器测定树高	①立标尺	
		②选择测点	
		③测量树高	
		④记录	
	3. 罗盘仪测定树高	①测量水平距离	
		②测量树高	
		③记录	
	4. 整理器材		

任务 8　伐倒木材积测算

任务描述

伐倒木材积测算是确定伐区出材量及林业科学研究等工作的重要方法。本任务的主要内容包括伐倒木的概念，树干横断面、纵断面、干曲线，以及伐倒木近似求积、伐倒木区分求积的方法。本任务需要准备皮尺、钢卷尺等测量工具，木材蜡笔或粉笔，完整伐倒木。通过对伐倒木相关知识的学习与技能训练，学会测定伐倒木材积的方法。

知识目标

1. 掌握树干的横断面形状、纵断面形状、干曲线、几何体。
2. 掌握伐倒木材积的测定方法。

技能目标

1. 能用近似求积方法测算伐倒木材积。
2. 会用区分求积方法精确计算伐倒木材积。

思政目标

1. 培养学生的生态文明价值观。
2. 培养学生团结协作、严谨负责的职业素养和专业精神。
3. 提高学生正确认识问题、分析问题和解决问题的能力。

知识准备

一、树干形状

生长的树木称为立木，立木伐倒后其枝桠与树干的总称为伐倒木。树木由树根、树干与树冠（枝条）三部分组成。其中，树干的材积一般占全树木的 60% 以上，是树木经济价值最大的部分，也是树木经济利用的主要部分。根、枝条、叶、花、果实等部分除了有特殊的经济用途外，一般很少利用。因此，测定树干的材积是森林调查的主要任务之一。

为了测定树干的材积，就必须知道树干的形状。树干形状的变化主要反映在粗度（直径）自下而上逐渐减小，形成近似某种特定的几何体。初等数学提供了几种规则几何体的计算公式。研究树干形状的目的是寻找精确与合理的计算树干材积的方法和途径。尽管树干形状多样，但都是由树干横断面形状和纵断面形状综合而成的。

树干的形状称为干形。干形一般有通直、饱满、弯曲、尖削和主干是否明显之分。

造成树干形状差异的原因，不仅包括树木的遗传性、年龄和枝条着生情况等内因，还包括树木的生长环境（立地条件、林分密度、气候等）和经营措施等外因。一般来说，针叶树和生长在密林中的树木，其树干较高，干形较为规整饱满；阔叶树和散生孤立木，树枝着生多，形成树冠较大，使净树干低且短，干形较为尖削且不规整。

1. 树干横断面

（1）树干横断面形状

1）定义。假设过树干中心有一条纵轴线，称为干轴。与干轴垂直的切面称为树干横断面，其面积称为断面积，记为 g。树干横断面形状是指树干横断面的闭合曲线的形状。

2）横断面形状特征。由于在树干的不同位置受树根张力的影响不同，树干横断面的形状变化也不同，主要可分为圆形[图8-1（a）]、椭圆形[图8-1（b）]、不规则形状[图8-1（b）]3种情况。通常在树干基部由于受树根张力的影响较大，大多表现为不规则形状，其他部位的横断面形状一般近似于圆形或椭圆形。有些树干在横断面上虽然不是正椭圆形，但也具有长短二轴，此现象称为偏髓生长，其形成的主要原因是：树木处于主风方向、山坡上光照不均匀、树干枝条着生状态等。苏联学者奥歇特洛夫（OceTpOB，1905）研究过27株云杉、13株松树和10株落叶松胸高处的横断面形状。结果表明，按照圆和椭圆的公式求得的断面积都大于树干的实际断面积，其计算误差与树皮厚薄有关。薄皮树（云杉）计算得到的断面积比实际断面积平均偏大1%左右，树皮粗而厚的树（落叶松）计算得到的断面积比实际断面积平均偏大4%~5%，树皮厚度中等的树（松树）计算得到的断面积比实际断面积平均偏大2%左右。

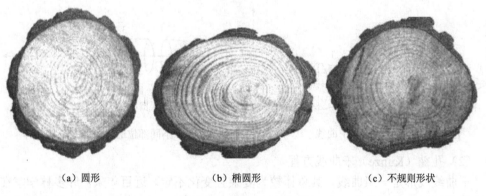

(a) 圆形　　　　　　　　(b) 椭圆形　　　　　　　　(c) 不规则形状

图8-1　树干横断面形状

（2）树干横断面面积计算

在实际工作中，无论用圆面积公式或椭圆面积公式计算树干断面积都只能得到近似结果。为便于计算树干断面积和树干材积，通常把树干横断面看作圆形，以树干的平均粗度作为圆的直径。用圆面积公式计算树干横断面面积，其平均误差不超过±3%。这样的误差在林木测量工作中是允许的。因此，树干横断面面积的计算公式为

$$g = \frac{\pi}{4}d^2 \tag{8-1}$$

式中，g 为树干断面积；d 为树干平均直径。

当树干横断面形状不规则时，为了提高测量精度，可以同时测量相互垂直的两个直径的大小，或测量其最大、最小两个直径并代入下式计算断面积：

$$g = \frac{\pi}{4} \times \left(\frac{d_0 + d_n}{2}\right)^2 \qquad (8\text{-}2)$$

式中，d_0、d_n 为相互垂直直径，或最大、最小直径。

2. 树干纵断面

（1）树干纵断面形状

1）定义。沿树干中心假想的干轴将其纵向剖开即可得出树干的纵断面。以干轴作为直角坐标系的 x 轴，以横断面的半径作为直角坐标系的 y 轴，并取树梢为原点，按照适当的比例作图，即可得出表示树干纵断面轮廓的对称曲线，这条曲线通常称为干曲线。

2）纵断面形状特征。干曲线自基部向梢端的变化大致可分为凹曲线、平行于 x 轴的直线、抛物线、相交于 y 轴的直线共 4 种曲线类型，如图 8-2 所示的 Ⅰ、Ⅱ、Ⅲ、Ⅳ 各段曲线。若把树干当作干曲线以 x 轴为轴的旋转体，则树干由凹曲线体、圆柱体、抛物线体、圆锥体（图 8-3）4 种几何体组成。这 4 种几何体在同一棵树木上的相对位置是一致的，它们之间的变化是渐变的，其各自所占比例的多少因树种、年龄、立地条件不同而有所差异，通常圆柱体和抛物线体在树干中所占比例最大。因此，在计算树木材积时，大多数情况下按照抛物线体和圆柱体的体积公式计算。

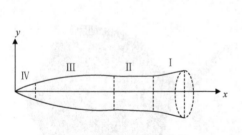

图 8-2 树干纵断面与干曲线

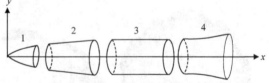

1. 相交于干轴的直线，圆锥体；2. 抛物线，抛物线体；
3. 平行于干轴的直线，圆柱体；4. 内凹曲线，凹曲线体。

图 8-3 树干不同部位的干曲线及其旋转体

（2）孔兹（Kunze）干曲线方程

干曲线线形是一组曲线，其总体较为复杂且变化不定。近百年来，许多林学家在这方面进行研究，旨在寻找一个能够符合干曲线变化的方程式。现在常用孔兹干曲线方程表示，即

$$y^2 = Px^r \qquad (8\text{-}3)$$

式中，y 为树干横断面半径（m）；x 为树干梢端至横断面的长度（m）；P 为系数；r 为形状指数。

这是一个带参变量 r 的干曲线方程，形状指数（r）的变化范围一般在 0～3 之间。当 r 分别取 0、1、2、3 时，可分别表达上述 4 种树干形状，见表 8-1。

表 8-1　形状指数不同的曲线方程及其旋转体

形状指数	方程式	曲线类型	旋转体
0	$y^2 = P$	平行于 x 轴的直线	圆柱体
1	$y^2 = Px$	抛物线	抛物线体
2	$y^2 = Px^2$	相交于 x 轴的直线	圆锥体
3	$y^2 = Px^3$	凹曲线	凹曲线体

形状指数值可按下式计算：

$$r = 2\frac{\ln y_1 - \ln y_2}{\ln x_1 - \ln x_2} \tag{8-4}$$

式中，x_1、y_1、x_2、y_2 分别为树干某两点处距梢端的长度及半径。

研究表明，树干各部分的形状指数一般不是整数，这说明树干各部分也只是近似于某种几何体。因此，孔兹干曲线只能分别近似地表达树干某一段的干形，并不能充分、完整地表达整株树干形状。由于实际树干形状千变万化，至今仍无一个统一的、普遍适用于全树干的干曲线方程。

3. 伐倒木一般求积式

完顶体是指有完整树梢的树干。设树干的干长为 L，干基的底直径为 d_0，干基的底断面积为 g_0，则由旋转体的积分公式可求得树干材积为

$$V = \int_0^L \pi y^2 \mathrm{d}x = \int_0^L \pi P x^r \mathrm{d}x = \frac{1}{r+1}\pi P L^{r+1} = \frac{1}{r+1}\pi P L^r L = \frac{1}{r+1}g_0 L \tag{8-5}$$

将 $r = 0$、1、2、3 分别代入式（8-5），可得如下 4 种树干形状的材积公式。

圆柱体：$V = g_0 L$（$r=0$）；抛物线体：$V = \frac{1}{2}g_0 L$（$r=1$）；圆锥体：$V = \frac{1}{3}g_0 L$（$r=2$）；凹曲线体：$V = \frac{1}{4}g_0 L$（$r=3$）。

由于式（8-5）的一般性，树干完顶体求积式又称为树干的一般求积式。它对于实际树干材积公式的导出有着重要的理论意义。因为树干形状中圆柱体、抛物线体占绝大多数，尤以抛物线体为更多，所以在计算树干材积时，将树干近似看作抛物线体，许多近似求积式是以抛物线体求积式推算出的。

■ 任务实施

测定伐倒木材积

一、工具

每组配备：皮尺，钢尺，围尺，钩尺，记录板，记录表格，记号笔，铅笔等。

二、方法与步骤

第1步　平均断面近似求积法

1）测量长度和直径。测量树干长度、底部直径和梢端直径。

2）计算伐倒木材积。采用由西马林（Simalian）于1806年提出的西马林求积式（又称平均断面积求积式），测算干形近似抛物线体的树干中间部分或短材的材积（图8-4），求积公式如下：

$$V = \frac{1}{2}(g_0 + g_n)l = \frac{\pi}{4}\left(\frac{d_0^2 + d_n^2}{2}\right)l \tag{8-6}$$

式中，V 为树干材积；g_0 为底部断面积；g_n 为梢端断面积；l 为树干长度；d_0 为底部断面直径；d_n 为梢端断面直径。

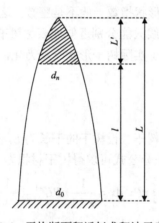

图8-4　平均断面积近似求积法示意图

例8.1　某一落叶松，树干底部断面直径为41.0cm，梢端断面直径为36.0cm，树干长为8.0m，用西马林求积式计算其材积。

根据题意，可得

$$g_0 = \frac{\pi}{4}d_0^2 = \frac{\pi}{4} \times 0.41^2 \approx 0.1320 \text{（m}^2\text{）}$$

$$g_n = \frac{\pi}{4}d_n^2 = \frac{\pi}{4} \times 0.35^2 \approx 0.0962 \text{（m}^2\text{）}$$

则有

$$V = \frac{1}{2}(g_0 + g_n)l = \frac{1}{2} \times (0.1320 + 0.0962) \times 8 = 0.9128 \text{（m}^3\text{）}$$

由于采用了形状不规整的干基横断面，因此，用西马林求积式计算伐倒木树干材积常会产生偏大误差，最大平均误差可达+10%，精度稍差。若树干底部断面离树干基部越远，则其误差会逐渐减小。西马林求积式一般用于非基部木段和堆积材材积的计算。

3）记录。将测量数值、计算结果（保留4位小数）填入表8-3。

第2步　中央断面近似求积法

1）测量长度和直径。测量伐倒木长度和中央断面直径。

2) 计算伐倒木材积。采用由胡伯尔 (Huber) 于 1825 年提出的胡伯尔求积式 (又称中央断面积求积式)。求积公式如下:

$$V = g_{1/2}L = \frac{\pi}{4}d_{1/2}^2 L \tag{8-7}$$

式中, V 为树干材积; $g_{1/2}$ 为中央断面积; L 为树干长度; $d_{1/2}$ 为中央断面直径。

例 8.2 某一落叶松树干长为 10.0m, 中央断面直径为 37.2cm, 用胡伯尔求积式计算其材积。

根据题意, 可得

$$g_{1/2} = \frac{\pi}{4}d_{1/2}^2 = \frac{\pi}{4} \times 0.372^2 \approx 0.10863 \text{ (m}^2\text{)}$$

则有

$$V = g_{1/2}L = 0.10863 \times 10 = 1.0863 \text{ (m}^3\text{)}$$

胡伯尔求积式是将树干看作截顶抛物线体用中央断面 (树干长度 1/2 处断面积) 求积的公式, 式中采用中央断面计算树干材积, 是为了避免形状不规整的干基断面的影响, 减小求积误差。

3) 记录。将测量数值、计算结果 (保留 4 位小数) 填入表 8-3。

第 3 步 区分分段

根据树干形状变化的特点, 可将树干区分成若干等长或不等长的分段, 使各区分段干形更接近正几何体, 然后分别用近似求积式 (西马林求积式、胡伯尔求积式) 测算各分段材积, 再把各段材积合计可得全树干材积, 该方法称为区分求积法。在我国林业生产和科研工作中, 大多采用胡伯尔求积式。

在树干的区分求积中, 将梢端不足一个区分段的部分视为梢头, 按照圆锥体公式计算其材积:

$$V' = \frac{1}{3}g'l' \tag{8-8}$$

式中, V' 为梢头材积; g' 为梢端断面积; l' 为梢头长度。

在同一树干上, 区分求积式的精度主要取决于区分段个数的多少, 段数越多, 精度越高。

第 4 步 区分段长度、直径测量

测量各区分段长度, 区分段中央断面直径、底端断面直径、顶端断面直径和梢端断面直径。

第 5 步 计算材积

1) 胡伯尔求积法。将树干按照一定长度 (通常为 1m 或 2m) 区分成 n 个分段, 如图 8-5 所示。利用胡伯尔求积式求算各分段的材积, 按照圆锥体公式计算梢头材积, 则其总材积为

$$V = V_1 + V_2 + V_3 \cdots + V_n + V' = g_1 L + g_2 L + g_3 L + \cdots + g_n L + \frac{1}{3}g'L'$$

$$= L\sum_{i=1}^{n} g_i + \frac{1}{3}g'L' \tag{8-9}$$

式中，g_i 为第 i 区分段中央断面积；L 为区分段长度；g' 为梢端底断面积；L' 为梢头长度；n 为区分段个数。

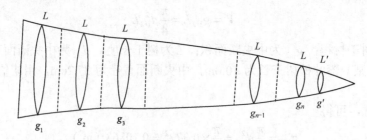

图 8-5　中央断面区分求积法示意图

例 8.3　设一树干长为 11.2m，按照 2.0m 区分段求材积，则每段中央位置分别为距离干基 1m、3m、5m、7m、9m 处。梢头长度为 1.2m，梢端断面位置为距离干基 10m 处。各部位断面直径的测量值见表 8-2。

表 8-2　树干区分测量值

距离干基长度/m	断面直径/cm	断面积/m²	备注
1	18.2	0.0265	
3	15.8	0.0198	
5	13.0	0.0130	
7	8.6	0.0050	
9	4.4	0.0030	
10（梢头底）	2.0	0.0005	梢头长度 1.2m

依据胡伯尔求积式，可得此树干材积为

$$V =(0.0265+0.0198+0.0130+0.0050+0.0030)\times 2+\frac{1}{3}\times 0.0005\times 1.2=0.1348\ (\mathrm{m}^3)$$

在实际工作中，也可将树干区分成不等长度 L_i 的分段，测量出各区分段的中央断面直径和梢端断面直径，然后利用下式计算该树干总材积：

$$V = \sum_{i=1}^{n} g_i L_i + \frac{1}{3} g' L' \tag{8-10}$$

2）平均断面区分求积法。根据西马林求积式推导出平均断面区分求积式，将各区分段的断面积直接代入公式进行计算。平均断面区分求积式为

$$V = \left[\frac{1}{2}(g_0 + g_n) + \sum_{i=1}^{n-1} g_i\right] l + \frac{1}{3} g_n L' \tag{8-11}$$

式中，g_i 为各区分段之间的断面积。

三、数据记录

将测量数值、计算结果（保留 4 位小数）填入表 8-3。

表 8-3 伐倒木材积测定表

伐倒木和区分段	长度/m	底部断面直径/cm		胡伯尔求积式/m³	西马林求积式/m³
树干		树干直径			
		中央断面直径			
		梢端断面直径			
1		底端断面直径			
		中央断面直径			
		顶端断面直径			
2		底端断面直径			
		中央断面直径			
		顶端断面直径			
3		底端断面直径			
		中央断面直径			
		顶端断面直径			
4		底端断面直径			
		中央断面直径			
		顶端断面直径			
5		底端断面直径			
		中央断面直径			
		顶端断面直径			
6		底端断面直径			
		中央断面直径			
		顶端断面直径			
7		底端断面直径			
		中央断面直径			
		顶端断面直径			
8		底端断面直径			
		中央断面直径			
		顶端断面直径			
9		底端断面直径			
		中央断面直径			
		顶端断面直径			
11		底端断面直径			
		中央断面直径			
		顶端断面直径			
13		底端断面直径			
		中央断面直径			
		顶端断面直径			
梢头		梢端断面直径			

观测者_____   记录者_____   计算者_____

四、注意事项

1）在使用钢尺、皮尺等之前，要认真查看其零点、末端位置和注记情况，以免读数错误。

2）尺子要拉平、拉直，且位置要准确。

3）分清中央断面区分与平均断面区分的区别。

▍任务评价

1）主要知识点及内容如下：

树干形状；树干横断面；树干纵断面；伐倒木、树干长度；近似求积方法及公式、区分求积方法及公式。

2）对任务实施过程中出现的问题进行讨论，并完成伐倒木材积测算任务评价表（表8-4）。

表8-4 伐倒木材积测算任务评价表

任务程序			任务实施中应注意的问题
人员组织			
材料准备			
实施步骤	1. 伐倒木近似材积测定	①西马林求积式	
		②胡伯尔求积式	
	2. 伐倒木区分材积测定	①区分分段	
		②区分段长度、直径测量	
		③计算材积	
	3. 数据整理		

任务 9　材种材积测算

　任务描述

材种是指木材按照各种用途要求、规定所划分的品种名称，不同的分类，材种各不相同。材种材积测算是科学使用和正确计量木材材积的基础，是制定生产计划、营林措施及林木采伐限额的依据。本任务主要内容包括木材标准、原条及原条尺寸检量、原木及原木尺寸检量。

　知识目标

1. 掌握木材标准的概念。
2. 理解材种的划分类别和造材原则。
3. 掌握材种材积测定的方法。

　技能目标

1. 会对原条进行尺寸检量。
2. 能够对原木进行尺寸检量。
3. 能够进行材种材积的测算。

　思政目标

1. 树立节约资源的生态文明观。
2. 培养学生科学规划、统筹管理的工作能力。

📖　**知识准备**

一、木材标准

1958 年，国家林业部制定了《直接使用原木》（GB 142—58）、《加工用原木》（GB 143—58）、《原木检验规则》（GB 144—58）等几项标准，这是我国第一批按照当时标准文本格式发布的木材检验标准，标志着我国木材标准化工作进入了崭新发展阶段。1961 年，以苏联国家标准《原木材积表》为蓝本，改编成为我国的《原木材积表》（YL 108—61），后经大幅修订，于 1984 年发布，国标号 GB 4814—84，于 1985 年 12 月 1 日正式实施。此外，各省（自治区、直辖市）根据地方用材需要制定了地区性的木材标准（地方木材标准），将其作为国家木材标准的补充规定。20 世纪 90 年代以来，国际标准化组织（ISO）颁布了一批新的国际标准，其中规定了质量管理方面的术语及新定义，这为统一国际上及我国标准化和质量方面的新概念提供了依据。截至 2021 年 8 月，我国已经颁布实施木材国家标准140项、行业标准133项，包括木材基础、原木和锯材、结构用木材等方面的标准共计273项，标准体系的总体水平与国际水平基本一致。

1. 木材标准的概念

为了合理使用和正确计量木材，根据木材树种、规格尺寸、材质指标、检验方法制定的各材种产品标准、基础标准、检验标准称为木材标准。

2. 木材标准的代号及编号

（1）我国国家标准号的组成

1）国家标准代号的类型。工农业生产方面的国家标准代号为"GB"（"国标"二字的汉语拼音第一个字母的组合），其含义是"中华人民共和国强制性国家标准"；工程建设方面的国家标准代号为"GBJ"（"国标建"三字的汉语拼音第一个字母的组合）。国家标准代号为"GB/T"，其含义是"中华人民共和国推荐性国家标准"；国家标准代号为"GB/Z"，其含义是"中华人民共和国国家标准化指导性技术文件"。

2）国家标准的顺序编号。我国国家标准的编号由标准代号、顺序号及标准发布年份组成。例如，《阔叶树锯材》（GB/T 4817—2019），其含义是国标编号为4817，发布于2019年。当有些同一家族的国标不能同时制定、审批发布时，按照这种方法就会被其他标准占据其中一些标准号，不能保持同家族标准号的连续。为了克服这些缺点，对这类标准采用总号和分号相结合的方法。即同一家族的标准采用同一总号，不同的标准采用不同的分号，在同一总号和不同分号之间用一个圆点隔开。例如，《原木锯材批量检查抽样、判定方法 第1部分：原木批量检查抽样、判定方法》（GB/T 17659.1—2018），《原木锯材批量检查抽样、判定方法 第2部分：锯材批量检查抽样、判定方法》（GB/T 17659.2—2018）。

（2）行业标准号

行业标准的编号由代号、标准顺序号及年份组成。行业不同，其行业标准代号也各不相同。例如，林业行业标准代号为LY，行业标准主管部门是国家林业和草原局，《林地分类》（LY/T 1812—2021）。

（3）地方标准的代号

汉语拼音字母"DB"加上省、自治区、直辖市行政区划代码前两位数再加斜线，组成强制性地方标准代号。"DB/T"为推荐性地方标准代号。省、自治区、直辖市行政区划代码见相关表格。地方标准编号是由地方标准代号、地方标准顺序号和年份组成的，如《辽西油松二元立木材积表》（DB21/T 3051—2018），其含义是辽宁省地方标准编号3051，于2018年发布。

二、材种的划分和造材

根据木材标准对材种进行划分和造材。

1. 材种的划分

材种是指木材按照各种用途要求、规定所划分的品种名称,不同的分类材种各不相同。

(1) 按照树种分类

1) 针叶树。针叶树树叶细长如针,大多为常绿树,材质一般较软,有的含树脂,如红松、落叶松、云杉、冷杉、杉木、柏木等都属此类。有些针叶树材质坚硬,如落叶松等。通常针叶树木材纹理直、易加工、变形小,主要用于建筑工程、木制包装、桥梁、家具、船木、电杆、坑木、枕木、桩木、机械模型等。

2) 阔叶树。阔叶树树叶宽大,叶脉呈网状,大部分为落叶树,材质较坚硬,如樟木、水曲柳、青冈树、柚木、山毛榉、色木等都属此类。少数质地稍软的阔叶树也属此类,如桦木、椴木、山杨、青杨等。生产上由于阔叶的种类繁多,统称杂木。其中材质轻软的称作软杂,如杨木、泡桐、轻木等;材质硬重的称作硬杂,如麻栎、青刚栎、木荷、枫香等。阔叶树通常木材质地密、木质硬、加工较难、易翘裂、纹理美观,适用于室内装修。其主要用于建筑工程、木材包装、机械制造、造船、车辆、桥梁、枕木、家具、坑木及胶合板等。

(2) 按照用途分类

1) 原条。原条是指树木伐倒后去除树皮、树根、树梢,尚未按照一定尺寸加工成规定直径和长度的木材。其主要用途是:建筑工程的脚手架,建筑用材,家具装潢等。原条主要指南方的杉木形成的杉原条,少量指其他树种。

2) 原木。原木是指树木伐倒后去除树皮、树根、树梢,并已按一定尺寸加工成规定直径和长度的木材。其主要用途是:直接使用的原木,用于建筑工程(屋梁、檩、椽等)、桩木、电杆、坑木等;加工原木一般用于胶合板、造船、车辆、机械模型及一般加工用材等。

3) 锯材(板方材)。锯材是指已经加工锯解成材的木料,其中凡宽度为厚度的两倍或两倍以上的称为板材,不足两倍的称为方材。其主要用于建筑工程、桥梁、木制包装、家具、装饰等。

4) 枕木。枕木是指按枕木断面和长度加工而成的木材,主要用于铁道工程。

(3) 按照树干或木段的材质、规格尺码及有用性分类

1) 经济材。经济材是树干或木段用材长度和小头直径(去皮)、材质符合用材标准的各种原木、板方材等材种的通称。

2) 薪材。薪材是指不符合经济材标准但仍可作为燃料或木炭原料的木段。

3) 商品材或商用材。在木材的生产和销售中,把经济材和薪材统称商品材或商用材。

4) 废材。废材是指那些因病腐、有虫眼等缺陷已失去利用价值的木段、树皮及梢头木。

(4) 其他分类

按照材质分类,锯切用原木分为一等、二等、三等;整边锯材分为特等、一等、二等、三等。按照容重分类,可分为轻材——容重小于400kg/m^3;中等材——容重为600~800kg/m^3;重材——容重大于800kg/m^3。

2. 伐倒木造材

（1）伐倒木造材原则

将原条按照要求截成不同长度、不同等级原木的作业称为造材。在生产中，树木伐倒后应当根据木材标准所规定的尺寸和材质要求对树干进行造材。在造材过程中，必须贯彻合理使用木材和节约木材的原则。针对树种和木材性质正确处理树干外部及内部的缺陷，做到合理造材。造材时应该做到以下几点：

1）先造大材，后造小材，充分利用木材。

2）长材不短造，优材优用，充分利用原条长度，尽量造出大尺码材种。

3）逢弯下锯，缺点集中。应尽量将木材缺陷（节子、虫眼、腐朽等）集中在一个或少数材种上，弯曲部分应适当分散，尽量不降低材种等级。

4）按照规定留足后备长度（一般为 6cm），下锯时应与树干垂直，不要截成斜面。

5）对粗大的枝桠可造材也应造材，充分利用木材资源。

（2）根据造材种类

1）木材生产（采伐）过程的造材。造材是木材生产过程中的一道工序，即树木伐倒后砍去枝条，根据生产任务的材种要求和木材标准的有关规定，将树干截成各种规格的原木，经过集材，堆集在山上楞场，并进行检尺，标记木材尺寸和木材等级。调运木材时，分别对树种进行登记，并计算原木材积。

2）调查测算林分材种出材量。造材是在森林调查过程中为了测算林分材种出材量，将林分中部分样木伐倒，根据木材材种和木材标准的有关规定，截成各种规格的原木形成不同的材种，然后分别计算各材种的材积及各材种材积在总蓄积量中所占比例（出材率），进而根据各材种出材率和林分蓄积量计算各材种出材量的过程。

原木材积通常有两种计算方法：①中央断面区分求积法。②根据原木检尺的小头直径、检尺长查原木材积表。

例如，某一伐倒木总长为 25.8m，按照木材标准可以造材的材种如图 9-1 所示，各段木材的小头直径、材长和材积见表 9-1。

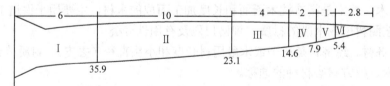

Ⅰ.造船材；Ⅱ.特殊桩木；Ⅲ.大径坑木；Ⅳ.小径坑木；Ⅴ.薪 材；Ⅵ.梢头。

图 9-1 材种划分

表 9-1 某一伐倒木造材结果

材种名称	规格			材积/m³			计算各材种材积占带皮材积的百分比/%
	长度/m	小头直径/cm		计算法		查表法	
		带皮	去皮	检尺	带皮	去皮	去皮	
Ⅰ造船材	6	36.9	35.9	36	0.742 82	0.678 54	0.7450	41.1

续表

材种名称	规格				材积/m³			计算各材种材积占带皮材积的百分比/%
	长度/m	小头直径/cm			计算法		查表法	
		带皮	去皮	检尺	带皮	去皮	去皮	
Ⅱ特殊桩木	10	23.6	23.1	24	0.760 46	0.731 07	0.6130	44.2
Ⅲ大径坑木	4	15.0	14.6	14	0.121 70	0.116 17	0.0760	7.0
Ⅳ小径坑木	2	8.2	7.9	8	0.022 24	0.021 14	0.0117	1.3
Ⅴ薪材	1	5.7	5.4	6				
用材合计	23.0				1.647 22	1.546 92	1.4457	93.6
用材部分树皮						0.100 30		6.1
薪材（带皮）								0.2
Ⅵ梢头	2.8				0.001 79			0.1
合计	25.8				1.652 80			100.0

■ 任务实施

测定原木及原条材积

一、工具

每组配备：钢尺、皮尺各1个，记录板1块，记录表格，粉笔，记号笔，铅笔等。

二、方法与步骤

（一）原木材积测算

原木的长度较短，形状变化也较小，并且不同树种的原木形状差别不大，有可能合并在一起检量。

原木以堆集成垛的形式储存，每个原木垛的长度是一致的，因此不必拆垛测量原木材长。对于堆集成垛的原木，不方便测量各原木的中央直径。

原木的材积是去皮材积。

原木测定一般不是一根或几根原木，而是大量的原木。因此，不宜采用一般伐倒木求积公式计算原木材积。

对原木产品进行树种识别、尺寸检量、材质评定、材种区分、材积计算和原木标志工作称为原木检验。为了统一原木检验标准，我国在1958年发布了《原木检验规则》（GB 144—58），在此基础上，根据木材需要的变化，又于2013年发布了《原木检验》（GB/T 144—2013），作为原木检验的依据。

第1步　原木长度的检量与进位

用皮尺检量原木长度，将测量结果填入表9-5，检量与进位的具体规则内容如下：

原木的长度是在大小头两端断面之间相距最短处取直检量，如图9-2所示。计量单位为米（m），短材（原木长度小于8m）按0.2m进级；长材（原木长度大于8m）按0.5m进级。若检量的材长小于原木标准规定的检尺长，但负偏差不超过2cm，则仍按标准规定的检尺长计算；若负偏差超过 2cm，则按下一级检尺长计算。原木实际长度大于原木标准的规定而又不能进级的多余部分不计。例如，原木实际长度为 6.7m，原木标准规定为 6.6m，若按 0.2m 进级，则该原木长度按 6.6m 计算。

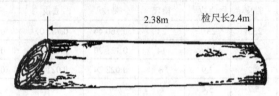

图 9-2 原木的尺寸检量

在检量材长时，若原木靠近端头打有水眼（扎排水眼），则应让去水眼内侧至该端头的长度，再确定检尺长。

第 2 步 原木直径的检量与进位

用轮尺、钢尺或围尺检量原木小头去皮直径，将测量结果填入表 9-5，检量与进位的具体规则内容如下：

1）检量原木的直径以厘米为单位，量至毫米，不足毫米的舍去，小于等于 14cm 的，四舍五入至厘米。检尺径的确定（含各种不正形的断面）是通过小头断面中心先量短径，再通过短径中心垂直检量长径。其长短径之差超过 2cm，以其长短径的平均数进舍后为检尺径；长短径之差小于 2cm，以短径进舍后为检尺径。

2）检尺径大于 14cm 的（实际直径为 13.5cm，可进位为 14cm），以 2cm 进级，当实际尺寸不足 2cm 时，足 1cm 增进，不足 1cm 舍去。检尺径小于 14cm 的（实际直径为 13.4cm，应退舍为 13cm），以 1cm 进级，当实际尺寸不足 1cm 时，足 0.5cm 增进，不足 0.5cm 舍去。

3）原木小头断面偏斜，检量直径时，应将钢板尺保持与材长成垂直的方向检量。

4）小头断面有偏枯、外夹皮的，检量直径如需通过偏枯、外夹皮处时，可用钢板尺横贴原木表面检量。

5）小头断面节子脱落的，检量直径时，应恢复原形检量。

6）双心材、三心材以及中间细两头粗的原木，其直径应在原木正常部位（最细处）检量。

7）双丫材的尺寸检量，以较大断面的一个干岔检量直径和材长，另一个干岔按节子处理。

8）两根原木干身连在一起的，应分别检量计算。

第 3 步 劈裂材（含撞裂）检量

1）未脱落的劈裂材，顺材方向检量劈裂长度，按纵裂计算。当检量直径需要通过裂缝时，若检量方向与裂缝形成的夹角大于等于 45°，则减去通过裂缝长 1/2 处的垂直宽度；若检量方向与裂缝形成的夹角小于 45°，则减去通过裂缝长 1/2 处的垂直宽度的一半。

2）小头已脱落的劈裂材，劈裂厚度不超过小头同方向原有直径的 10% 的不计；超过 10% 的，应让检尺径。让检尺径：先量短径，再通过短径垂直检量最长径，以其长短径的平均数进舍后为检尺径。

3）大头已脱落的劈裂材，若该断面短径经进舍后，大于等于检尺径不计；小于检尺径的，以大头短径经进舍后为检尺径。

伐木时，对于大头斧口砍痕所余断面或油锯锯断的断面（扣除树基和肥大部分），该断面的短径进舍后不小于检尺径的，材长自大头端部量起；小于检尺径的，材长应让去小于检尺径部分的长度，以短径为检尺径。大头呈圆兜或尖削的（根端无横断面者），材长应当自斧口上缘量起。

第 4 步 原木材积测算

计算原木材积，将测量结果填入表 9-5，具体方法如下。

在生产中，原木材积是根据原木检尺径及长度由原木材积表中查得的。《原木材积表》（GB/T 4814—2013）规定了国产原木材积的计算方法，适用于所有树种的原木材积的测定。

1）检尺径为 8～120cm、检尺长 0.5～1.9m 的短原木材积计算式如下：

$$V = \frac{0.8L(D+0.5L)^2}{10\,000} \tag{9-1}$$

2）检尺径为 4～13cm、检尺长 2.0～1.0m 的小径原木材积计算式如下：

$$V = \frac{0.7854L(D+0.45L+0.2)^2}{10\,000} \tag{9-2}$$

3）检尺径为 14～120cm、检尺长 2.0～10.0m 的原木材积计算式如下：

$$V = \frac{0.7854L[D+0.5L+0.005L^2+0.000\,125L(14-L)^2(D-10)]^2}{10\,000} \tag{9-3}$$

4）检尺径为 14～120cm、检尺长 10.2m 以上的超长原木材积计算式如下：

$$V = \frac{0.8L(D+0.5L)^2}{10\,000} \tag{9-4}$$

式中，V 为原木材积（m³）；L 为原木检尺长（m）；D 为原木检尺径（cm）。

当利用《原木材积表》（表 9-2）计算同一规格的原木材积时，先根据原木检尺长及检尺径在木材积表中查出单根原木材积，再乘以原木根数，即可得到该规格原木总材积。

表 9-2　检尺径 4～120cm、检尺长 0.5～20.0m 的《原木材积表》GB/T 4814—2013（节录）

检尺径/cm	检尺长/m					
	2.0	2.2	2.4	2.5	2.6	2.8
	材积/m³					
4	0.0041	0.0047	0.0053	0.0056	0.0059	0.0066
6	0.0079	0.0089	0.0100	0.0105	0.0111	0.0122
8	0.013	0.015	0.016	0.017	0.018	0.020
10	0.019	0.022	0.024	0.025	0.026	0.029
12	0.027	0.030	0.033	0.035	0.037	0.040
14	0.036	0.040	0.045	0.047	0.049	0.054
16	0.047	0.052	0.058	0.060	0.063	0.069
18	0.059	0.065	0.072	0.076	0.079	0.086
20	0.072	0.080	0.088	0.092	0.097	0.105

(二)原条材积测算

原条是指伐倒木剥去树皮、砍去枝梢后，未经加工造材的树干。原条除了做脚手架，很少直接使用，国外几乎没有原条形式的商品材。我国的原条主要是指南方的杉木形成的杉原条，此外全国各地还有少量的松木、阔叶树、云杉原条。

第 1 步　原条直径检量

用围尺或轮尺检量原条直径，将测量结果填入表 9-6，检量、进位的具体规则内容如下：

原条直径应在离大头斧口（锯口 2.5m）检量，以 2cm 进级，不足 2cm 时，凡足的 1cm 进位，不足 1cm 的舍去。当检量直径处遇有节子、树瘤等不正常现象时，应向梢端方向移至正常部位检量。若直径检量部位遇有夹皮、偏枯、外伤和节子脱落而形成凹陷部分，则应将直径恢复其原形检量。劈裂材的尺寸检量参见《杉原条》（GB/T 5039—1999）。

直径检量工具有卡尺、篾尺（π尺），一律用米制标准刻度。

梢径为 6~12cm（6cm 系实足尺寸）时，检尺长自 5m 以上，检尺径自 8cm 以上。尺寸进级：检尺长以 1m 进级，检尺径以 2cm 进级。尺寸分级：小径为 8~12cm；中径为 14~18cm；大径为 20cm 以上。

杉原条分等见表 9-3。

表 9-3　杉原条分等

缺陷名称	检量方法	
	一等	二等
漏节	在全材长范围内不许有	在全材长范围内允许 2 个
边材腐朽	在检尺长范围内不许有	在检尺长范围内腐朽厚度不得超过检尺径的 15%
心材腐朽	在全材长范围内不许有	在全材长范围心腐面积不得超过检尺径断面积的 16%
虫眼	在检尺长范围内不许有	在检尺长范围内不限
弯曲	最大拱高不得超过该弯曲水平长的 3%	最大拱高不得超过该弯曲水平长的 6%
外夹皮、外伤、偏枯	深度不得超过检尺径的 15%	深度不得超过检尺径的 40%

注：本表未列缺陷不计。

第 2 步　原条长度检量

用皮尺检量原条长度，将测量结果填入表 9-6，检量、进位的具体内容规则如下：

原条长度是从大头斧口（或锯口）量至梢端短径足 6cm 处止，以 1m 进位，不足 1m 者的由梢端舍去，经舍去后的长度为检尺长。例如，一根原条按照上述方法量得实际长度为 10.89m，舍去不足 1m 部分取整为 10m，并以 10m 作检尺长，故检尺长不代表原条实际长。若原条大头打水眼，则其材长应从大头水眼内侧量起；若梢头打水眼，则其材长应量至梢头水眼内侧处为止。原条长度检量的工具有尺杆、皮尺。

第 3 步　原条材积测算

计算原条材积，将测量结果填入表 9-6，具体方法如下：

以杉原条为例，杉木（含水杉、柳杉）原条商品材材积可根据杉原条检尺径、检尺长直接在《杉原条材积表》（GB/T 4815—2009）中查得，见表9-4。

检尺径小于等于8cm的杉原条材积计算公式为

$$V = \frac{0.4902L}{100} \tag{9-4}$$

检尺径大于等于10cm且检尺长小于等于19m的杉原条材积计算公式为

$$V = \frac{0.394(3.279+D)^2(0.707+L)}{10\,000} \tag{9-5}$$

检尺径大于等于10cm且检尺长大于等于20m的杉原条材积计算公式为

$$V = \frac{0.39(3.50+D)^2(0.48+L)}{10\,000} \tag{9-6}$$

式中，V为材积（m^3）；L为检尺长（m）；D为检尺径（cm）。

表9-4 《杉原条材积表》（GB/T 4815—2009）（节录）

检尺径/cm	检尺长/m						
	5	6	7	8	9	10	11
	材积/m³						
8	0.025	0.029	0.034	0.039	0.044	0.049	
10	0.040	0.047	0.054	0.060	0.067	0.074	0.081
12	0.052	0.062	0.071	0.080	0.089	0.098	0.108
14	0.067	0.079	0.091	0.102	0.114	0.126	0.138
16	0.084	0.098	0.113	0.128	0.142	0.157	0.171
18	0.102	0.120	0.137	0.155	0.173	0.191	0.209
20		0.143	0.165	0.186	0.207	0.229	0.250

三、数据记录

原木材积记录表如表9-5所示，原条材积记录表如表9-6所示。

表9-5 原木材积记录表

检尺径/cm	检尺长/m						
	材积/m³						

续表

检尺径/cm	检尺长/m									
	材积/m³									

表 9-6　原条材积记录表

检尺径/cm	检尺长/m									
	材积/m³									

四、注意事项

1) 原条检验原则。
2) 原木检验原则。

任务评价

1) 主要知识点及内容如下：
木材标准；材种的划分和造材；原木尺寸检量规定；原条尺寸检量规定。
2) 对任务实施过程中出现的问题进行讨论，并完成材种材积测算任务评价表（表 9-7）。

表 9-7　材种材积测算任务评价表

任务程序			任务实施中应注意的问题
人员组织			
材料准备			
实施步骤	1. 原木材积测算	①原木长度的检量与进位	
		②原木直径的检量与进位	
		③劈裂材（含撞裂）检量	
		④原木材积测算	
	2. 原条材积测算	①原条直径检量	
		②原条长度检量	
		③原条材积测算	
	3. 数据整理		

任务 10　立木材积测算

任务描述

立木材积测算是森林调查技术的基本技能,是森林资源调查、森林生产力研究、森林经营效果评价的重要依据。本任务的主要内容包括形数与形率的概念、常用的形数及形率、立木材积的测定方法等。

知识目标

1. 形数与形率的概念。
2. 形数与形率的关系。
3. 立木材积的测定方法。

技能目标

1. 会计算形数。
2. 会计算形率。
3. 能够进行立木材积的测定。

思政目标

1. 培养学生温故知新的学习习惯。
2. 通过对立木材积测定方法的学习,学生充分发挥主观能动性,形成探索发散思维。

知识准备

一、单株立木测定特点

立木和伐倒木的存在状态不同,对于树干高(长)度和任意部位的直径测量,立木远不如伐倒木方便,这就产生了另外一些适应立木特点的测算方法。立木与伐倒木相比较,其测定特点主要有以下几点:

1)立木高度除幼树外,一般用测高器测定。

2)立木直径一般仅限于人们站在地面向上伸手就能方便测量到的部位,普遍取成人的胸高位置,这个部位的立木直径称作胸高直径,简称胸径(一般取从地面起向上 1.3m 处的树干直径)。对于立木,主要的直径测量因子是胸高直径,可用轮尺或直径卷尺直接测定。

3)在立木状态下是通过立木材积三要素(胸高形数、胸高断面积、树高)计算立木材积的。一般通过测定胸径或胸径和树高,采用经验公式法计算材积,只有在特殊情况下才增加测定一个或几个上部直径精确计算材积。

二、形数和形率

形数和形率是研究树干形状的指标，同时也是测算立木材积的测算因子。

1. 形数

树干材积与比较圆柱体体积之比称为形数，该圆柱体的断面为树干上某一固定位置的断面，高度为全树高（图10-1）。其形数的数学表达式为

$$f_x = \frac{V}{V'} = \frac{V}{g_x h} \quad (10\text{-}1)$$

式中，V 为树干材积（m^3）；V' 为比较圆柱体体积（m^3）；g_x 为树干高 x 处的横断面积（m^2）；f_x 为以树干高 x 处断面为基础的形数；h 为全树高（m）。

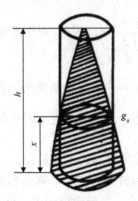

图 10-1 树干与比较圆柱体

由式（10-1）可以得到相应的树干材积计算公式，即

$$V = f_x g_x h \quad (10\text{-}2)$$

可以看出，只要已知 f_x、g_x 及 h 的数值，即可计算出该树干的材积值。

按照圆柱体所取横断面在树干上的位置，可将形数分为正形数、胸高形数和实验形数。正形数是以树干基部 1/10 树高处的横断面为准计算的形数。本小节主要介绍胸高形数和实验形数。

（1）胸高形数

1）概念。胸高形数是指树干材积与以胸高断面积为底面积、以树高为高的比较圆柱体体积之比，其表达式为

$$f_{1.3} = \frac{V}{g_{1.3} h} \quad (10\text{-}3)$$

式中，$f_{1.3}$ 为胸高形数；V 为树干材积（m^3）；$g_{1.3}$ 为胸高断面积（m^2）；h 为树高（m）。

形数仅说明相当于比较圆柱体体积的成数，不能具体反映树干的形状。其意义可转换成相应的立木材积式，即

$$V = f_{1.3} g_{1.3} h \quad (10\text{-}4)$$

由于我国在林分调查中习惯上测定立木的胸径，因此通常将胸高形数 $f_{1.3}$、胸高断面积 $g_{1.3}$ 及全树高 h 称作材积三要素。同时由上式也可看出，在计算树干材积中，胸高形数实质上是一个换算系数。

2) 胸高形数的性质。当把树干干形看成是遵从孔兹干曲线的几何体，可以得出胸高形数与树高的关系。孔兹干曲线方程见式（8-3），即

$$y^2 = px^r$$

由此方程可以推导出胸高形数与树干形状 r 和树高 h 的关系式，即

$$f_{1.3} = \frac{1}{r+1} \left(\frac{1}{1-\frac{1.3}{h}} \right) \quad (10\text{-}5)$$

从式（10-5）可知，胸高形数有以下特性：

① 当 $h>1.3$ 且 $r \neq 0$，则 $\left(\dfrac{1}{1-\frac{1.3}{h}}\right)^r > 1$，因此，树干断面为抛物线体（$r=1$）时，$f_{1.3} > \dfrac{1}{2}$；树干断面为圆锥体（$r=2$）时，$f_{1.3} > \dfrac{1}{3}$；树干断面为凹曲线体（$r=3$）时，$f_{1.3} > \dfrac{1}{4}$。对于不同几何形体，其胸高形数没有一个确定值，因此胸高形数的大小不能确切地反映树干的形状。

② 当树干干形相同时，胸高形数与树高成反比。

③ 当立木高度较大且胸径和树高一定时，胸高形数与干形的关系是：饱满树干的材积与比较圆柱体的体积相差较小，其形数值较大；反之，尖削树干的材积与比较圆柱体的体积相差较大，其形数值较小。

胸高形数与胸径是一种微弱的反比关系，形数随着胸径的增加而减小。胸高形数的变动范围为 0.32～0.58，只有极低矮的立木会大于 1。当树高为 2.6m 时，胸高形数的理论值等于 1。

（2）实验形数

1) 概念。为了克服胸高形数随树高增大而减小的缺点，以及利用正形数测量立木相对高处直径的不便，林昌庚于 1961 年提出将实验形数（experimental form factor）作为一种测算树干干形饱满度的指标。实验形数以胸高断面为比较圆柱体的横断面，高度为树高（h）加 3m（图 10-2），以 f_3 符号表示，其表达式如下：

$$f_3 = \frac{V}{g_{1.3}(h+3)} \quad (10\text{-}6)$$

公式推导如下：

设 g_n 为树干某一高度 nh 处的横断面积。根据 g_n 与 $g_{1.3}$ 之比和 h 成双曲线关系：$\dfrac{g_n}{g_{1.3}} = a + \dfrac{b}{h}$，即在 $g_{1.3}$ 一定的条件下，g_n 随着 h 的增加而减少，即 $g_n = g_{1.3}\left(a + \dfrac{b}{h}\right)$。由

正形数定义可得：$V = g_n h f_n = g_{1.3}\left(h + \dfrac{b}{a}\right) a f_n$，令 $\dfrac{b}{a} = K$，$a f_n = f_3$，则 $V \approx g_{1.3}(h + K) f_3$。

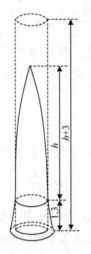

图 10-2　实验形数

上式中的 a、b 是说明 $\dfrac{g_n}{g_{1.3}}$ 与 h 关系的相关参数。假设把 g_n 取在十分接近 $g_{1.3}$ 的位置，则在 h 和 $g_{1.3}$ 相同时，g_n 值在不同树种之间的差别不是很大。对于不同树种，可取同一参数 K。设计 f_3 时，取 g_n 在 $\dfrac{1.3}{20} h$ 位置处，选定许多具有代表性的树种，测量出一定数量样木的 h、$g_{1.3}$ 和 $\dfrac{1.3}{20} h$ 的数值，采用回归方程 $\dfrac{g_n}{g_{1.3}} = a + \dfrac{b}{h}$，就可算出 a、b 的值。由云杉、松树、白桦、杨树 4 个树种求得 $K \approx 3$。

2）实验形数的性质。由于实验形数是由胸高形数和正形数转变来的，其不仅具有胸高形数的性质（方便测定胸高断面积），还具有正形数的性质（其值大小与树高无关，只随树种变化），因此对每一树种都可求出一个实验形数。

经研究，实验形数变化范围为 0.38~0.46，绝大多数树种集中在 0.40~0.44 之间，变化较为稳定。在实际工作中，可按表 10-1 查找平均实验形数。

表 10-1　我国主要乔木树种平均实验形数

	平均实验形数	适用树种
针叶树	0.45	云南杉、冷杉及一般强阴性树种
	0.43	实生杉木、云杉及一般阴性针叶树种
	0.42	杉木（不分起源）、红松、华山松、黄山松及一般中性针叶树种
	0.41	插条杉木、天山云杉、柳杉、兴安落叶松、西伯利亚落叶松、樟子松、赤松、黑松、油松及一般阳性针叶树种
	0.39	马尾松、一般强阳性针叶树种
阔叶树	0.40	杨树、柳树、桦树、椴树、水曲柳、栎树、青冈树、刺槐树、榆树、樟树、桉树及一般阔叶树种，海南岛、云南等地的阔叶混交林

3）胸高形数与实验形数的转换关系。从胸高形数和实验形数的定义可以得到二者相互转换关系式：

$$f_{1.3} = \frac{h+3}{h} f_s, \text{ 或 } f_s = \frac{h}{h+3} f_{1.3} \qquad (10\text{-}7)$$

形数是计算立木材积的换算系数。想要确知形数，就必须先求算树干材积。因此，形数这一干形指标不能直接测定，需要寻找一个既可以直接测定又能反映干形变化的干形指标——形率。

2. 形率

形率是指树干某一位置的直径与比较直径之比，用 q 表示，其表达式为

$$q = \frac{d_x}{d_z} \qquad (10\text{-}8)$$

式中，d_x 为树干某一位置的直径；d_z 为树干某一固定位置的直径，即比较直径。

由于所取比较直径位置不同，因而有不同的形率，如胸高形率、绝对形率和正形率。

（1）胸高形率的概念

胸高形率是指树干中央直径（$d_{1/2}$）与胸径的比值，用 q_2 表示。其表达式为

$$q_2 = \frac{d_{1/2}}{d_{1.3}} \qquad (10\text{-}9)$$

胸高形率又称标准形率，这一概念最早是由舒博格于 1893 年提出的，随后奥地利的希费尔（Schiffel）于 1899 年对其正式定名。一般认为胸高形率是描述干形的良好尺度，是研究立木干形的指标。至今，胸高形率仍然广泛应用。

（2）胸高形率的性质

胸高形率的变化规律和形数相似，也是随树高和胸径的增大而逐渐变小。胸高形率的变化范围一般为 0.46～0.85，绝大多数树种的平均胸高形率为 0.65～0.70。但是形率仍然不能反映树干的实际形状（在胸径、树高和形率都相同的情况下，其干形也可能不一样）。要想较为全面地描绘干形，需要在树干上一定间隔距离处量取直径，分别求出其与胸径的比值，得出一系列的形率，即形率系列。

希费尔于 1899 年还提出以下形率系列：

$$q_0 = \frac{d_0}{d_{1.3}}; \quad q_1 = \frac{d_{1/4}}{d_{1.3}}; \quad q_2 = \frac{d_{1/2}}{d_{1.3}}; \quad q_3 = \frac{d_{3/4}}{d_{1.3}} \qquad (10\text{-}10)$$

式中，d_0、$d_{1/4}$、$d_{1/2}$、$d_{3/4}$ 分别是树干基部、1/4 高处、1/2 高处、3/4 高处的直径。形率系列可以更加全面地描述一株树木的干形。它的性质与胸高形数相同，即在干形相同时与树高成反比。其随树高而变，不够稳定。

3. 形数与形率之间的关系

形数是计算树干材积的一个重要系数，但形数无法直接测出。研究形数与形率之间的关系，其主要目的是通过形率推导求出形数，这对树木求积具有重要的实践意义。形数与形率的关系主要有下列几种。

（1）幂函数关系 $f_{1.3} = q_2^2$

此式是在把树干当作抛物线体时导出的，推导过程如下：

$$f_{1.3} = \frac{V}{g_{1.3}h} = \frac{\frac{\pi}{4}d_{1/2}^2 h}{\frac{\pi}{4}d_{1.3}^2 h} = \left(\frac{d_{1/2}}{d_{1.3}}\right)^2 = q_2^2 \tag{10-11}$$

从上式可以看出，凡干形与抛物线体相差越大，其计算结果偏差越大，因此它是计算形数的近似公式。

（2）常差关系 $f_{1.3} = q_2^2 - C$

此公式是孔泽（Kunze）于 1881 年提出的，式中的常数 C 是回归常数。

C 的理论计算公式为 $C = q_2^2 - f_{1.3}$，它可由干曲线方程 $y^2 = px^r$ 导出：

$$C = \left[\frac{h}{2(h-1.3)}\right]^{r/2} - \frac{1}{r+1}\left(\frac{h}{h-1.3}\right)^r \tag{10-12}$$

令 $r=1$，用不同的树高值代入上式可以求得 C 值。

根据大量资料分析，当树木在一定高度（18m）以上时，其树干形数与形率之间的平均差数值基本接近于一个常数（C）。C 值因树种不同而异。例如，松类树木为 0.20，云杉及椴树为 0.21。总体来说，C 值接近于 0.2。以上 C 值都是根据各个树种大量资料得出的平均值，将其用于计算单个树种可能产生较大误差，但是在计算多株树木的平均形数时，其误差不超过±5%。当树干低矮时，C 值减小幅度大，不宜采用该公式。

（3）希费尔公式 $f_{1.3} = a + bq_2^2 + \dfrac{C}{q_2 h}$

从形数、形率与树高关系的分析可知，当形率相同时，树干形数随树高的增加而减小；当树高相同时，树干形数随形率的增加而增加。希费尔于 1899 年据此提出用双曲线方程表示胸高形数与形率和树高之间的依存关系，如图 10-3 所示。他先后用云杉、落叶松、松树和冷杉的资料求得双曲线方程式中的 a、b、C 各参数值，即得

$$f_{1.3} = 0.140 + 0.66q_2^2 + \frac{0.32}{q_2 h} \tag{10-13}$$

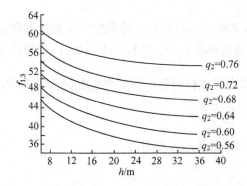

图 10-3　形数、形率与树高的关系

后来发现并证明式（10-13）（云杉的经验方程式）适用于所有树种，而且计算的形数平均误差不超过±3%。因此，云杉的经验方程式被推荐为一般式，并称为希费尔公式，应用较广。

（4）一般形数表

林学家特卡钦柯于 1911 年根据大量的资料数据对形数进行全面分析后发现：若树高相等，形率 q_2 也相等，则各乔木树种的胸高形数都近似。他据此编制了一般形数表。只要知道了树高与形率，就可从一般形数表中查出任何树种的形数。该形数与希费尔公式的计算结果接近。

根据上述形数与形率关系式，只要测定出树高和形率，就可较为精确地计算出树干材积。

■ **任务实施**

测定立木材积

一、工具

每组配备：皮尺 1 把，围尺 1 条，测高器 1 个，记录板 1 块，记录表格若干，粉笔，记号笔，铅笔等。

二、方法与步骤

第 1 步　胸径测量

用围尺实测立木胸径，并将实测值记入表 10-2。

第 2 步　树高测量

用布鲁莱斯测高器实测立木树高，并将实测数值记入表 10-2。

第 3 步　材积计算

（1）平均实验形数法求算材积

1）查实验形数表，确定调查立木的实验形数。

2）计算立木胸高断面积，计算公式见式（8-1）。

3）根据实验形数公式（10-6），计算立木材积，并将计算结果记入表 10-2。

（2）形数法求算材积

利用胸高形数（$f_{1.3}$）估测立木材积时，除测定立木胸径和树高外，一般还要测定树干中央直径（$d_{\frac{1}{2}}$），计算胸高形率（q_2），并利用式（10-11）计算出相应的胸高形数（$f_{1.3}$），然后利用式（10-4）计算出立木材积值，将实测数值记入表 10-2。

三、数据记录

计算立木材积，将计算结果记入表 10-2。

表 10-2 立木材积计算表

树号	胸径/cm	树高/m	材积/m³	
			平均实验形数法	形数法
1				
2				
3				
4				

观测者_____   记录者_____   计算者_____

四、注意事项

1）使用围尺时，按照要求进行检尺，以免测得的数据有误。
2）测高时，一定不要瞄错树梢。

▌任务评价

1）主要知识点及内容如下：
单株立木测定特点；形数、胸高形数；形率、胸高形率；立木材积计算。
2）对任务实施过程中出现的问题进行讨论，并完成立木材积测算任务评价表（表 10-3）。

表 10-3 立木材积测算任务评价表

任务程序		任务实施中应注意的问题
人员组织		
材料准备		
实施步骤	1. 胸径测量	
	2. 树高测量	
	3. 平均实验形数法计算材积	
	4. 形数法计算材积	
	5. 数据整理	

任务 11 单木生长量测定

任务描述

在森林调查工作中,测定单木生长量可用来评定立地条件及经营措施,找出树木生长规律,为合理地进行森林资源经营管理提供决策所需的基础数据,在林业生产上具有重要意义。

本任务需要准备树干解析的工具和完整的树干圆盘。通过对树干解析外业和树干解析内业的学习,学会测定单株树木的年龄,测定各调查因子的总生长量、平均生长量、定期平均生长量、连年生长量,计算其生长率,预估若干年后各调查因子生长量。要求熟练掌握树干解析的外业步骤和内业计算方法,绘制树干纵剖面图和各调查因子的生长曲线。

知识目标

1. 掌握树木年龄的测定方法。
2. 掌握树木生长量的概念和种类,理解连年生长量与平均生长量的关系。
3. 掌握树木生长率的定义和计算公式。
4. 理解树干解析理论及方法。

技能目标

1. 能够进行树木年龄的测定。
2. 能够进行树木生长率及生长量的测定。
3. 能够进行树干解析内业计算。

思政目标

1. 通过对树木生长量的学习,学生树立爱护树木、珍惜森林资源的生态观。
2. 培养学生严谨、审慎的逻辑思维习惯。
3. 培养学生团结协作、严谨负责的职业素养和专业精神。
4. 提高学生正确认识问题、分析问题和解决问题的能力。

子任务 11.1 树干解析外业

知识准备

一、树木生长量的概念

树木生长量是通过对单株树木测定其树高、胸径、断面积和材积,以时间为标志,分析各种调查因子在一年间、某一段时间或树木生长的一生时间里变化的数量。

在森林调查工作中，树木种子发芽后，在一定条件下随着时间的变化，其各种调查因子所发生的变化叫作生长，变化的量叫作生长量。

时间间隔分别是 1 年、5 年、10 年、20 年等，以年为单位，常用符号"A"或"t"表示。生长量是时间（t）的函数，以年为时间单位。例如，红松在其生长的第 150 年和第 160 年时测定的树高（h）分别为 20.9m 和 22.0m，则 10 年间树高生长量为 1.1m。

在科学研究中，生长间隔期也有以月或以天为单位的，特别是我国南方的一些速生树种，如泡桐、桉树等。影响树木生长的主要因子有树种的生物学特性、树木的生长时期、立地条件和经营措施。

二、树木年龄的测定

树木生长量是时间的函数，确定和比较生长量的大小，首先必须确定树木的年龄。

1. 树木年龄的概念

树木年轮（图 11-1）的形成是树木形成层受外界季节变化影响而产生周期性生长的结果。因此年轮是在树干横断面上由早材（春材）和晚材（秋材）形成的同心"环带"，是确定树木生长时间的重要标志。

图 11-1　树木年轮

早材（春材）：在温带和寒温带，大多数树木的形成层在生长季节（春季、夏季）向内侧分化的次生木质部细胞，具有生长迅速、细胞大而壁薄、颜色浅等特点。

晚材（秋材）：在秋季，形成层的增生现象逐渐缓慢或趋于停止，这使得在生长层外侧部分的细胞小、壁厚而分布密集，木质颜色比内侧显著加深。

树木年龄是指树干基部接近地面的根颈处横断面上所有树木年轮数总和，该年轮数是树木的实际年龄。

2. 树木年龄的确定方法

确定树木年龄的方法有很多，本任务介绍以下 7 种方法。

（1）查阅造林技术档案

到当地林业部门查阅造林资料。这种方法可以便捷准确地确定人工林的年龄。

（2）查数伐根年轮

树木在正常生长条件下会由早材（春材）和晚材（秋材）形成一个完整的闭合圈，即每年形成一个年轮。树木根颈位置的年轮数就是树木的年龄，若在根颈位置往上的断面查年轮数，则树木年龄为年轮数加上树木生长到该断面所需年数。

天气突变等气象原因或严重的病虫害都会使树木的正常生长受到影响，这时会在一年内形成两个或更多的年轮，这种年轮称为伪年轮。

伪年轮的主要特征如下：

1）伪年轮的宽度比相邻真年轮小。

2）伪年轮不会形成完整的闭合环，有断轮现象，且有部分重叠。

3）伪年轮外侧轮廓不太清晰。

4）伪年轮不能贯穿整株树木。

当用此方法测定树木年龄时，一定要剔除伪年轮。

除伪年轮外，有时也有年轮消失的现象。这是因为树木被压或遭受其他灾害而使树木生长迟缓以致暂时停止生长。

当年轮识别有困难时，可将圆盘浸湿后用放大镜观察，必要时也可用化学染色剂（茜红或靛蓝），利用春材、秋材着色浓度的差异辨认年轮；当髓心有心腐现象时，若将心腐部分量其直径并剔除它的年轮，则树木年龄等于总年轮数加上心腐髓心生长所需年数。树木伐根处年轮数即是树木年龄。

（3）查数轮生枝

有些树种，如松树、云杉、冷杉、杉木等裸子植物，一般每年自梢端生长出轮生顶芽，逐渐发育成轮生侧枝，可查数轮生枝的环数及轮生枝脱落或修枝后留下的痕迹来确定年龄。此法可以精确测定幼小树木的年龄。我国南方的马尾松、杉木一年可以长出两个或两个以上轮生枝，次生轮生枝的节间一般要比其上下的轮生枝短，因此在应用该方法时要注意把次生轮生枝区别出来。

（4）查数树皮层数

在树皮的横切面和纵剖面上都可看出颜色深浅相间的层次。树皮层次和树干年轮一样，都是随年龄的增加而增多。只要树皮不脱落，树皮层次数和年轮数就是一样的。因此，可以通过查数树皮层次确定树木的年龄。

用来观察的树皮要取自根颈部位。树皮取出后，用利刀削平即可观察，也可沿其横切面斜削，使层次显示更宽些，方便观察和查数。

对于树皮层次明显的树种，如马尾松、黑松、湿地松和油松等松科植物，可以直接用肉眼观察和查数；对于树皮层次结构紧密的树种，如银杏、榆树、枫杨树和刺槐树等，可用放大镜观察。

（5）生长锥测定

当不能伐倒树木或不便应用上述方法时，可以用生长锥测定树木的年龄。

生长锥由锥柄、锥管和探舌三部分组成。使用时先将锥管取出，垂直安装在锥柄上，并把固定片扣好，然后垂直于树干将锥管压入树皮，再用力按顺时针方向锥入树干，边旋转生长锥边按压探舌至应有的深度。最后倒转退出锥管取出探舌，在探舌中的木条上查数年轮。

若要确定立木的年龄，则应在根颈处钻过髓心。如果在胸径处钻取木条，就需要加上由根颈生长至锥点所需年数。应用此法确定树木年龄，前提是要保证锥芯木条质量，防止锥条断裂和挤压，否则推算不准确。

钻取完毕后，须立即将钻孔用无毒泥土或石灰糊堵，以免遭受病虫危害。

（6）WinDENDRO 年轮分析系统和 LINTAB 树木年轮分析仪

目前，许多国家采用加拿大生产的 WinDENDRO 年轮分析系统和德国生产的 LINTAB 树木年轮分析仪进行树木年轮分析。

1）WinDENDRO 年轮分析系统。如图 11-2 所示，WinDENDRO 年轮分析系统是一款多平台图像分析系统，与扫描仪匹配，专门对盘状的木材截面或柱状的生长锥样本进行树木年轮的测量。利用计算机自动查数树木各方向的年轮及其宽度。如图 11-3 所示，通过应用 WinDENDRO 年轮分析软件，计算机自动测定树木的年轮。采用专门的照明系统去除了阴影和不均匀现象的影响，有效地保证了图像质量。增大了扫描区域，以供分析。此外，还可读取 TIFF 标准格式的图像。该系统可以同时准确判断伪年轮、丢失的年轮和断轮，并精确测量各年轮的宽度。

图 11-2　WinDENDRO 年轮分析系统

图 11-3　应用 WinDENDRO 年轮分析软件测定年轮

2）LINTAB 树木年轮分析仪。如图 11-4 所示，LINTAB 年轮分析仪可以对树木盘片、生长锥钻取的样品、木制样品等进行精确、稳定的年轮分析，广泛应用于树木年代

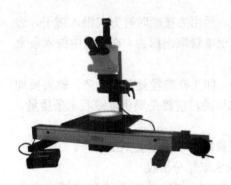

图 11-4 LINTAB 树木年轮分析仪

学、生态学和城市树木存活质量研究。该系统拥有防水设计，操作简单，可进行全数字化计算机图形分析，是一套经济实用的年轮分析工具。其配备的 TSAP-Win 分析软件是一款功能强大的年轮研究平台，从测量到统计分析的所有步骤均由该软件完成。各种图形特征及大量的数据库管理功能有助于管理年轮数据。其精确的转轮控制配合高分辨率显微镜定位技术，使得年轮分析精确、简单、稳定，操作分析结果交由专业软件进行统计分析，可以保证结果稳定，全球统一标准。

（7）目测法

根据树木大小、树皮颜色和粗糙程度及树冠形状等特征目测树木年龄。在森林调查工作中，林龄基本上是以目测为主确定的。应用此法确定树木年龄，要求观测者必须拥有丰富的经验。

除了以上 7 种常用方法，还可通过树木年轮稳定同位素法测定树木年龄，即通过研究树木纤维素中碳、氢、氧同位素的变化，分析变化的数量，确定其年龄。在碳、氢、氧三元素中，碳同位素最稳定，而且分析方法相对氢、氧同位素来说简单可靠、成本低，因此对碳同位素研究最多，取得的成绩明显比氢、氧同位素多，在树木年龄研究中大多采用碳同位素。

三、树干解析

不同树种或者同一树种生长在不同的立地条件下，其生长过程各有特点。研究树木的生长规律，一般是研究从树木的生长开始到采伐为止这一过程的生活史，通过对树木各个生长时期的直径、树高、形数和材积的生长过程的测定、研究和分析，对林业生产及以往气候变化、经营效果和病虫害的发生等均有重要意义。

树干解析是研究树木生长过程的基本方法，在生产和科研中经常应用。将树干截成若干段，在每个横断面上，可以根据年轮的宽度确定各年龄或龄阶的直径生长量。在纵断面上，可以根据断面高度及相邻两个断面上的年轮数之差确定各年龄的树高生长量，从而进一步算出各龄阶的材积和形数等。这种分析树木生长过程的方法称为树干解析，作为分析对象的树木称为解析木。

▍任务实施

制作解析木圆盘

一、工具

每组配备：皮尺，围尺，测高器，鱼头锯，斧子，罗盘仪或手持罗盘，粉笔或木材蜡笔，记号笔，记录板，记录表，铅笔等。

二、方法与步骤

第 1 步　解析木的选定

应当根据研究目的和要求选定解析木。解析木一般应当选取具有广泛代表性的树干。例如，了解林木生长情况时，一般应在林中选取生长健壮、无病虫害、不断顶、无双梢的平均木或优势木作为解析木；了解病虫害对林木生长的影响时，应在林中选取中等水平的被害木或被压木；了解气象变化和水文变化时，应在当地选取年龄最大的古树，配合气象资料的记载来分析。

为了使树干解析能够取得较准确的结果，最好在现场多选取几株解析木，解析后取其平均值作为结果。解析木的胸径、树高的误差允许范围与标准木相同，都是±5%。

第 2 步　解析木生长环境的调查

（1）解析木所在地情况的调查

对解析木所在地林分的特征，如位置（省、县、林场、林班、标准地号）、林分组成、林龄、疏密度、地位级、地被物、土壤、地形地势等进行调查，填入表 11-1。

（2）解析木与邻接木的调查鉴定

首先测定相邻每株树木的树种、树高、胸径、冠幅及位于解析木的方位，并量取其与解析木的距离，将其测定结果分别填入表 11-1 和表 11-2，并绘制解析木树冠投影图（图 11-5）。其中，示范解析木与邻接木的记载见表 11-3；示范解析木与邻接木相关平面如图 11-6 所示。

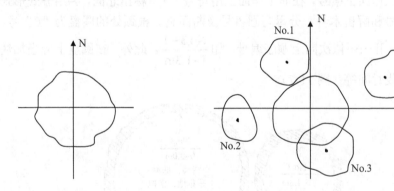

图 11-5　示范解析木树冠投影图　　图 11-6　示范解析木与邻接木相关平面

第 3 步　解析木的伐倒与测定

在伐倒解析木前，应当清除解析木周围的杂草灌木，准确标定该树的根颈位置和胸径位置；同时标记树干的北向，用粉笔或木材蜡笔将其标记在树干上，测量胸径（精确到 0.1cm）和树高。

解析木伐倒时要注意安全，防止人员伤亡。伐木时应当注意树木的倒向，锯口要平，做到不断梢、不损伤树皮，防止树干劈裂。

伐倒后，按照伐前北向记号在树干上一直标到树梢。量取根颈位置至第一个死节和第一个活节的长度及树冠长度。在全树干标定的北向，测量树高和它的 1/4 处、1/2 处、

3/4 处的带皮直径和去皮直径。

标定各区分段（以 1m 或 2m 为段长）的中央断面和梢底断面的位置。将上述测定项目记载到解析木卡片上。

第 4 步 截取圆盘

圆盘是树干解析的重要材料，特别注意取好圆盘后分别用纸、布或苔藓将圆盘包好放入袋中，存放于阴凉处。在 2～3 天内开始内业工作，防止碰掉树皮及出现干燥、变形和开裂。

截取圆盘并由此获得各断面高处的圆盘的年轮测定值是树干解析的关键工作之一。一般将树干按照中央断面区分求积方法进行区分，将每个区分段的中央作为截取树干横断面的圆盘位置，并截取根颈圆盘、胸径圆盘和梢头底径圆盘，按照由根颈向上的顺序分别记为 0 号盘、1 号盘、2 号盘等，以此类推，要求如下：

1）区分段长一般取 2m 或 1m（干长<8m）。当以 2m 为段长时，在距根颈处 0m、1.3m、3.6m、5.6m、7.6m……至梢底处做标记；为了满足科学研究或某种特殊需要，可以采用 1m 区分段进行解析。当以 1m 为段长时，在距根颈处 0.5m、1.3m、2.5m、3.5m、4.5m……至梢底处做标记。

2）圆盘应当尽量与树干垂直，圆盘厚度以 2～5cm 为宜。锯解时，应当尽量使断面平滑。

3）以区分段位置的圆盘面为工作面，其背面为非工作面。在每个圆盘锯下后，应当立即在其非工作面上编号，在非工作面上用符号"↑"标出北向，并用分式形式书写：分子写标准地号和解析木号，分母写圆盘号及断面高。根颈处的圆盘为"0"号，然后用罗马字母Ⅰ、Ⅱ……依次向上顺序编号，如 $\dfrac{No.3-1}{I-1.3m}$。此外，在圆盘上应当加注树种、采伐地点和采伐时间等（图 11-7）。

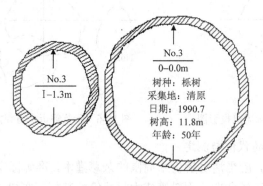

图 11-7 圆盘编号

例 11.1 如图 11-8 所示，现以 2m 区分段区分如下：除第一段为 2.6m 外，其余各段都是 2m，如一株 15.2m 高的树木，其各中央断面的位置是 1.3m、3.6m、5.6m、…、13.6m，梢底断面的位置为 14.6m，其余 0.6m 为梢头长度。梢头长度可以等于或小于 2m。

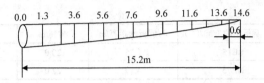

图 11-8　树干解析 2m 区分段和截取圆盘位置图

三、数据记录

树干解析表如表 11-1 所示，解析木与邻接木的记载表如表 11-2 所示，示范解析木与邻接木的记载表如表 11-3 所示。

表 11-1　树干解析表

解析木所在地林分调查	解析木鉴定	树冠特征
所在地_____ _____ 标准地号_____ 林分起源_____ 树种组成_____ 林龄_____ 平均树高_____ 平均胸径_____ 地位级_____ 疏密度_____ 每公顷蓄积_____ m³ 林分特征_____ _____ 地被物与下木_____ _____ 地形地势_____ 土壤_____	树种_____ 年龄_____ 树高_____ 生长级_____ 带皮胸径_____ 根颈直径_____ $d_{1/2}$_____ $d_{1/4}$_____ $d_{3/4}$_____ 带皮材积_____ 去皮材积_____ 经济材长度_____ 形率：q_0_____ q_1_____ 　　　q_2_____ q_3_____ 形数：带皮_____ 　　　去皮_____	树冠投影 从南到北_____ m 从东到西_____ m 冠幅面积_____ m² 冠幅高度（长度）_____ m 第一活枝以下长度_____ m 枝条材积_____ m³ 占树干材积_____ % 调查时间_____ 调查人员_____

表 11-2　解析木与邻接木的记载表

编号	树种	位于解析木的方向/(°)	与解析木距离/m	树高/m	胸径/cm	生长级
1						
2						
3						
4						

表 11-3　示范解析木与邻接木的记载表

编号	树种	位于解析木的方向/(°)	与解析木距离/m	树高/m	胸径/cm	生长级
1	杉木	NW25	2.80	22.7	21.0	良好
2	杉木	SW80	3.45	23.0	24.0	良好

续表

编号	树种	位于解析木的方向/(°)	与解析木距离/m	树高/m	胸径/cm	生长级
3	杉木	SE15	2.75	20.0	30.0	旺盛
4	杉木	NE75	4.17	22.0	30.0	旺盛

四、注意事项

1）在划分区分段后，锯解前要把北向沿到全树干。

2）若为2m区分段，则第一段应为2.6m。

3）在各区分段中央位置锯解圆盘，树干根颈处锯一个，梢底处锯一个。

子任务 11.2　树干解析内业

 知识准备

一、生长量的种类

生长量在计算分析上一般分为两类，实际生长量和平均生长量。实际生长量是指两个时期生长之差，按照时期长短可分为连年生长量、定期生长量和总生长量3种。平均生长量是指平均每年生长的数量，按照时间长短可分为总平均生长量和定期平均生长量两种。依据调查因子，可把生长量分为直径生长量、树高生长量、断面积生长量、材积生长量和形数生长量等。

1. 总生长量

总生长量是指从树木第一年种植开始到调查时整个期间累积生长的总量。它是树木基本的生长量，其他种类的生长量均由此派生而来。以材积为例，若 a 年时的材积为 V_a，则 a 年时的材积总生长量 Z_{av} 为

$$Z_{av} = V_a \tag{11-1}$$

2. 定期生长量

定期生长量是指一定间隔期内树木的生长量。定期的年数为5年、10年或20年等，通常以1个龄级作为定期时间。以材积为例，若现有材积为 V_a，n 年前的材积为 V_{a-n}，则 n 年间的材积生长量 Z_{nv} 为

$$Z_{nv} = V_a - V_{a-n} \tag{11-2}$$

3. 连年生长量

连年生长量是指一年间的生长量，又叫年生长量。以材积为例，连年生长量是用现在的材积减去一年前的材积，即

$$Z = V_a - V_{a-1} \tag{11-3}$$

4. 总平均生长量

总平均生长量是指树木的总生长量除以年龄所得的商，简称平均生长量。以材积为例，若 a 年时的材积为 V_a，则材积总平均生长量 Δ_{av} 为

$$\Delta_{av} = \frac{V_a}{a} \tag{11-4}$$

5. 定期平均生长量

定期平均生长量 Δ_{nv} 是指树木在某一间隔期的生长量除以间隔的年限所得的商，即

$$\Delta_{nv} = \frac{V_a - V_{a-n}}{n} \tag{11-5}$$

对于生长较慢的树种，其连年生长量变化很小，测定困难且精度不高，因此常用定期平均生长量代替连年生长量。速生树种可以直接利用连年生长量公式求得。

例 11.2 一株云杉 20 年生时材积为 0.0539m³，30 年生时材积为 0.1874m³，计算各种生长量的结果如下。

解：30 年材积总生长量为

$$Z_{av} = V_a = 0.1874 \, (\text{m}^3)$$

30 年平均生长量为

$$\Delta_{av} = \frac{V_a}{a} = \frac{0.1874}{30} \approx 0.0062 \, (\text{m}^3)$$

20～30 年间的定期生长量为

$$Z_{nv} = V_a - V_{a-n} = 0.1874 - 0.0539 = 0.1335 \, (\text{m}^3)$$

20～30 年间的定期平均生长量为

$$\Delta_{nv} = \frac{V_a - V_{a-n}}{n} = \frac{0.1335}{10} = 0.01335 \, (\text{m}^3)$$

20～30 年间的连年生长量为

$$Z = V_a - V_{a-1} \approx 0.01335 \, (\text{m}^3)$$

6. 连年生长量与平均生长量的关系

连年生长量与平均生长量均从零开始，以后随树木年龄的递增而上升，当达到生长量的最大值以后又逐渐下降。以材积为例，如图 11-9 所示，实线表示连年生长量，虚线表示平均生长量，横坐标表示树木年龄，纵坐标表示树木的材积。由图可知它们有如下关系。

1）当树木在幼年时，连年生长量和平均生长量都随着年龄的增加而增加，连年生长量增加的速度较快。

2）连年生长量到达最高峰的时间比平均生长量到达最高峰的时间早。

3）当平均生长量到达最高峰时，连年生长量等于平均生长量，两条曲线相交。在林业生产上将材积平均生长量达到最大值时的年龄称作数量成熟龄。

4）当平均生长量达到最大值后，连年生长量一直小于平均生长量。

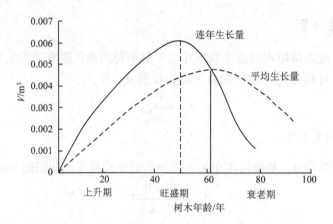

图 11-9 连年生长量和平均生长量的关系曲线

以 Δ_a 和 Δ_{a+1} 分别表示 a 年和 $(a+1)$ 年时的平均生长量，Z_{a+1} 表示 $(a+1)$ 年的连年生长量，则有

$$Z_{a+1} = (a+1)\Delta_{a+1} - a\Delta_a$$

所以

$$Z_{a+1} - \Delta_{a+1} = a(\Delta_a + 1 - a\Delta_a)$$

由此可得

$$Z_{a+1} = (a+1)\Delta_{a+1}$$

1）当 $\Delta_{a+1} > \Delta_a$ 时，则 $\Delta_{a+1} < Z_{a+1}$，表明平均生长量处于上升期时，连年生长量大于平均生长量，此时为上升期。

2）当 $\Delta_{a+1} = \Delta_a$ 时，则 $\Delta_{a+1} = Z_{a+1}$，表明平均生长量达到最高峰时，连年生长量等于平均生长量，从上升期末到最高峰期的这段时间称为旺盛期。

3）当 $\Delta_{a+1} < \Delta_a$ 时，则 $\Delta_{a+1} > Z_{a+1}$，表明平均生长量处于下降期时，连年生长量小于平均生长量，此时为衰老期。

树高、胸径、断面积和材积都存在这种规律，各调查因子平均生长量到达最高峰的年龄是不同的。到达最高峰的年龄由早到晚的排列次序是树高、胸径、断面积和材积。

上述是指正常情况下的生长规律。若出现气候异常、遭遇干旱、病虫害等灾害或者受到人为经营活动的影响，则可能导致两条曲线相交数次或者不相交。因此，还可用连年生长量的变化情况鉴定经营效果、判断灾害的危害程度。

二、生长率

1. 生长率的概念

树木生长量只是表达树木的实际生长速度，不能反映其生长能力的强弱和生长的快慢，预估树木未来的生长潜力常用生长率表示。

生长率是指某项调查因子的连年生长量与该因子原有总量的百分比，也称连年生长率。生长率描述树木的相对生长速度。

2. 生长率公式

（1）基本公式（以材积为例）

$$P_V = \frac{Z_V}{V_a} \times 100\% \tag{11-6}$$

式中，P_V 为材积的生长率；Z_V 为材积连年生长量；V_a 为材积原有总量。

同理，若将材积换为树高、胸径、断面积、形数，即可求得对应调查因子的生长率。一般情况下，材积连年生长量用定期平均生长量替代。

（2）普雷斯勒公式（以材积为例）

在实际工作中，由于慢生树种连年生长量很小，不便量取，因此连年生长量常用定期平均生长量替代。计算连年生长率的原有总生长量有两个，n 年前的总生长量和现在的总生长量，常把相邻两个龄阶的总生长量的平均值作为该调查因子的原有总量较为合理。普雷斯勒公式又称平均生长率公式，较符合树木生长实际，而且计算较简便，因此得到广泛应用。

根据生长率公式的定义，可以得出普雷斯勒生长率的一般公式如下：

$$P_V = \frac{V_a - V_{a-n}}{V_a + V_{a-n}} \times \frac{200}{n}\% \tag{11-7}$$

例 11.3 有一株松树树龄为 120 年，现在材积为 0.6347m³，10 年前材积为 0.4796m³，计算材积生长率。

解：

$$P_V = \frac{V_a - V_{a-n}}{V_a + V_{a-n}} \times \frac{200}{n}\% = \frac{0.6347 - 0.4796}{0.6347 + 0.4796} \times \frac{200}{10}\% \approx 2.8\%$$

普雷斯勒公式适应性较好，是计算生长率的常用公式。将普雷斯勒公式中的材积换为树高、胸径、断面积、形数，即可求得对应调查因子的生长率。

3. 生长率的意义

生长率的意义具体如下。

1）能够预估未来某一间隔期的生长量。用当前的生长率乘以材积得到生长量，可用该生长量预估未来某段时期的生长量。

2）可以比较树木生长能力的强弱。对于不同大小的树木，不能用连年生长量比较其生长的快慢，判断它们生长能力的强弱应用生长率进行比较，生长率大的表明生长势强。

例 11.4 有两株树木，第一株材积为 2.37m³，经测定连年生长量为 0.0292m³；第二株材积为 2.84m³，经测定连年生长量为 0.0325m³，比较它们生长势的强弱。

若用连年生长量绝对值进行比较，则可直接看出第二株树的连年生长量较大，但是由于原有总量不同，须用生长率公式计算比较。

解：

$$P_{V1} = \frac{z_{V1}}{V_1} 100\% = \frac{0.0292}{2.37} \times 100\% \approx 1.23\%$$

$$P_{V2} = \frac{z_{V2}}{V_2}100\% = \frac{0.0325}{2.84} \times 100\% \approx 1.14\%$$

经计算比较，$P_{V1} > P_{V2}$，表明第一株生长能力强，其相对生长速度大于第二株。

4. 各调查因子生长率之间的关系

（1）断面积生长率（P_g）与胸径生长率（P_D）的关系

已知 $g = \frac{\pi}{4}D^2$，其中断面积（g）与胸径（D）均为年龄（t）的函数，等式两边求导

$$\frac{dg}{dt} = \frac{\pi}{4}2D\frac{dD}{dt} \tag{11-8}$$

用 $g = \frac{\pi}{4}D^2$ 同除式（11-8）的两边，得

$$P_g = 2P_D \tag{11-9}$$

由上式可知，断面积生长率等于胸径生长率的两倍。

（2）树高生长率（P_H）与胸径生长率（P_D）的关系

假设树高生长率与胸径生长率之间的关系满足相对生长式：

$$\frac{1}{h(t)}\frac{dh(t)}{dt} = k\frac{1}{D(t)}\frac{dD(t)}{dt} \tag{11-10}$$

则树高与胸径之间可用如下幂函数表示：

$$h = aD^k \tag{11-11}$$

式中，h 为 t 年时的树高；D 为 t 年时的胸径；a 为方程系数；k 为反映树高生长能力的指数，且 $k=0$、1、2。

由上式可得树高生长率与胸径生长率的关系如下：

$$P_h = kP_D \tag{11-12}$$

由此可知，树高生长率近似等于胸径生长率的 k 倍。

1）当 $k \approx 0$ 时，树高趋于停止生长，这一现象多出现在树龄较大的时期，说明树高生长率为零，即 $P_h = 0$。

2）当 $k = 1$ 时，树高生长与胸径生长率成正比。

3）当 $k>1$ 时，树高生长旺盛。树木平均 k 值的大致变化范围为 $0\sim2$。分析结果表明，林分中的平均 k 值与林木生长发育阶段和树冠长度占树干高度的百分数均有关。

（3）材积生长率与胸径生长率、树高生长率及形数生长率之间的关系

依据立木材积公式 $V = ghf$，若把材积的微分作为材积生长量的近似值，则

$$\ln V = \ln g + \ln h + \ln f$$

取偏微分，则有

$$\partial \ln V = \partial \ln g + \partial \ln h + \partial \ln f$$

由此可得

$$\frac{\partial V}{V} = \frac{\partial g}{g} + \frac{\partial h}{h} + \frac{\partial f}{f}$$

即
$$P_V = P_g + P_h + P_f$$
或
$$P_V = 2P_D + P_h + P_f \tag{11-13}$$

现将式（11-12）代入式（11-13）中，且假设在短期内形数变化较小（$P_f \approx 0$），则材积生长率近似等于

$$P_V = (k+2)P_D \tag{11-14}$$

以上推证结果可为通过胸径生长率测定立木材积生长量提供理论依据。

在分析材积生长率时，通常假定形数在短期内不变，实际上形数在变化，其变化规律大致如下：

1）幼龄林、中龄林或树高生长较快时，形数变化较大；成熟林、过熟林或树高生长较慢时，形数变化较小。

2）一般情况下，形数生长率是负值，但是在特殊情况下可能出现正值。

3）调查的间隔期较短时，形数变化较小。

因此，式（11-14）只适用于树木年龄较大和调查间隔期较短时确定材积生长率。

三、树干解析的应用

将树干解析的全部图表加以系统整理、汇集成册，依据各调查因子的生长过程，结合环境因子和森林经营措施，经分析研究作出调查与鉴定。

1）根据材积连年生长量与平均生长量两条曲线相交的时间判定树木的成熟数量；根据生长率的大小，可与其他树种比较树木生长势的强弱。

2）根据大量的树干解析材料，通过综合分析，了解林木的生长过程对立地条件的要求，为达到适地、适树及确定抚育采伐时间、采伐强度和丰产措施提供科学依据。

3）树干解析资料为编制生长过程表、立地指数表提供可靠依据。

4）利用树干解析资料可以建立树木生长模型，为预估林木未来生长提供基础性资料。

5）根据年轮宽窄的变化推测以往的气候情况，验证和补充气象记录的不足；推测林木病虫害、火灾、干旱、洪水的危害年份和危害程度，分析并找出林木生长不正常的原因，以便采取合适的防治措施，恢复和促进林木的正常生长。

■ 任务实施

解析树木生长量

一、工具

每组配备：成套的圆盘，直尺，大头针（直别针），记录板 1 块，记录表格，记号笔，铅笔等。

二、方法与步骤

第1步　查数各圆盘的年轮数

将圆盘工作面刨光，通过髓心划出东西、南北两条直线，然后查数各圆盘的年轮数并确定该树的龄阶位置。方法如下：

1）在0号盘的两条直线上，用大头针由髓心向外按龄阶（5年或10年）查数，标出该树各龄阶的位置，并记录它的总年轮数和断面高（最外侧可能不足一个完整的龄阶）。

2）用大头针在其余圆盘的两条直径线上自外向内标出各龄阶的位置。首先根据0号盘最外侧剩余的年轮数标定该树最外侧的龄阶位置；再由外向髓心按龄阶（5年或10年）查数，标出该树其余各龄阶的位置，并记录它的总年轮数和断面高。例如，32年生的树，以5年为一龄阶，其龄阶划分为32年、30年、25年、20年、15年、10年、5年。

图11-10所示为某解析木的0号圆盘和1号圆盘的龄阶标定示意图。

确定该树各龄阶树干在各圆盘中的位置，用大头针作记号。该项工作必须认真仔细，尤其是在年轮界限不清楚时，更应细心识别。

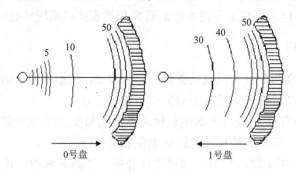

图11-10　圆盘年轮查数

第2步　各龄阶直径的量测

确定龄阶后，由圆盘外侧向内逐一确定龄阶值，用直尺分别在各圆盘的东西和南北两个方向测量各龄阶直径及最后期间的去皮直径和带皮直径，取其平均数作为该圆盘各龄阶直径（精确到0.1cm）。将各龄阶直径填入直径树高生长进程表。解析木各圆盘直径检尺表见表11-4。

表11-4　解析木各圆盘直径检尺表

圆盘号	圆盘高/m 年轮数/个	达该断面高所需年数	直径方向	各龄阶圆盘的检尺径/cm					
				50年		40年	30年	20年	10年
				带皮	去皮				
0	$\dfrac{0}{50}$	0.5	北-南	14.2	13.4	11.0	6.7	2.9	0.9
			西-东	11.6	10.7	9.9	7.4	2.8	1.3
			平均	12.8	12.1	10.5	6.6	2.9	1.1

续表

圆盘号	圆盘高/m 年轮数/个	达该断面高所需年数	直径方向	各龄阶圆盘的检尺径/cm					
				50年		40年	30年	20年	10年
				带皮	去皮				
1	$\dfrac{1.3}{35}$	15.5	北-南 西-东 平均	10.0 9.9 10.0	9.6 9.4 9.5	8.6 8.1 8.4	6.1 5.7 5.9	1.7 1.3 (1.5)	
2	$\dfrac{3.6}{25}$	25.5	北-南 西-东 平均	9.2 9.3 9.3	8.7 8.8 8.8	7.4 7.4 7.4	3.0 3.0 3.0		
3	$\dfrac{5.6}{20}$	30.5	北-南 西-东 平均	7.9 8.1 8.0	7.4 7.7 7.6	5.9 5.8 5.9			
4	$\dfrac{7.6}{17}$	33.5	北-南 西-东 平均	6.2 6.6 6.4	5.9 6.1 6.0	3.3 3.3 3.3			
5	$\dfrac{9.6}{10}$	40.5	北-南 西-东 平均	4.0 4.0 4.0	3.6 3.6 3.6				
6	$\dfrac{10.6}{5}$	45.5	北-南 西-东 平均	2.1 2.1 (2.1)	1.9 1.9 (1.9)				
各龄阶		梢底直径/cm		2.1	1.9	2.0	1.5	2.9	1.1
		梢头长度/m		1.2	1.2	0.86	0.8	2.34	0.82
		树高/m		11.8	11.8	9.46	5.4	2.34	0.82

第3步 各龄阶树高的计算

由于树木年龄与各圆盘的年轮数之差就是树木长至该圆盘断面高所需年数，一般情况下，应用这种方法推算各龄阶的树高可能产生半年的误差，因此通常将所需生长时间加上半年，应用内插方法即可求出各龄阶的树高。

例11.5 查表11-4，树木生长至1.3m高时需要15年，生长至3.6m高时需要25年，求树木20年生时树高是多少？

解：假设树木生长至1.3m高时需要15.5年，生长至3.6m高时需要25.5年，则20年生时树高必在1.3~3.6m之间，按照内插法计算20龄阶的树高为

$$1.3+\frac{3.6-1.3}{25.5-15.5}\times(20-15.5)=2.335(\text{m})$$

另外，用以下方法也可算出 n 年前的树高。1981年，郭永台提出用高径比法来确定 n 年前的树高。虽然树高和胸径的比值随年龄的增加而增加（成正比例），但是在间隔期较短时（1~2个龄阶），该比值可视为常数。

$$\frac{h_{a-n}-1.3}{d_{a-n}}=\frac{h_a-1.3}{d_a}$$

$$h_{a-n} = d_{a-n}\left(\frac{h_a - 1.3}{d_a}\right) + 1.3$$

设

$$c = \frac{h_a - 1.3}{d_a}$$

则

$$h_{a-n} = d_{a-n} c + 1.3 \tag{11-15}$$

式中，h_a、h_{a-n} 分别为现在的树高和 n 年前的树高；d_a、d_{a-n} 分别为现在的去皮胸径和 n 年前的去皮胸径。

第4步　绘制树干纵剖面图

以直径为横坐标，以树高为纵坐标，在各断面高的位置上按照各龄阶直径的大小绘制纵剖面图。纵剖面图的直径与高度的比例要恰当。纵剖面图有助于直观认识树干的生长情况。

树高按照 1∶100，直径按照 1∶5 的比例绘制树干纵剖图，如图 11-11 所示。

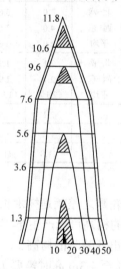

图 11-11　树干纵剖面

第5步　各龄阶树干材积的计算

各龄阶树干的材积仍然按照胡伯尔求积式计算。因此，要确定各龄阶树干的有关参数。

1）各龄阶树干完整的区分段数。它可由树干纵剖面图查数，也可由该龄阶树高根据区分段长计算。

2）各龄阶树干各区分段材积计算。根据该龄阶树干的区分段数，由该龄阶各中央断面圆盘的直径检尺记录，按照胡伯尔求积式求各龄阶树干各区分段材积。

3）各龄阶树干梢头材积计算。

① 梢头底径由树干纵剖面图查得后用内插法计算。

② 梢头长度等于该龄阶树高减去区分段的累计长度。

③ 梢头材积按照圆锥体公式计算。

4）各龄阶树干材积计算。将各龄阶树干区分段材积与其梢头材积累计，即可求得该龄阶树干的材积。将以上计算结果填入树干材积计算表中。示范解析木材积计算表见表11-5。

表11-5 示范解析木材积计算表

区分段号	区分长度/m	各龄阶区分段去皮材积/m³				
		50年	40年	30年	20年	10年
1	2.6	0.0184	0.0144	0.0071		
2	2	0.0122	0.0086	0.0014		
3	2	0.0091	0.0055			
4	2	0.0057	0.0017			
5	2	0.0020				
梢头		0.0002	0.0001	0.0001	0.0005	
合计		0.0476	0.0303	0.0086	0.0005	

第6步 计算各种生长量及材积生长率

将表11-4和表11-5中的胸径、树高和材积按照龄阶分别填入表11-7，作为调查因子的总生长量，分别计算各调查因子各龄阶的平均生长量、连年生长量、材积生长率及形数。

（1）树高生长量测定

伐倒木的全长就是树高总生长量，其被根颈断面上测定的年轮数除所得的商，即为树高平均生长量。

在伐倒木距梢头一定长度处，用手锯截断梢头，使得截面的年轮数恰好等于定期年数，该长度就是定期生长量，若除以定期年数，则所得的商就是定期平均生长量（可以作为连年生长量）。

对于某些针叶树种，如果从梢头向下查数脱落的枝痕，就可以测定其定期生长量，但树龄愈大效果愈差。

（2）直径生长量测定

树木的去皮直径就是直径的总生长量，其被该断面的年轮数除，即可得到直径的平均生长量。量取 $a-n$ 个年轮的直径，被断面直径减，所得的差就是直径的定期生长量。根据公式可以相继求得定期平均生长量和连年生长量。

（3）材积生长量测定

1）伐倒木材积生长量测定。树干解析一般是按照伐倒木区分求积法将伐倒木按2m或1m的长度区分，然后对各区分段的中央断面和该伐倒木的梢底进行标记，根据胡伯尔求积式求出树木带皮材积 V、去皮材积 V_a 和 n 年前的材积 V_{a-n}，去皮材积为总生长量，其他生长量由公式计算得到。计算结果见伐倒木材积生长量测定表（表8-3）。

2）立木材积生长量测定。对于立木，它的材积生长量常通过测定材积生长率计算。

施耐德（Schneider，1853）材积生长率公式为

$$P_V = \frac{K}{nd} \tag{11-16}$$

式中，n 为胸高处外侧1cm半径上的年轮数；d 为现在的去皮胸径，$d=D-2B$，D 为带皮

胸径，B 为胸高处的皮厚；K 为生长系数，其在生长缓慢时为 400，中庸时为 600，旺盛时为 800。

此外业操作简单，测定精度又与其他方法大致相近，目前仍是确定立木材积生长量最常用的方法。

施耐德材积生长率以现在的胸径及胸径生长量为依据，在林木生长迟缓、中庸和旺盛 3 种情况下，分别取表示树高生长能力的指数 k 等于 0、1 和 2，得到如下公式：

$$P_V = (k+2)P_d \tag{11-17}$$

据此，对施耐德材积生长率公式进行如下推导：

按照生长率的定义，胸径生长率为

$$P_d = \frac{Z_d}{d} \times 100 \tag{11-18}$$

n 是胸高外侧 1cm 半径上的年轮数，据此，一个年轮的宽度为 $1/n$ cm，它等于胸高半径的年生长量。因此，胸径最近一年间的生长量为

$$Z_d = \frac{2}{n} \tag{11-19}$$

由此可知，$d - 2/n$ 为一年前的胸径值；$d + 2/n$ 为一年后的胸径值。

若取一年前和一年后两个胸径值的平均数作为计算胸径生长率的基础时，则有

$$P_d = \frac{\dfrac{2}{n}}{\dfrac{1}{2}\left[\left(d - \dfrac{2}{n}\right) + \left(d + \dfrac{2}{n}\right)\right]} \times 100 = \frac{200}{nd} \tag{11-20}$$

若将上式代入 $P_V = (k+2)P_d$ 中，则不同生长情况下的材积生长率公式如下：

生长迟缓时，

$$P_V = \frac{400}{nd}, \quad k = 0$$

生长中庸时，

$$P_V = \frac{600}{nd}, \quad k = 1$$

生长旺盛时，

$$P_V = \frac{800}{nd}, \quad k = 2$$

例 11.6 一株生长旺盛的落叶松，经测定树冠长度占树高的百分比为 67%，带皮胸径为 32.2cm，胸高处皮厚为 1.3cm，胸高外侧 1cm 的年轮数为 9 个，树木测定材积为 1.094m^3，用施耐德材积生长率公式计算材积生长率和生长量。

解：经查表 11-6，得 $K = 730$。

材积生长率：

$$P_V = \frac{K}{nd} = \frac{730}{9 \times (32.2 - 2 \times 1.3)} \approx 2.74\%$$

材积生长量：

$$Z_V = 2.74\% \times 1.094 = 0.02998\,(\text{m}^3)$$

表 11-6 K 值表

树冠长度占树高的百分比/%	树高生长					
	停止	迟缓	中等	良好	优良	旺盛
>50	400	470	530	600	670	730
25~50	400	500	570	630	700	770
<25	400	530	600	670	730	800

将解析木各龄阶的树高、胸径、材积的各种生长量填入表 11-7，进行汇总，以便绘制树木生长曲线。

表 11-7 示范解析木各调查因子生长过程计算汇总表

龄阶	胸径			树高			材积			材积生长率/%
	总生长量/cm	总平均生长量/cm	连年生长量/cm	总生长量/m	总平均生长量/m	连年生长量/m	总生长量/m³	总平均生长量/m³	连年生长量/m³	
10				0.8	0.08	0.16			0.00005	20.0
20	1.5	0.08	0.15	2.4	0.12	0.32	0.0005	0.00003	0.00081	17.8
30	5.9	0.20	0.44	5.6	0.19	0.40	0.0086	0.00029	0.00217	11.2
40	8.4	0.21	0.25	9.6	0.24	0.22	0.0303	0.00076	0.00173	4.4
50	9.5	0.19	0.11	11.8	0.24		0.0476	0.00095		

以上所述是经典树干解析，即严格按照等区分段长、等龄阶的树干解析。近年来，树干解析向不等区分段长、不等龄阶的方向发展，称为广义的树干解析。

第 7 步 绘制各种生长曲线图

利用生长过程总表计算出的数据，绘制各种生长过程曲线，材积连年生长量和平均生长量关系曲线，以及材积生长率曲线。但是在绘制连年生长量和平均生长量关系曲线时，连年生长量是由定期平均生长量替代的，故应以定期中点的年龄为横坐标定点制图。

用横坐标表示年龄，用纵坐标表示直径、树高、材积、形数等调查因子的生长量，确定合适的比例尺，根据各调查因子生长过程计算汇总表的数据，分别点绘连年生长量和平均生长量曲线图，并用折线连接，不必修匀。树干总生长量曲线、平均生长量曲线、连年生长量曲线，分别如图 11-12（a）～（c）所示。这些曲线是根据示范解析木各调查因子生长过程计算汇总表（表 11-7）的数据绘制而成的。

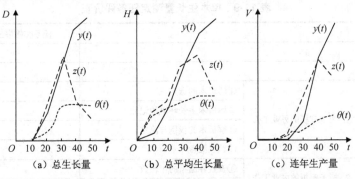

图 11-12 树干生长曲线图

三、数据记录

计算胸径、树高、材积等调查因子的生长量,并将计算结果记入表 11-8。

表 11-8 各调查因子生长过程计算表

龄阶	胸径			树高			材积			材积生长率/%	形数
	总生长量/cm	总平均生长量/cm	连年生长量/cm	总生长量/m	总平均生长量/m	连年生长量/m	总生长量/m³	总平均生长量/m³	连年生长量/m³		

四、注意事项

1)测量直径要准确,并检查测量值是否正常。
2)梢头长度及梢底直径计算要准确。
3)准确判断哪些直径不是区分段的中央直径。

■任务评价

1)主要知识点及内容如下。
① 树木生长量:树木生长量种类、各种生长量计算方法。
② 生长率:生长率的意义;各调查因子生长率之间的关系。
③ 树木年龄:树木年龄的概念;树木年龄的确定方法。
④ 树干解析外业任务:解析木的选定;解析木生长环境的记载。
⑤ 树干解析内业工作:查数各圆盘的年轮数;各龄阶直径的测量;各龄阶树高的计算;绘制树干纵剖面图;各龄阶树干材积的计算;计算各种生长量及材积生长率;绘制各种生长曲线图。
⑥ 树干解析的应用。

2)对任务实施过程中出现的问题进行讨论,并完成单木生长量测定任务评价表(表 11-9)。

表 11-9 单木生长量测定任务评价表

任务程序			任务实施中应注意的问题
人员组织			
材料准备			
实施步骤	1. 树干解析的外业工作	①解析木的选定	
		②解析木生长环境的记载	
		③解析木的伐倒与测定	
		④截取圆盘	
	2. 树干解析的内业工作	①查数各圆盘的年轮数	
		②各龄阶直径的测量	

任务程序			任务实施中应注意的问题
人员组织			
材料准备			
实施步骤	2. 树干解析的内业工作	③各龄阶树高的计算	
		④绘制树干纵剖面图	
		⑤各龄阶树干材积的计算	
		⑥计算各种生长量及材积生长率	
		⑦绘制各种生长曲线图	

▌拓展知识

一、超声波树木测高测距仪

Vertex IV 超声波树木测高测距仪是野外进行高度、距离和水平距离精确测量的理想仪器，测量结果精确、可靠，已成为世界上野外测量工作的标准型仪器。其超声测量系统和红色十字瞄准器可以保证在密集的丛林中和复杂的环境下获得精确的测量结果，可在 30m 内任意距离测量单个目标高度，并可记录该目标的 6 个不同高度。超声波树木测高测距仪具有显示高度、距离和角度，公制、英制单位显示，坚固的铝外壳，支持蓝牙通信，耗电量低的特点，广泛应用于林木资源调查、优良树木品种定位等工作。

超声波树木测高测距仪采用超声波原理，频率为 25kHz，使用异频雷达发射器定位，仪表超声测量，可以自动计算出所测物体的高度、距离、倾角等参量。

仪器主要参数如下。

1）测高范围：0～999m，测高误差为 0.1m。

2）坡度测量范围：−55°～+85°，测量精度为 0.1°。

3）测距范围：40m，测距误差为 0.01m。

4）操作温度：−15℃～+45℃。

二、树轮年代学及其发展现状简介

树轮年代学（dendrochronology），也叫树轮定年（tree-ring dating），是对树木年轮年代序列的研究，科学的树轮年代学是美国的天文学者道格拉斯（Douglass）于 20 世纪初研究建立起来的。

树轮年代学这门学科的出现，开辟了一个研究古环境的新领域，它在古气候研究及林业研究方面发挥了极大作用。树木年轮具有定年准确、连续性强、分辨率高和易于复本等特点，使其成为时间尺度较短（几百年到千年尺度）的气候代用资料，为气候模式研究及古环境研究提供参考。对树木的高生长及径向生长、树木细胞结构的研究，有利于推动树木生长量及优势树种的研究工作，为环境绿化作出贡献。

树木年轮记录了大自然千变万化的痕迹，是极珍贵的科学资料，它涵盖了很多方面的信息。

在历史学上，常用年轮推算某些历史事件发生的具体年代。例如，在浩瀚的大海里有历代沉没的大小船只，根据木船的花纹（年轮）可以确定造船的树种；根据材质腐蚀状况可以确定木船遇难的时代，以及与该时代有关的某些历史事件。

在气象学上，可以通过年轮的宽窄了解各年的气候状况，利用年轮上反映的信息可以推测出几千年来的气候变迁情况。若年轮较宽，则表示那年光照充足，风调雨顺；若年轮较窄，则表示那年温度低、雨量少，气候恶劣。如果某地气候优劣具有一定的周期性，在年轮上就会出现相应的宽窄周期性变化。

在环境科学方面，年轮可以帮助人们了解污染的历史。德国科学家利用光谱法对费兰肯等3个地区的树木年轮进行研究，掌握了近120~160年间这些地区铅、锌、锰等金属元素的污染情况，通过对不同时期的污染程度进行对比，找到了环境污染的主要原因。

在森林资源调查中，依据年轮的宽窄来了解林木过去几年的生长情况，预测林木未来的生长动态，为制定林业规划、确定合理采伐量、采取不同的经营措施提供科学依据。

自 测 题

一、名词解释

1. 树干横断面 2. 干曲线 3. 胸高直径 4. 胸高形数 5. 伐倒木 6. 形率
7. 树木生长量 8. 树木年龄 9. 伪年轮 10. 总生长量 11. 定期生长量
12. 连年生长量 13. 总平均生长量

二、填空题

1. 形率的变化规律与形数类似，即随着树高和胸径的增大而逐渐_____。
2. 假设树干的中心有一条纵轴线，与树干纵轴线垂直的横切面叫作树干的_____。
3. 上部直径一般是指_____以上不易直接测量的任意部位的直径。
4. 沿树干干轴纵向剖开，即得树干纵剖面。其外缘形成近似对称的曲线，叫作_____。
5. 在同一株树干上，当用区分求积式时，区分段数愈多，精度愈高。据研究，区分段个数一般以不少于_____段为宜。
6. 轮尺的测尺上通常有两种刻划方法，_____和_____。
7. 若以 2cm 为一个径阶，则 1~2.9cm 属于_____ cm 径阶，3~4.9cm 属于_____ cm 径阶。
8. 薪材段形状越规整、越短、越粗，堆积越紧密，实积系数越_____。
9. 立木树干材积三要素是指_____、_____和_____。
10. 林业上曾设计多种测高器，按其设计原理可分为_____和_____两大类。
11. 用布鲁莱斯测高器在各种位置测高时，以指针在度盘 0 的位置为准，遵循"同侧_____，异测_____"的读数规则。
12. 树木年轮的形成是_____受外界季节变化影响而产生周期性生长的结果。
13. 影响树木生长的因子主要有树种的_____、_____、_____和_____。
14. 树木的生长量按照调查因子可分为_____、_____、_____、_____。
15. 树木生长随着季节的变化，其树皮、木材结构和颜色逐渐变化，因而有_____和_____之分。

三、选择题

1. 枝干的形状有通直、弯曲、尖削、饱满之分。就一株树来说，树干各部位的形状（ ）。
   A. 不一样   B. 一样   C. 都是饱满的   D. 都是尖削的
2. 树干可以看成是由 4 种几何体组成的。这 4 种几何体在树干上的相对位置

(　　)。
  A. 一致   B. 不一致 C. 不发生变化 D. 有明显界限

3. 4种几何体在树干上所占比例，以（　　）和（　　）占全树干的绝大部分。
  A. 抛物线体 B. 圆柱体 C. 圆锥体 D. 凹曲线体

4. 径阶组距大多采用2cm或4cm，确定它们的径阶范围通常采用（　　）法。
  A. 上限排外 B. 下限排外 C. 内插

5. 长度相同、底直径相同的树干，削度小的，干形（　　）。
  A. 较尖削 B. 较完满 C. 变化大

6. 形数与形率的常差关系是（　　）。
  A. $f = q_2^2 - C$ B. $q_2^2 = f - C$ C. $f = q_2^2 + C$

7. 最常用的形率是（　　）。
  A. q_0 B. q_1 C. q_2 D. q_3

8. 成年人胸高位置处的直径称为胸高直径，胸径的具体高度为（　　）m。
  A. 1.3 B. 1.2 C. 1.25

9. 在坡地上测定胸径时，观测者所处位置应为（　　）。
  A. 坡下 B. 坡上 C. 平坡处

10. 以胸高横断面作为比较圆柱体横断面，以树高为高的形数叫作（　　）。
  A. 正形数 B. 绝对形数 C. 实验形数 D. 胸高形数

11. 实验形数是（　　）提出的一种立木干形指标。
  A. 希费尔 B. 普莱斯勒 C. 林昌庚

12. 为了解林木的一般生长状况，解析木应选取（　　）。
  A. 优势木 B. 平均木 C. 主林木

13. 立木各调查因子的生长率，特别是材积生长率很难直接测定，通常根据（　　）生长率间接推出。
  A. 直径和断面积 B. 形数和形高 C. 胸径及树高

14. 假设测得一株杉木20年生时材积为0.0763m³，25年生时材积为0.1104m³，按照普莱斯勒公式算得材积生长率为（　　）。
  A. 7.7% B. 7.3% C. 75%

15. 生长量按照表示方法分为绝对生长量和（　　）。
  A. 相对生长量 B. 平均生长量 C. 现实生长量

16. 某解析木树高为11.29m，用2m区分段区分，则梢头长度是（　　）m。
  A. 1.29 B. 0.69 C. 0.29 D. 1.69

四、判断题

1. 树干横断面积通常采用圆面积公式计算，当测定树干株数较多时，其平均误差不超过3%。（　　）

2. 在同一树干上，4种几何体是逐渐变化的，没有明显的界线。（　　）

3. 轮尺两脚的长度均应大于测尺长的一半。（　　）

4. 当用径阶刻划轮尺测定树木直径时,距滑动脚内侧最近的刻划数字即为被测树木的径阶值。 (　　)

5. 用布鲁莱斯测高器在平地测高时,仰视树顶读数即为树高。 (　　)

6. 克里斯登测高器的主要优点是:无须测量观测者与视测树木间的距离,就可一次测出全树高。 (　　)

7. 上部直径可用望远测树仪进行间接测定。 (　　)

8. 形数随胸径的增大而增大。 (　　)

9. 轮尺的两脚长度均应大于测尺最大刻度的一半。 (　　)

10 伐倒木根颈处的年轮数与树干某断面的年轮数之差,就是生长到该断面高所需年数。 (　　)

11. 测定根颈处及树高 1/2 处、1/4 处、3/4 处的直径,可用于计算生长率。
 (　　)

12. 在树干解析中,龄阶大小依据树木的生长能力强弱而定。 (　　)

13. 有一株解析木长为 16.2m,按照 2m 区分段区分时,8 号圆盘的位置应该距根颈处 15.6m。 (　　)

五、简答题

1. 使用布鲁莱斯测高器测定树高的方法。
2. 确定树木年龄的方法有哪些?
3. 伪年轮的主要特征有哪些?
4. 解析木所在地情况需要记载哪些信息?

六、计算题

1. 测得树高为 27.9m,胸径为 35.3cm(相应断面积为 0.097 87m^2),中央直径为 22.8cm,用形率法计算树干材积。

2. 树木生长至 1.3m 高时需要 15.5 年,生长至 3.6m 高时需要 25.5 年,求树木 23 年生时树高是多少?

3. 有两株树木,第一株材积为 2.43m^3,经测定其连年生长量为 0.0294m^3;第二株材积为 2.88m^3,经测定其连年生长量为 0.0355m^3,比较它们生长势的强弱。

模块三 林分调查

情境描述

某市林业和草原主管部门开展森林督查暨森林资源管理"一张图"年度更新工作,要求全面掌握森林资源动态变化情况,及时发现并查处破坏森林资源违法违规问题。专业技术人员在外业核查工作中,面对林分内生长着的许多大小不同、高矮不一的树木,该从何处入手呢?是按照单株树木测定方法逐株测定后再汇总,还是有更高效、更科学的调查方法呢?样地调查法和角规测树法是常用的林分调查因子测定方法,具有高效、精确的特点,为森林资源清查、林业科学研究等工作奠定了基础。本模块内容包括林分结构规律、林分调查因子测定、林分蓄积量测定、标准地调查、角规测树、林分生长量测定等,以及林分多资源调查的方法和内容。

任务 12　林分结构规律及调查因子测定

任务描述

不同类型的林分具有不同的结构规律，其中较简单的当属同龄纯林。研究林分的结构规律有利于森林经营措施的制定与评价，以及森林资源的调整与优化。林分调查因子是林分特征的具体体现。测定林分调查因子，不仅能对森林资源进行质量和数量方面的监测和评价，还有利于各级林草部门进一步调整政策方针和经营措施。本任务主要介绍森林调查和森林经营中常用的林分调查因子的测定。

知识目标

1. 了解林分概念、林分直径结构规律、林分树高结构规律。
2. 掌握林分起源、林分年龄、林相、树种组成、平均胸径、平均高、立地质量、林分密度、林分蓄积量和出材级的测定方法。

技能目标

1. 学会林分主要调查因子的测定方法。
2. 能用标准木法、标准表法、立木材积表法、实验形数法测算林分蓄积量。

思政目标

1. 培养学生爱林、护林的生态文明观。
2. 培养学生整合知识和运用知识的能力。

知识准备

一、同龄纯林胸径及树高的分布规律

林分内的树木并不是杂乱无章地生长，不论是天然林还是人工林，在未遭受严重干扰（自然因素的破坏及人工采伐等）的情况下，林分内部许多特征因子都具有一定的分布状态，而且表现出较为稳定的结构规律。在林分结构中，以同龄纯林的结构规律为基础，复层异龄混交林的结构规律与之相比要复杂得多。本小节着重介绍同龄纯林中林木株数按胸径、树高分布的规律。

1. 同龄纯林胸径结构规律

胸径结构是林分的基本结构。在同龄纯林中，由于遗传特性和所处的具体立地条件等的不同，各株林木之间在大小、形状等各方面都会产生某些差异。当林木株数达到一定数量（200 株左右）时，这些差异通常会遵循一定的规律。

1）中等大小的林木占多数，且向两端（最粗、最细）逐渐减小。株数分布序列表见表12-1。按株数直径分布序列可绘成株数分布曲线，它具有近似正态分布的特征，如图12-1所示。

表12-1 株数分布序列表

径阶/cm	株数	株数/%	累计/%
8	2	0.93	0.93
12	16	7.44	8.37
16	36	16.74	25.11
20	58	26.98	52.09
24	50	23.26	75.35
28	31	14.42	89.77
32	18	8.37	98.14
36	4	1.86	100
合计	215	100	—

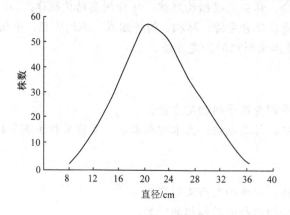

图12-1 株数分布曲线

2）林分中小于平均直径的林木株数占总数的55%～64%，一般近于60%。

3）直径的变动幅度。若林分平均直径为1.0，则林分中的最粗林木直径一般为林分平均直径的1.7～1.8倍，最细林木直径一般为林分平均直径的2/5～1/2。幼龄林林分直径的变幅一般略大些，老龄林林分直径的变幅一般略小些。

根据胸径结构规律可以判断林分是否经过强度择伐，可以检查调查结果是否具有明显的可作为确定起测径阶和目测林分平均直径的依据。

例12.1 若林木最小径阶是平均胸径的2/5，最大径阶是平均胸径的1.7倍，目测调查林分的最大胸径为35cm，则有

$$平均胸径=35 \div 1.7 \approx 21（cm）$$
$$起测径阶=21 \times 0.4 \approx 8（cm）$$

因此，当以2cm为一径阶时，小于7cm的林木可视为幼树，不属于检尺范围。

2. 同龄纯林树高结构规律

在林分中，不同树高的林木分配状态称为林分树高结构，又称林分树高分布。为了全面反映林分树高结构规律及树高随胸径变化的规律，可将林木株数按树高、胸径两个因子分组归纳列成树高-胸径相关表（表12-2）。

表12-2 树高-胸径相关表

树高/m	径阶株数											总计
	16cm	20cm	24cm	28cm	32cm	36cm	40cm	44cm	48cm	52cm	56cm	
29								1	1			2
28				1	2	4	3	6	2	1	1	20
27				1	8	12	16	8	4	2	1	52
26				7	20	20	21	12	3	1		84
25			4	14	22	24	11	3	1			79
24		1	7	19	21	15	2	1	1			67
23		2	12	14	12	3	2					45
22		4	10	10	3	1						28
21		6	7	3								16
20		4	2									6
19	3	2	1									6
18	1	1										2
17	1											1
合计	5	20	43	69	88	79	55	31	12	4	2	408
平均高/m	18.6	21.2	23.0	24.4	25.2	25.7	26.2	26.8	27.0	27.4	27.8	24.8

由此表可以看出树高有以下变化规律：

1）树高随直径的增大而增高。

2）在每个径阶范围内，接近径阶平均高的林木株数最多，较高和较矮的林木株数渐少，近似于正态分布。

3）在全林分内，株数最多的树高接近于该林分的平均高。

4）树高具有一定的变化幅度。若林分的平均高为 1.0m，则林分中最大树高约为平均高的 1.15 倍，最小树高约为平均高的 68%。

根据树高结构规律，可以辅助目测和检查林分平均高。例如，在同龄纯林中，若测得林木最大平均树高为 20m，则林分的平均高为 20÷1.15 ≈ 17m。

二、林分调查因子

为了将大片森林划分为林分，必须依据一些能够客观反映林分特征的因子，这些因子称为林分调查因子。只有通过林分调查，才能掌握其调查因子的质量和数量特征。林分调查和森林经营中常用的林分调查因子有林分起源、林相（又称林层）、树种组成、林分年龄、林分密度、立地质量、林木的大小（直径、树高）、数量（蓄积量）和质量（出材量）等。当这些因子的差别达到一定程度时，就可视为不同的林分。根据森林经营集约程度的不同和林分调查的具体要求，划分林分的具体标准常有不同的规定。

1. 林分起源

林分起源是描述林分中乔木发育来源的标志，是分析林分生长和确定林分经营技术措施的依据之一。

根据林分起源，林分可分为天然林和人工林。由于自然媒介的作用，树木种子落在林地上发芽生根长成树木而形成的林分称作天然林；由人工直播造林、植苗或插条等造林方式形成的林分称作人工林。

无论天然林或人工林，凡是由种子起源的林分称为实生林。当原有林木被采伐或自然灾害（火烧、病虫害、风害等）破坏后，有些树种由根株上萌发或由根蘖形成的林分，称作萌生林或萌芽林。萌生林大多数为阔叶树种，如白桦、山杨、栎类等；少数针叶树种，也能形成萌生林，如杉木。

起源不同的林木其生长过程也不同。萌生林在早期生长较快，其衰老也早，病腐率（主要是指心腐）较高，材质差，采伐年龄一般也比实生林小。对于同一树种而起源不同的林分，不仅采取的经营措施不同，而且在营林中所使用的数表（材积表、地位级表、标准林分表等）也不相同。因此，林分起源是一个不可缺少的调查因子。

2. 林相（林层）

林分中乔木树种的树冠所形成的垂直层次称作林相，又称林层。只有一个明显树冠层的林分称作单层林分；乔木树冠形成两个或两个以上明显树冠层次的林分称作复层林分。在复层林分中，蓄积量最大、经济价值最高的林层称为主林层，其余为次林层，林层的序号通常从上往下用罗马数字Ⅰ、Ⅱ、Ⅲ……等表示。

将林分划分林层，不仅有利于经营管理，而且有利于林分调查、研究林分特征及其变化规律。我国规定划分林层的标准如下：

1）次林层平均高与主林层平均高相差 20%以上（以主林层为 100%）。
2）各林层林木平均蓄积量大于 $30m^3/hm^2$。
3）各林层林木平均直径在 8cm 以上。
4）主林层林木郁闭度大于 0.3，次林层林木郁闭度大于 0.2。

必须满足以上 4 个条件才能划分林层。

实际调查时，划分林层的主要依据是各树种或各"世代"的平均高，当主林层与次林层的平均高相差 20%以上时，再考虑其他 3 个划分林层条件，最后按照上述条件决定其是否为复层林分。次林层的平均高不足主林层的 50%的林木都视作幼树，不单独划分林层，只记载幼树的更新情况。

当林分调查时，应当根据林分特点和经营上的要求因地制宜地划分林层。在林相残破、树种繁多及林木树冠呈垂直郁闭的林分中，硬性划分林层是无实际意义的。

3. 树种组成

树种组成是指组成林分树种的成分。树种组成是说明在同一林层内组成树种的名称、年龄及各组成树种蓄积量在林层总蓄积量中所占比重大小的调查因子。

由一个树种组成的林分称为纯林,由两个或两个以上的树种组成的林分称为混交林。在混交林中,蓄积量中所占比重最大的树种称为优势树种;在某种立地条件下最符合经营目的的树种称为主要树种(目的树种)。

4. 林分年龄

林分年龄(A)通常指林分内林木的平均年龄。它代表林分所处的生长发育阶段。

由于林木生长及经营周期较长,确定林木准确年龄又很困难,因此林分年龄往往不是以年为单位,而是以龄级为单位表示。龄级就是按照一定的年龄间隔(年龄范围、龄级期限)划分的年龄等级。龄级期是根据树木生长的快慢、栽培技术和调查统计的方便程度确定的,不同树种的龄级期不同。通常情况下,慢生树种以 20 年为一个龄级,如云杉、冷杉、落叶松、红松等;生长速度中等的树种以 10 年为一个龄级,如落叶松、栎类等;有些速生树种以 5 年为一个龄级,如杨树类等;有些速生树种以 1～3 年为一个龄级,如桉树、泡桐等。龄级用罗马字Ⅰ、Ⅱ、Ⅲ、Ⅳ……表示。

林木年龄完全相同的林分称为绝对同龄林;林木年龄变化在一个龄级范围内的林分称为相对同龄林;变化幅度超过一个龄级或一个"世代"的林分称为异龄林。

为了便于经营活动的开展和满足规划设计的需要,常按各树种的轮伐期把龄级归并为龄组,即幼龄林、中龄林、近熟林、成熟林和过熟林。通常把达到轮伐期的那一个龄级和高一个龄级的林分叫作成熟林;把龄级更高的林分称为过熟林;把比轮伐期低一个龄级的林分称为近熟林。对于其他龄级更低的林分,若龄级数为偶数,则一半为幼龄林,一半为中龄林;若龄级数为奇数,则幼龄林比中龄林多分配一个龄级。《森林资源规划设计调查技术规程》(GB/T 26424—2010)关于龄级与龄组的划分见表 12-3。

表 12-3 我国主要树种龄级与龄组划分表 单位:年

树种	起源	龄组划分					龄级期限
		幼龄林	中龄林	近熟林	成熟林	过熟林	
红松、云杉、柏木等	天然	60 以下	61～100	101～120	121～160	161 以上	20
	人工	40 以下	41～60	61～80	81～120	121 以上	20
落叶松、冷杉、樟子松、赤松、黑松等	天然	40 以下	41～80	81～100	101～140	141 以上	20
	人工	20 以下	21～30	31～40	41～60	61 以上	10
油松、马尾松、华山松等	天然	30 以下	31～50	51～60	61～80	81～120	10
	人工	20 以下	21～30	31～40	41～60	61 以上	10
杨树、柳树等	人工	10 以下	11～15	16～20	21～30	31 以上	5
桦树、榆树等	天然	30 以下	31～50	51～60	61～80	81～120	10
	人工	20 以下	21～30	31～40	41～60	61 以上	10
柞树、水曲柳、胡桃楸、黄菠萝、硬阔类等	天然	40 以下	41～60	61～80	80～120	121 以上	20
	人工	20 以下	21～40	41～50	51～70	71 以上	10

5. 平均直径

林分平均胸高断面积（$\bar{g}$）是反映林分林木粗度的指标，为了便于直观地表达，常以林分平均胸高断面积（$\bar{g}$）所对应的直径$\bar{D}$为林分平均直径，是反映林分林木粗度的基本指标，是反映各树种林木特征的主要调查因子。

6. 平均高

平均高是反映林分高度平均水平的基本指标。因调查对象和要求不同，平均高又分为林分平均高和优势木平均高。

（1）林分平均高（$\bar{H}$）

林分平均高通常以具有平均直径的林木的高度作为平均高。

（2）优势木平均高（H_T）

优势木平均高又称上层木平均高，简称优势高。它是指林分林木分级法中所有Ⅰ级木（优势木）和Ⅱ级木（亚优势木）的算术平均高。实践中，常在标准地内选择测量一些较粗大的优势木和亚优势木的胸径和树高，以树高的算术平均值作为优势木平均高。

优势木平均高常用于鉴定立地质量和进行不同立地质量下的林分生长的对比。林分平均高受抚育措施（下层抚育）影响较大，不能正确地反映林分生长和立地质量。例如，林分在抚育采伐前后，立地质量没有任何变化，但林分平均高却会有明显变化（表12-4）。

表12-4　抚育采伐前后主要调查因子的变化

项目	Ⅰ			Ⅱ		
	伐前	伐后	伐后/伐前	伐前	伐后	伐后/伐前
平均直径/cm	7.5	8.6	1.15	6.6	7.3	1.11
平均高/m	5.5	5.7	1.04	4.1	4.5	1.10
优势木平均高/m	5.9	5.9	1.00	4.8	4.8	1.00
采伐强度/%		50			23	
采伐上层木株数		4				

这种"增长"现象称为"非生长性增长"。若采用优势木平均高，则可避免这种现象的发生。

7. 立地质量指标

立地质量（地位质量）是对影响林地生产潜力高低的所有生态环境因子（含气候、土壤和生物）进行综合评价的一种量化指标。多年的实践分析证明，林地生产力的高低与林分平均高之间有着密切关系，在相同年龄时，林分高越高，林地的立地条件越好，林地的生产力越高。由于林分平均高反映立地条件灵敏，测定也较为容易，与平均直径及蓄积量相比，受林分密度影响较小，因此以既定年龄时林分平均高作为评定立地质量高低的依据被各国普遍采用。

在我国，常用的评定立地质量的指标有以下两种。

(1) 地位级

依据林分平均高（$\overline{H}$）与林分年龄（A）的关系编制成的表，称作地位级。表中将同一树种的林地生产力按照林分平均高的变动幅度划分为 5～7 级，以罗马数字Ⅰ、Ⅱ……顺序编号，依次表示林地生产力的高低。在使用地位级表评定林地的地位质量时，先测定林分平均高（$\overline{H}$）和林分年龄（A），由地位级表中即可查出该林地的地位级。若是复层混交林，则应根据主林层的优势树种确定地位级。

(2) 地位指数

依据林分优势木平均高（H_T）与林分年龄（A）的相关关系，用标准年龄时的林分优势木平均高的绝对值作为划分林地生产力等级的数表，称为地位指数表。用此表中的数据绘制的曲线称作地位指数曲线。地位指数实质上是林分在"标准年龄"（"基准年龄"）时的优势木平均高。采用地位指数评定林分地位质量，实际上就是不同的林分都以在标准年龄（A_0）时的优势木平均高作为比较林地生产力的依据。在使用地位指数时，先测定林分优势木平均高和年龄，由地位指数表中即可查得该林分林地的地位指数级。地位指数越大，立地质量越好，林分生产力也越高。

通过两种立地质量指标的比较，可以发现地位指数表有以下优点：

1）受林分密度和抚育措施的影响较小，能够较为确切地反映林地生产力的差别。

2）地位指数直接用标准年龄时的树高值表示，这既能对林木的生长状况有一个具体的数量概念，也便于不同树种之间的比较。

3）使用较为方便，上层木平均高的测定比林分平均高的测定更容易。

8. 林分密度指标

林分密度是说明林分中林木对其所占空间利用程度的指标，是影响林分生长和木材产量的可人为控制的因子。通过对疏密程度的人为调整，林分在整个生长过程中保持最佳密度，促进林木生长，提高木材质量，也使林分达到预期的培育目的。能够用来反映林分密度常用的指标有株数密度、郁闭度、疏密度。

(1) 株数密度

单位面积上的林木株数称为株数密度，简称密度。它直接反映每株林木平均占有面积的大小。例如，假设每公顷有林木 2000 株，则平均每株占地 $5.0m^2$。这是造林和抚育工作中常用来评定林分疏密程度的指标。

(2) 郁闭度（P_c）

林冠的投影面积与林地面积之比称为郁闭度，它可以反映林冠的郁闭程度和林木利用生活空间的程度。

(3) 疏密度（P）

林分每公顷总胸高断面积或蓄积量与相同条件下标准林分每公顷胸高断面积或蓄积量之比称为疏密度。它是反映林木利用营养空间程度的指标，也是我国森林调查中常用的林分密度指标。

标准林分应当理解为"某一树种在一定年龄、一定立地条件下最完善和最大限度地利用了所占空间的林分"。这样的林分疏密度等于 1.0。载有标准林分每公顷总断面积和蓄积量依林分平均高而变化的数表称为"每公顷断面积蓄积量标准表"，简称标准表。

9. 出材率

经济材出材率等级是根据经济材材积占林分总蓄积量的百分比确定的。在实际工作中，常常依据林分内用材株数占林分总株数的百分比确定出材率等级。我国采用的出材率等级划分标准见表 12-5。

表 12-5　林分出材率等级划分标准

出材率等级	林分出材率			商品用材树比率		
	针叶林	针阔混	阔叶林	针叶林	针阔混	阔叶林
1	>70%	>60%	>50%	>90%	>80%	>70%
2	50%～69%	40%～59%	30%～49%	70%～89%	60%～79%	45%～69%
3	<50%	<40%	<30%	<70%	<60%	<45%

用材部分占全树高 40%以上的为商品用材树；用材部分长度在 2m（针叶树）或 1m（阔叶树）以上，但不足全树高的 40%的为半商品用材树；用材部分在 2m（针叶树）或 1m（阔叶树）以下的为薪材树。在计算林分经济材出材级时，两株半用材树可折算为一株用材树。

▍任务实施

测定林分调查因子

一、工具

每组配备：皮尺，围尺，测高器，测绳，标杆，记录板，记录表格，粉笔，记号笔，铅笔等。

二、方法与步骤

在了解林分结构规律的基础上，利用标准地调查材料对各项调查因子进行调查计算。若调查员具有丰富的经验，则可凭目测能力并配合使用一些辅助工具和调查用表，对一些调查因子进行调查计算。

第 1 步　测定平均直径

（1）典型抽样法

在实际工作中，为了快速测定林分平均直径，在调查点上环顾四周的林木，目测选出大体接近中等大小的林木 3～5 株，测定其胸径，并以其算术平均值作为林分的平均直径：

$$\overline{D} = \frac{\sum_{i=1}^{n} d_i}{n} \tag{12-1}$$

式中，$\overline{D}$ 为平均直径；d_i 为第 i 株林木的胸径；n 为测径株数。

（2）转换系数推算法

根据同龄纯林胸径结构规律，利用最粗林木胸径（D_{max}）、最细林木胸径（D_{min}）

与平均直径($\overline{D}$)的关系,测量林分中最粗林木和最细林木的胸径,并据此近似地求出林分平均直径,作为目测平均直径的一个辅助手段。即

$$\overline{D} = \frac{D_{max}}{1.7} \text{ 或 } \overline{D} = \frac{D_{min}}{0.4} \tag{12-2}$$

(3) 平均断面积法(断面积加权平均法)

平均断面积法是根据直径与断面积的关系,由平均断面积计算平均直径的方法。此法较为精确,在生产和科研工作中应用广泛。

1)根据标准地每木调查材料,按下式统计各径阶的株数(n_i)和总株数 N:

$$N = \sum_{i=1}^{k} n_i \tag{12-3}$$

2)按下式计算各径阶断面积合计 G_i:

$$G_i = g_i n_i \tag{12-4}$$

式中,g_i 为第 i 径阶中值的断面积;n_i 为第 i 径阶林木株数。

3)按下式计算总断面积 G:

$$G = \sum_{i=1}^{k} G_i = \sum_{i=1}^{k} g_i n_i \tag{12-5}$$

4)按下式计算平均断面积 $\overline{g}$:

$$\overline{g} = \frac{G}{N} = \sum_{i=1}^{k} g_i \frac{n_i}{N} \tag{12-6}$$

5)按下式计算平均直径 $\overline{D}$:

$$\overline{D} = \sqrt{\frac{4}{\pi} \overline{g}} = 1.1284 \sqrt{\overline{g}} \tag{12-7}$$

上述直径和断面积的换算可以直接从直径-圆面积表或圆面积合计表中查出,不必用公式计算。此外,平均直径也可按下式直接计算:

$$\overline{D} = \sqrt{\frac{\sum n_i d_i^2}{\sum n_i}} = \sqrt{\frac{\sum n_i d_i^2}{N}} \tag{12-8}$$

例如,某林地测量数据及平均直径计算结果见表 12-6。

表 12-6 平均直径计算表

径阶	株数	断面积/m²	断面积合计/m²	计算结果
6	15	0.002 827	0.042 41	$\overline{g} = \frac{G}{N} = \frac{2.225\ 19}{205} \approx 0.010\ 85 \text{m}^2$
8	36	0.005 027	0.180 96	
10	41	0.007 854	0.322 01	$\overline{D} = \sqrt{\frac{4}{\pi} \overline{g}} \approx 11.8 \text{cm}$
12	50	0.011 310	0.565 49	
14	38	0.015 394	0.584 96	或 $\overline{D} = \sqrt{\frac{\sum n_i d_i^2}{N}} \approx 11.8 \text{cm}$
16	20	0.020 106	0.402 12	
18	5	0.025 446	0.127 23	$\overline{D} = \sqrt{\frac{\sum n_i d_i^2}{\sum n_i}} \approx 11.8 \text{cm}$
总计	205		2.225 19	

第 2 步　测定林分平均高

1) 典型抽样法。目测选出 3~5 株中等大小的林木,目测或用测高器测定其树高,以其算术平均值作为林分的平均高,公式如下:

$$\overline{H} = \frac{\sum_{i=1}^{n} h_i}{n} \tag{12-9}$$

式中,$\overline{H}$ 为平均高;h_i 为第 i 株林木的树高;n 为测高株数。

2) 转换系数推算法。根据同龄纯林树高结构规律,利用最大树高($h_{\max}$)、最小树高($h_{\min}$)与平均高($\overline{H}$)的关系,测量林分最大树高和最小树高,并据此近似地求出林分平均高,作为目测平均高的一个辅助手段。按下式即可计算林分平均高:

$$\overline{H} = \frac{h_{\max}}{1.15} \quad \text{或} \quad \overline{H} = \frac{h_{\min}}{0.68} \tag{12-10}$$

3) 树高曲线法(图解法、图示法)。根据各径阶的平均直径和平均高绘制树高曲线,依据林分平均直径即可从图上查出的林分平均高称为条件平均高。树高曲线法的具体绘制步骤如下:

根据标准地树高测定材料,用算术平均法计算各径阶的平均直径和平均高,在方格纸上以横坐标表示平均直径,以纵坐标表示树高,根据测高记录表中的数据,按比例在图中标出各径阶平均直径和平均高的点位,并注明各点所代表的株数。

按照径阶大小顺序用折线连接各点,根据折线走向用活动曲线尺(软质直尺或竹片)绘出一条匀滑的树高曲线。树高曲线应当通过点群中心并优先照顾株数多的点,曲线上下各点至曲线的距离与该点所代表株数的乘积的代数和为最小,如图 12-2 所示。

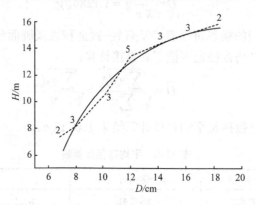

图 12-2　树高曲线图

根据林分平均直径由横坐标向上作垂线与曲线相交点的高度即为林分平均高。另外,根据各径阶中值也可由树高曲线上查得径阶平均高。

第 3 步　测定树种组成

林分的树种组成通常用组成式表示。组成式由树种名称的代号及其在林层中所占蓄积量或断面积的成数(树种组成系数)构成。树种组成系数通常用十分法表示,即各树种组成系数之和等于"10"。树种组成系数的计算方法如下:

$$\text{某树种组成系数} = \frac{\text{某组成树种的蓄积量或断面积}}{\text{总蓄积量或断面积}} \times 10 \qquad (12\text{-}11)$$

树种组成系数算出后,按照以下要求写出组成式:

1) 如果是纯林,那么树种组成系数为10,若为落叶松纯林,则组成式应写成10马。

2) 在混交林中优势树种应当写在前面,如7松3栎。若两个树种组成系数相同,则主要树种写在前面。

3) 若计算出的树种组成系数为0.2~0.5,则用"+"号表示;当树种组成系数小于0.2时,则用"-"号表示。

4) 复层林分,应当分别按层次写出组成式。

例12.2 一个由云杉、落叶松、冷杉、白桦组成的混交林,各树种组成系数分别如下:

$$\text{云杉:} \frac{300}{550} \times 10 \approx 5.5 \approx 6$$

$$\text{落叶松:} \frac{220}{550} \times 10 = 4.0$$

$$\text{冷杉:} \frac{22}{550} \times 10 = 0.4$$

$$\text{白桦:} \frac{8}{550} \times 10 \approx 0.1$$

该混交林分的树种组成应为6云4落+冷-桦。

第4步 测定每公顷胸高断面积

林分每公顷胸高断面积可通过标准地每木检尺后,在每木调查记录表中分别按树种统计各径阶株数,查"直径圆面积表"得到径阶单株断面积,各径阶株数乘以径阶单株断面积可得各径阶断面积合计,将各径阶断面积合计相加即得该树种的总断面积,计算过程见表12-6。各树种标准地总断面积分别被标准地面积除,即可换算成该树种每公顷断面积。

第5步 测定每公顷株数

林分每公顷株数可通过标准地每木检尺后,在每木调查记录表中分别按树种统计各径阶株数,将各径阶株数相加即得该树种的总株数。各树种标准地总株数分别被标准地面积除,即可换算成该树种每公顷株数。

另外,也可通过测定林木平均株行距(尤其是规整的人工林)计算每公顷株数。

第6步 测定郁闭度

郁闭度的测定方法有树冠投影法、测线法、样点法(统计法)等。在一般情况下常采用简单易行的样点法,即在林分调查中机械设置N个样点,在各样点位置上采用抬头垂直仰视的方法,判断该样点是否被树冠覆盖,统计被覆盖的样点数(n),利用下式计算出林分的郁闭度P_c:

$$P_c = \frac{n}{N} \qquad (12\text{-}12)$$

此外,在森林调查工作中,有经验的调查人员可以根据树冠情况、枝叶的透光情况,采用目测法估计树冠空隙的百分比来确定郁闭度。

第 7 步 测定疏密度

疏密度通过目测郁闭度确定。一般情况下，幼龄林的疏密度较郁闭度小 0.1~0.2，中龄林的疏密度和郁闭度二者相近，成熟林、过熟林的疏密度约大于郁闭度 0.1~0.2。郁闭度可以根据样点法目测林层的树冠垂直投影而定。

第 8 步 测定林分平均年龄

在林分调查时，通常是按林层分树种调查计算林分的算术平均年龄，即

$$\overline{A} = \frac{\sum_{i=1}^{n} A_i}{n} \tag{12-13}$$

式中，$\overline{A}$ 为林分平均年龄；A_i 为第 i 株林木的年龄；n 为测定年龄的林木株数（$i=1,2,\cdots,n$）。

三、数据记录

1）每人完成一份实训报告，主要内容包括实训目的、内容、操作步骤、成果分析及实训体会。

2）每人完成林分因子测定计算表（表 12-7）的填写和计算，要求字迹清晰、计算准确。

表 12-7 林分因子测定计算表

标准地号	林层	树种组成	平均直径/cm	平均高/m	平均年龄/年	优势木平均高/m	地位指数	地位级	每公顷胸高断面积/m²	郁闭度	疏密度	每公顷株数	蓄积量/（m³/h²）			材种出材量/m³
													标准表法	平均实验形数法	二元材积表法	

调查员_____   日期____年__月__日

四、注意事项

1）单位统一采用国际单位制。

2）树高曲线要尽量绘制准确。

■ 任务评价

1）主要知识点及内容如下：

林分调查因子；各种林分调查因子概念；各种林分调查因子调查方法及计算公式。

2）对任务实施过程中出现的问题进行讨论，并完成林分调查因子测定任务评价表（表 12-8）。

表 12-8　林分调查因子测定任务评价表

任务程序		任务实施中应注意的问题
人员组织		
材料准备		
实施步骤	1. 平均直径	
	2. 平均高	
	3. 树种组成	
	4. 每公顷胸高断面积	
	5. 每公顷株数	
	6. 郁闭度	
	7. 疏密度	
	8. 林分平均年龄	

任务13　林分蓄积量测算

任务描述

林分蓄积量是反映森林数量的主要指标,蓄积量的大小标志着林地生产力的高低及经营措施的效果。林分蓄积量是林业调查和森林经营的重要内容,因此应当掌握林分蓄积量测定的方法。本任务主要介绍利用材积表法、标准表法、平均实验形数法、平均标准木法测定林分蓄积量和材种出材量。本任务需要准备当地的立木材积表、主要树种的标准表及形数表。

知识目标

掌握林分蓄积量和出材量的测定方法。

技能目标

1. 学会林分主要调查因子的测定方法。
2. 能用标准表法、立木材积表法、实验形数法、平均标准木法测定林分蓄积量。

思政目标

1. 培养学生严谨求实、不弄虚作假的工作作风。
2. 培养学生树立质量意识和责任意识。

知识准备

林分中所有活立木材积的总和称作林分蓄积量（M）,简称蓄积。林分蓄积量是重要的林分调查因子。

林分蓄积量的测定方法有很多,可概括为实测法和目测法两大类。目测法是以实测法为基础的经验方法。实测法又可分为全林实测法和局部实测法。全林实测法的工作量大,常受人力、物力等条件的限制,因而仅在林分面积小的伐区调查和科研验证等特殊需要的情况下采用。常用的林分蓄积量测定方法是局部实测法。本节着重介绍材积表法、标准表法、平均实验形数法和平均标准木法。

测定林分蓄积量和材种出材量

一、工具

每组配备：皮尺,围尺,测高器,森林调查手册,标准地调查资料,记录板,直尺,方格纸,记录表格,粉笔,记号笔,铅笔等。

二、方法与步骤

(一)测定公顷蓄积量

第1步 标准表法

在应用标准表确定林分蓄积时,只要测出林分平均高和每公顷总断面积(G),然后依林分平均高从相应树种的标准表中查出对应于平均高的每公顷标准断面积($G_{1.0}$)和标准蓄积($M_{1.0}$),按下式计算每公顷蓄积量(M):

$$M = \frac{G}{G_{1.0}} M_{1.0} = PM_{1.0} \tag{13-1}$$

由于$M_{1.0}/G_{1.0} = H_f$,因此依林分平均高从形高表中查出形高值后,也可用下式计算林分每公顷蓄积量(M):

$$M = GH_f \tag{13-2}$$

第2步 平均实验形数法

先测出林分平均高($\overline{H}$)与总断面积(G),再从主要乔木树种平均实验形数表中查出相应树种的平均实验形数(f_3)值,代入下式计算标准地蓄积量:

$$M = G(\overline{H}+3)f_3 \tag{13-3}$$

第3步 材积表法

根据立木材积与胸径、树高和干形三要素之间的相关关系编制的,载有各种大小树干平均单株材积的数表,叫作立木材积表。

在生产实践中,为了提高工作效率,林分蓄积量更多的是应用预先编制好的立木材积表确定。

(1)一元材积表法

根据胸径与材积的相关关系编制的材积数表称为一元材积表。一元材积表的一般形式是分别按径阶列出单株树干平均材积,见表13-1。

表13-1 落叶松一元材积表

径阶/cm	6	8	10	12	14	16	18
材积/m³	0.0108	0.0351	0.0597	0.0981	0.1311	0.1772	0.2309

一元材积表只考虑材积依胸径变化的情况。但是在不同条件下,胸径相同的林木,其树高变幅很大,对材积颇有影响,因而一元材积表一般只限在较小的地域范围内使用,故又称地方材积表。大多数材积表中只列出树干带皮材积,但也有列出商品材积或附加有各径阶平均高或平均形高的材积表。

利用一元材积表测定林分蓄积量的方法及过程很简单。根据标准地每木调查结果,分别按树种选用一元材积表,分别按径阶(按径阶中值)由材积表中查出各径阶单株平均材积值,再乘以径阶林木株数,即可得到径阶材积。各径阶材积之和就是该树种标准地蓄积量,各树种的蓄积之和就是标准地总蓄积量。依据这个蓄积量及标准地面积计算每公顷林分蓄积量,再乘以林分面积,即可求出整个林分的蓄积量。具体计算过程见表13-2。

表 13-2 利用一元材积表计算林分蓄积量

径阶/cm	株数	单株材积/cm³	径阶材积/m³	
6	15	0.0108	0.1620	树种：落叶松
8	36	0.0351	1.2636	林分面积：10.6m³/hm²
10	41	0.0597	2.4477	标准地面积：0.1m³/hm²
12	50	0.0981	4.9050	标准地蓄积量：18.4586m³
14	38	0.1311	4.9818	每公顷蓄积量 = $\dfrac{18.4586}{0.1}$ = 184.586m³/hm²
16	20	0.1772	3.5440	
18	5	0.2309	1.1545	林分蓄积量=184.586×10.6=1956.6116m³
合计	205		18.4586	

（2）二元材积表法

根据树高和胸径两个因子与材积的相关关系编制的材积数表称为二元材积表。

二元材积表与一元材积表的不同之处是：二元材积表考虑了不同条件下树高变动幅度对材积的影响，其使用范围较广，又是最基本的材积表，故又称一般材积表或标准材积表，见表13-3。

表 13-3 《辽西油松二元立木材积表》（DB21/T 3051—2018）（节录）

胸径/cm	树高/m						
	8	9	10	11	12	13	14
10	0.0335	0.0371	0.0406	0.0440	0.0474	0.0507	0.0540
12	0.0482	0.0532	0.0583	0.0632	0.0680	0.0729	0.0776
14	0.0653	0.0721	0.0789	0.0856	0.0922	0.0987	0.1051
16	0.0848	0.0937	0.1025	0.1112	0.1198	0.1282	0.1366
18	0.1066	0.1179	0.1290	0.1399	0.1507	0.1613	0.1718
20	0.1309	0.1447	0.1583	0.1717	0.1849	0.1980	0.2109

应用二元材积表测算林分蓄积，一般是经过标准地调查，取得了各径阶株数和树高曲线，根据径阶中值从树高曲线上读出径阶平均高，再依径阶中值和径阶平均高（取整数或用内插法）从材积表中查出各径阶单株平均材积，也可将径阶中值和径阶平均高代入材积式计算出各径阶单株平均材积。径阶材积、标准地蓄积量、每公顷林分蓄积量及林分蓄积量的计算方法与一元材积表法相同。具体计算过程见表13-4。

材积计算式如下：

$$V = 0.818\,856\times10^{-4}(1.0006D - 0.542)^{1.887\,572} H^{0.852\,449} \qquad (13\text{-}4)$$

表 13-4 利用二元材积表计算林分蓄积量［树种：油松（辽西）］

胸径/cm	株数	平均高/m	单株材积/m³	径阶材积/m³	
10	16	7.9	0.0335	0.536	林分面积：10.6hm²
12	35	9	0.0532	1.862	标准地面积：0.1hm²
14	48	12.2	0.0922	4.4256	标准地蓄积量：16.249m³
16	38	14	0.1366	5.1908	每公顷蓄积量 = $\dfrac{16.249}{0.1}$
18	21	13.8	0.1366	2.8686	=162.49 m³/hm²
20	10	14.3	0.1366	1.366	林分蓄积量=162.49×10.6
合计	168			16.249	=1722.394m³

第4步 平均标准木法

林分中胸径、树高、形数与林分的平均直径、平均高、平均实验形数都相同的林木称为平均标准木。根据平均标准木的实测材积推算林分蓄积量的方法，称作平均标准木法。具体测算步骤如下：

1）在标准地内进行每木调查，用平均断面积法计算平均直径。
2）实测一定数量林木的胸径、树高，绘制树高曲线，并从树高曲线上确定林分平均高。
3）选1~3株与林分平均直径和林分平均高相接近（一般要求相差不超过±5%）且干形中等的林木作为平均标准木，将其伐倒并用区分求积法实测其材积。
4）按下列公式求算标准地蓄积，再按标准地面积把蓄积换算为单位面积的蓄积（m^3/hm^2）。具体算例见表13-5。

$$M = \frac{G\sum_{i=1}^{n}V_i}{\sum_{i=1}^{n}g_i} \qquad (13-5)$$

式中，n 为标准木株数；V_i 和 g_i 分别为第 i 株标准木材积和断面积；G 和 M 分别为标准地的总断面积和蓄积量。

表13-5 平均标准木法计算蓄积量表

树种 落叶松　　　　　　　　　　　　　　　　　　　　　　　标准地面积 0.1hm²

胸径/cm	株数	断面积/m²	平均标准木			实际标准木					蓄积量
			断面积/m	胸径/cm	树高/m	编号	胸径/cm	断面积/m²	树高/m	材积/m³	
10	16	0.125 66									标准地蓄积量 $= \dfrac{G\sum_{i=1}^{n}V_i}{\sum_{i=1}^{n}g_i}$
12	35	0.395 84									
14	48	0.738 90	$\dfrac{2.872\,98}{168}$	14.8	13.5	12	14.7	0.016 97	13.1	0.0801	$= 2.872\,98 \times \dfrac{0.1593}{0.030\,24}$
16	38	0.764 04	≈0.017 10				13.0	0.013 27	13.9	0.0792	≈15.1344m³
18	21	0.534 38									林分每公顷蓄积量
20	10	0.314 16									$= \dfrac{15.1320}{0.1}$
Σ	168	2.872 98						0.030 24		0.1593	=151.320m³/hm²

（二）材种出材量计算

第1步 一元材种出材率表法

（1）一元材种出材率表

利用图解法或数式法编制出根据胸径确定材种出材率的数表，称为一元材种出材率表，见表13-6。各级原木划分标准和适用材种见表13-7。

表 13-6 辽宁速生杨商品材材种出材率表（节录）

胸径/cm	总材积/m³	商品材材种出材率/%					非规格材材种出材率	合计	薪材材种出材率	总计	树皮率/%
		规格材材种出材率									
		小径材材种出材率				小计					
		8cm	6cm	4cm	2cm						
12	20.7					66.1	13.3	79.4	1.1	65.7	18.1
14	20.4	72.5	66.1			72.5	7.9	80.4	0.6	71.1	17.9
16	20.1	69.6			7.0	76.6	3.9	80.5	0.5	74.3	17.6
18	19.8	67.2		12.0		79.2	1.7	80.9	0.3	76.8	17.4
20	19.6	65.1		13.0		78.1	2.9	81.0	0.2	77.7	17.2

表 13-7 各级原木划分标准和适用材种

类别	级别	规格		适用材种
		原木小头去皮直径/cm	原木长度/cm	
规格材	大原木	≥26	2 以上	枕资、胶合板材
	中原木	20～26	2 以上	造船材、车辆材、一般用材、桩木、特殊电杆
	小原木	6～20	2 以上	二等坑木、小径民用材、造纸材、普通电杆、车立柱
短小材	短材	>14	0.4～0.8	简易建筑、农用、包装家具用材
	小材	4～14	1～4.8	

（2）林分材种出材量计算

利用一元材种出材率表计算林分材种出材量的方法是：通过每木调查，计算各胸径的带皮总材积，再根据胸径查一元材种出材率表得到各径阶各材种出材率，各胸径树干带皮总材积乘以各胸径各材种出材率，即得相应材种材积，各胸径同名材种材积相加即为林分各个材种的总材积。

第 2 步 出材量表法

（1）出材量表

出材量表是按照森林分子完整度和出材级编制的，它反映了平均高和平均直径不同的森林分子的材种结构规律，见表 13-8。

（2）林分材种出材量计算

在应用出材量表计算材种出材量时，只需通过目测及借助于其他简单工具或辅助用表确定森林分子的出材级、完整度、平均直径、平均高和蓄积量，从相应出材量表中查出各个材种的出材率，直接推算总蓄积量中各材种的总出材量。

表 13-8 大兴安岭落叶松材种出材量表*（节录）

森林分子		可利用材/m³																							可利用材合计	燃材/m³	商品材/m³	废材/m³	出材级Ⅰ 树皮/m³
		直接使用原木										枕资	加工用原木						经济材合计	次加工原木	小规格材									
		桩木			电杆			坑木			小计		一般用材				小计				小杆材	小径木	造材截头	小计						
高度/m	直径/cm	特殊	普通	计	特殊	普通	计	大径	小径	计			一等	二等	三等	计													
平均值		3	4	5	6	7	8	9	10	11	12	13	14	15	16	17	18	19	20	21	22	23	24	25	26	27	28	29		
12~13	16	3	2	5	3	27	30	4	28	32	64		4		5	5		69		6	1		7	76	9	85	15	16		
14~15	16	2	2	4	3	27	30	4	28	32	64		4	1		5	5	69		6	1		7	76	9	85	15	16		
	18	4	1	5	4	29	33	4	22	26	64		7	1		8	8	72	1	5		1	5	78	7	85	15	15		
	20	7	1	8	5	28	33	5	17	22	63		9	2		11	11	74	1	3		1	4	79	6	85	15	15		
16~17	16	3	1	4	3	30	33	4	25	29	66		2	1		3	3	69	1	6			7	76	9	85	15	16		
	18	7	2	9	4	31	35	4	20	24	68		3	1		4	4	72	1	5			5	78	7	85	15	15		
	20	8	1	9	5	29	34	4	17	21	64		8	2		10	10	74	1	3		1	4	79	6	85	15	15		
	22	9	1	10	6	28	34	4	14	18	62		10	3		13	13	75	1	3		1	4	80	5	85	15	14		
	24	13	1	14	7	25	32	4	11	15	61		12	2	1	15	15	76	1	3		1	4	81	5	86	14	14		
	26	19	1	20	8	19	27	4	9	13	60		13	3		16	16	76	2	2		1	3	81	5	86	14	14		

* 此表的原木标准按国家木材标准为依据。

三、数据记录

提交某林分蓄积量计算结果（表 13-9）。

表 13-9 平均标准木法计算蓄积量表

树种_____   标准地面积：_____ hm^2

胸径/cm	株数	断面积/m^2	平均标准木			实际标准木					蓄积量
			断面积/m	胸径/cm	树高/m	编号	胸径/cm	断面积/m^2	树高/m	材积/m^3	
10											
12											
14											
16											
18											
20											
Σ											

四、注意事项

查表认真，计算无误。

■ 任务评价

1）主要知识点及内容如下：

林分蓄积量；林分蓄积量测算方法。

2）对任务实施过程中出现的问题进行讨论，并完成林分蓄积量测算任务评价表（表 13-10）。

表 13-10 林分蓄积量测算任务评价表

任务程序			任务实施中应注意的问题
人员组织			
材料准备			
实施步骤	1. 每公顷蓄积量	①标准表法	
		②平均实验形数法	
		③材积表法	
		④平均标准木法	
	2. 材种出材量计算	①一元材种出材率表法	
		②出材量表法	

任务 14　标准地调查

任务描述

标准地的设置及标准地调查是森林调查的重要内容，是森林资源清查、森林资产评估、森林火灾定损等工作的重要调查方法。每木调查是森林调查技术中的基本技能。本任务的主要内容包括标准地的概念、标准地形状和大小、标准地设置、标准地调查（即每木调查）、各种林分调查因子测定等。通过标准地的外业实施和内业计算，学会标准地设置、每木调查及各种林分调查因子的测算。

知识目标

1. 了解标准地的概念、标准地分类。
2. 掌握标准地选设技术。
3. 掌握标准地调查方法和技术。

技能目标

1. 能够进行标准地选择及测设。
2. 能够进行标准地调查。

思政目标

1. 培养学生热爱祖国大好河山的家国情怀。
2. 培养学生兢兢业业、吃苦耐劳的林业精神。

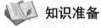

知识准备

林分调查因子的测定方法可分为目测法和实测法，实测法又分为全林实测法和局部实测法，在进行森林资源调查时，通常使用局部实测法。根据选定实测地块的方法不同，局部实测法可分为标准地调查法和抽样调查法。

一、标准地的定义

在局部实测时，选定实测调查地块的方法有两种：①按照随机抽样的原则设置实测调查地块，称作抽样样地，简称样地。根据全部样地实测调查结果推算林分总体，这种调查方法称作抽样调查法。②根据人为判断选定的能够充分代表林分总体特征平均水平的地块（称作典型样地，简称标准地），根据标准地实测调查结果推算全林分的调查方法，称作标准地调查法。

二、标准地的种类

标准地按照设置目的和保留时间可分为以下两类。

1）临时标准地：用于林分调查和测树制表，只进行一次调查，在取得调查资料后不需要保留。

2）固定标准地：用于较长时间内进行科学研究试验，有系统地长期重复观测以获得连续性资料，如研究林分生长过程、经营措施效果及编制收获表等。测设要求严格，需要定株、定位观测以取得连续性数据。

三、标准地的选设原则

标准地应是整个林分的缩影，通过标准地调查可以获得林分各调查因子的数量指标或质量指标，即根据标准地调查结果，按照面积比例推算整个林分的调查结果。因此，林分调查的准确程度取决于标准地对该林分的代表性及调查工作的质量。在设置林分调查标准地时，应对待测林分总体进行全面、深入的踏查，并根据以下基本要求确定具体位置。

1）标准地必须具有充分的代表性。
2）标准地不能跨越林分。
3）标准地应当避开林缘（至少应距林缘1倍林分平均高的距离）、林班线、防火线、路旁、河边及容易遭受人为破坏的地段。
4）标准地内树种、林木密度应当分布均匀。

四、标准地的形状和面积

（1）标准地的形状

标准地的形状以便于测量和计算面积为原则，一般为方形、矩形、圆形或带状。

（2）标准地的面积

为了充分反映林分结构规律和保证调查结果的准确度，标准地内必须要有足够数量的林木株数，因此应当根据要求的林木株数确定其面积大小。我国一般规定：在近熟林、成熟林和过熟林中，标准地内至少应有 200 株以上的林木，中龄林应有 250 株以上，幼龄林应有 300 株以上。在实际工作中，可以预先选定 400m² 的小样方查数其上的林木株数，据此推算标准地所需面积。为了便于测量、调查和计算，标准地面积尽可能为整数。

例 14.1 假设在一中龄林分中查数 400m² 样方内有林木 50 株，则标准地面积 S 可确定为

$$S = \frac{250}{50} \times 400 = 2000 \, (\text{m}^2)$$

■任务实施

测设标准地及每木调查

一、工具

每组配备：罗盘仪、计算器各1台，测杆4根，轮尺、围尺、皮尺、测高器、直尺、曲线板各1个，记录夹1本，方格纸1张，森林调查手册1本。

二、方法与步骤

采用临时标准地法测定林分蓄积生长量的步骤如下：

第1步 踏勘

地点确定后，应当首先进行现地踏勘，了解调查区的林况及森林分布特点，目测主要调查因子，取得平均标志的轮廓，根据平均标志的轮廓和标准地的选择设置原则选择适当的地段作为标准地的位置。在选择时应当尽量避免主观性，否则容易出现偏差。根据不同的目的与需要建立不同规格的标准地，如固定标准地与临时标准地。

第2步 标准地的境界测量

标准地的境界测量就是在地面上标出标准地的范围。当标准地的形状为正方形或矩形时，常用闭合导线法进行标准地的境界测量。通常使用罗盘仪测量方位角、皮尺或测绳测量水平距离。当林地坡度大于5°时，要将斜距换算为水平距离。要求境界测量的闭合差不超过各边长总长的1/500～1/200。为了方便核对和检查，在标准地四角设置临时标桩。将测量结果填入表14-1，并绘制标准地略图，方便日后查找。为使标准地在调查作业时保持明显的边界，应将测线上的灌木和杂草清除，同时在边界外缘树木的胸高处朝向标准地内标出明显的记号以示界外。

若为固定标准地，则在标准地四角埋设一定规格的标桩，并在标桩上标明标准地号、面积和调查日期等。

表14-1 标准地的境界测量记录表

标准地号		12	标准地所在地	省 县	
标准地面积/hm²		0.1		林场 林班 小班	
标准地测量记录				标准地草图	
测站	方位角	倾斜角	斜距	水平距离/m	
0—1	305°			22	
1—2	346°			25	
2—3	256°			40	
3—4	166°			25	
4—1	76°			40.1	
闭合差		+0.1m（1/1300）			

第 3 步　标准地调查

标准地的测树调查工作因调查目的和方法不同而异。但是其基本内容是每木调查，测定树高，记载和调查环境条件特征因子，测定树木年龄及郁闭度等。

（1）每木调查

在标准地内分别按树种、活立木、枯立木、倒木测定每株树干的胸径，并按径阶记录、统计以取得株数分布序列的工作，称为每木调查。这是林分调查中最基本的工作，同时也是计算某些林分调查因子（林分平均直径、林分蓄积量、材种出材量等）的重要依据。若进行生长、生物量及抚育采伐调查，则活立木还应按生长级分别调查统计。

每木调查的工作步骤简述如下：

1）确定径阶大小。径阶大小是指每木调查时径阶整化范围，它直接影响株数按直径分布的规律性，同时也影响计算各调查因子的精确程度。在每木调查前，应先目测平均胸径，确定径阶大小。按规定：平均直径在 6~12cm 时，以 2cm 为一个径阶；平均直径小于 6cm 时，以 1cm 为一个径阶；平均直径大于 12cm 时，以 4cm 为一个径阶。人工幼林和竹林常以 1cm 为一个径阶。

2）划分林层。标准地内林木层次明显，上下层林木的树高相差超过 15%，每层的蓄积量均达到 30m^3 以上，平均直径达到 8cm 以上，主林层疏密度不少于 0.3，次林层疏密度不少于 0.2。在这种情况下必须划分两个林层，分层进行调查。

3）确定起测径阶。起测径阶是指每木调查的最小径阶。由林分结构规律得知：林分的平均直径是接近株数最多的径阶，最小直径是平均直径的 2/5 或 1/2。因此，在实际工作中，常以平均直径的 2/5 作为起测径阶。例如，目测某林分平均直径为 16cm，最小胸径约为 16×0.4=6.4cm，若以 2cm 为一个径阶，则起测径阶可定为 6cm。小于起测径阶的树木称为幼树，不进行每木调查。目前在森林资源清查中确定的起测径阶是：人工幼龄林为 1cm；人工中龄林为 5cm；天然幼龄林为 3cm；天然中龄林为 5cm；成、过熟林为 7cm。

4）划分材质等级。每木调查时，不仅要按树种记载，还要按材质分别统计。材质划分是按树干可利用部分长度及干形弯曲、分叉、多节、机械损伤等缺陷，划分为商品用材树、半商品用材树和薪材树 3 类。在实际工作中，一般只分用材树和薪材树，但是需要记录立木和倒木以供计算枯损量。

5）每木调查。测量时，测径者与记录员要相互配合，测径者从标准地的一端开始，由坡上方沿等高线按 S 形路线向坡下方进行检尺。测径者每测定一株树都要把测定结果按树种、径阶及材质类别报给记录员，记录员应当同声回报并及时在每木调查记录表（表 4-2）的相应栏中用"正"字法记载。为了防止重测和漏测，要在测过的树干上朝着前进方向的一面作记号。对正好位于标准地境界线上的树木，本着"一边取，另一边舍"的原则确定检尺树木。

表 14-2　每木调查记录表

径阶/cm	树种：落叶松					枯立木	倒木
	活立木						
	商品用材树	半商品用材树	薪材树	株数合计	断面积合计/m²		
6							
8							
10							
12							
14							
16							
18							
合计							
	$\bar{g}$				$\bar{D}$		

（2）测定树高

测定树高（以下简称测高）的主要目的是确定各树种的平均高，应分别按树种、径阶选择测高样木测定树高和胸径。测高的株数，主要树种应测 20~25 株，一般中央 3 个径阶选测 3~5 株，与中央径阶相邻的径阶各测 2~3 株，最大径阶或最小径阶测 1~2 株。测高样木的选取方法：沿标准地对角线两侧随机选取；或采用机械选取法，即以每木调查时各径阶的第 1 株树为测高树，以后按每隔若干株（5 株或 10 株等）选取一株测高树。

凡测高的树木应当实测其胸径，将测得的胸径值与树高值记入测高记录表（表 14-3）。

在标准地内目测选出 3~5 株较粗大的优势木，目测或用测高器测定其树高，以其算术平均值作为优势木平均树高。将测得的优势木树高值记入优势木（上层木）树高测定表（表 14-4）。

表 14-3　测高记录表

径阶/cm	测高样木实测值 $\left(\dfrac{树高(h_i)}{胸径(d_i)}\right)$						$\dfrac{\sum h_i}{\sum d_i}$	$\dfrac{\bar{h}}{\bar{d}}$
	1	2	3	4	5	6		
6								
8								
10								
12								
14								
16								
18								

表 14-4　优势木（上层木）树高测定表

树号	1	2	3	4	5	算术平均 H_T
树高						

（3）地形、地势调查

坡度级：Ⅰ级为平坡，0°～5°；Ⅱ级为缓坡，6°～15°；Ⅲ级为斜坡，16°～25°；Ⅳ级为陡坡，26°～35°；Ⅴ级为急坡，36°～45°；Ⅵ级为险坡，46°以上。

坡向：在森林调查中，将坡向分为东、南、西、北、东南、西南、西北、东北8个坡向。

坡位：分脊、上、中、下、谷，也可根据情况适当增减。

海拔：可在地形图中查找。

（4）土壤调查

在标准地内选择有代表性的位置挖土坑，记载土壤剖面，采集土壤剖面标本。写出土壤种类、土壤厚度及主要层次的颜色、结构、紧密度、机械组成、草根盘结度等。

（5）年龄调查

可以查阅资料和通过访问确定，也可采用生长锥、查数伐桩年轮、查数轮生枝或伐倒标准木等方法确定。

（6）林分起源

查阅已有的资料、现地调查或者访问等。

（7）郁闭度调查

主要采用样点法目测确定。

三、数据记录

提交标准地的境界测量记录表、每木调查表、测高记录表、树高曲线图。

另外，将年龄调查、林分起源调查、郁闭度调查结果填入标准地调查因子一览表（表14-5）。

表 14-5　标准地调查因子一览表

林层号	树种组成	树种	年龄	树高/m		胸径/cm	每公顷断面积/m²	立地质量			密度指标			每公顷蓄积量/(m³·hm²)		经济材/%	林木起源	备注
				平均高	优势木高			地位级	地位指数	林型	密度/(m²)	疏密度	郁闭度	活立木	枯立木			

调查者_____　　检查者_____　　调查日期____年___月___日

四、注意事项

1）设置标准地先确定长边,然后再定短边。
2）用界外树木做标记。

任务评价

1）主要知识点及内容如下：
标准地的概念；标准地设置规则；标准地种类；标准地形状、大小；每木调查概念。
2）对任务实施过程中出现的问题进行讨论,并完成测设标准地与每木调查任务评价表（表14-6）。

表14-6　测设标准地与每木调查任务评价表

任务程序			任务实施中应注意的问题
人员组织			
材料准备			
实施步骤	1. 踏查		
	2. 标准地的境界测量		
	3. 标准地调查	①每木调查	
		②测定树高	
		③地形、地势调查	
		④土壤调查	
		⑤年龄调查	
		⑥林分起源	
		⑦郁闭度调查	

任务 15 角 规 测 树

任务描述

角规测树是林分调查常用的方法之一,具有操作简便、测定快速、精确度高的特点。角规测树是近代林业科学的重大成就之一,在世界范围内广泛应用。角规测树的原理、方法和仪器、工具等都在不断地发展和完善,现已形成了一套独立的理论和技术体系,并在森林资源调查实践中广泛应用。本任务利用角规进行林地绕测,获得林分胸高断面积、蓄积量、株数等林分调查因子。

知识目标

1. 了解角规测树的概念和基本原理。
2. 熟悉角规的种类及角规常数的选用。
3. 掌握角规绕测的方法和步骤。
4. 掌握角规控制检尺的记数方法。
5. 掌握角规控制检尺的数据计算。

技能目标

1. 能够正确选择和熟练使用角规。
2. 能用角规对林分调查因子进行测定。
3. 能在林分调查工作中完成角规控制检尺。
4. 能够通过角规控制检尺得到的数据计算林分株数和蓄积量。

思政目标

1. 培养学生善于思考、钻研进取的创新意识。
2. 培养学生团队协作、吃苦耐劳的工作作风。
3. 培养学生科学严谨的工作态度。
4. 培养学生树立生态环保的意识。

子任务 15.1 角规绕测技术

知识准备

一、角规测树的概念

角规是利用一定视角(临界角)设置半径可变的圆形标准地,开展林分测定工作的一种测树工具。角规测树是在林分中选择有代表性的地点,按照既定视角测定每公顷林分胸高总断面积。角规工具小巧、携带方便;其测树理论科学、方法简便、通俗易懂。角规测树是一种高效、准确的测定技术。

二、角规的种类

角规的种类有很多,常见的有水平(杆式)角规、片形角规、自平曲线角规等。

1. 水平角规

水平角规也称简易角规、杆状角规、尺形角规、杆式角规等。其构造简单,在长度为 L 的木杆或直尺的一端安装一个缺口宽度为 l 的金属片,即可构成一个水平角规,杆的一端中央位置 P 点与缺口组成等腰三角形 BPC,其杆长为 L,顶角为 α,如图 15-1 所示。角规的缺口宽度与杆长之比(l/L)称作角规定比,其顶角称为视角 α,$\alpha = 2\arctan^{-1}(l/2L)$。

角规测定每公顷胸高断面积时用到角规常数(F_g),它表示每计数 1 株树木所代表的 $1hm^2$ 林木的胸高断面积。F_g 的大小取决于角规缺口与杆长的比值,当 l/L 的值为 $\dfrac{1}{70.71}$、$\dfrac{1}{50}$、$\dfrac{1}{35.36}$、$\dfrac{1}{25}$ 或 $\dfrac{0.71}{50}$、$\dfrac{1}{50}$、$\dfrac{1.41}{50}$、$\dfrac{2}{50}$ 时,F_g 分别为 0.5、1、2 和 4。

不同角规常数的角规定比与视角见表 15-1。

表 15-1 不同角规常数的角规定比与视角

角规常数 $F_g/(m^2/hm^2)$	缺口固定/cm		尺长固定/cm		视角 α
	L	l	L	l	
0.5	70.71	1	50.00	0.71	0°48′37.1″
1	50.00	1	50.00	1.00	1°08′45.4″
2	35.36	1	50.00	1.41	1°37′14.2″
4	25.00	1	50.00	2.00	2°17′31.1″

2. 片形角规

片形角规也称角规片。为便于携带,将水平角规的杆长改为绳长,即在圆形金属薄片上切开几种宽度的缺口,自角规片中央安上不易伸缩的尼龙绳,并标出与不同宽度缺口保持一定比例关系的绳长以便选用,如图 15-2 所示。在使用片形角规时,应当注意角规片上缺口的选用,一般角规片上常开 3 个缺口,其宽度分别为 0.71cm、1.00cm 和 1.41cm。当绳长固定为 50cm 时,则其 F_g 分别为 0.5、1 和 2。在使用片形角规时,应当注意绳长值的固定,保证得到正确的 F_g 值。

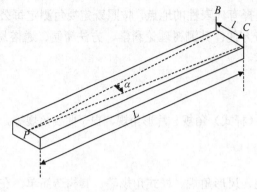
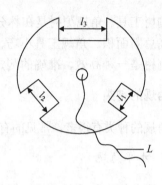

图 15-1　水平角规示意图　　　　图 15-2　片形角规示意图

3. 自平曲线角规

自平曲线角规是一种带有自动改正坡度功能的角规测量器，通过改变杆长和缺口的比值实现，如图 15-3 所示。在坡地上进行角规观测时，为了能够直接判断树木是否计数（计数原则同水平角规），可以根据角规观测点与观测树干位置之间的坡度（θ），通过增加角规的杆长度（$L_\theta = L\sec\theta$）或缩小缺口宽度（$l_\theta = l\cos\theta$）实现。自平曲线角规在简易杆式角规的基础上作出以下两点改进。

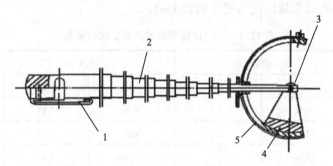

1. 挂钩；2. 指标拉杆；3. 小轴；4. 平衡座；5. 曲线缺口圈。

图 15-3　自平曲线杆式角规

1）角规杆改为长度可变，具有两种比例的不锈钢拉杆，不用时拉杆可以套缩起来，便于携带。使用时，按照选定的 F_g 的要求将拉杆拉到规定的长度，即可观测使用。

2）具有自动改正坡度的功能，即将角规一端的金属片缺口改为可在垂直方向上自动转动的半圆形金属曲线缺口圈，圈的下端附有一个较重的平衡座，保证金属缺口圈始终保持与地面成垂直状态。在角规拉杆成水平状态时，金属圈内与角规杆先端截口相切处的缺口宽度为 1cm，对应的拉杆长度为 50cm，即 $F_g=1$。当坡度为 θ 时，拉杆与坡面平行，其倾斜角也为 θ，金属圈相应转动 θ，金属圈内的缺口宽度 l_θ 相应变窄为 $l\cos\theta$（$l=1.0$cm）。用此角规测量器观测时，可依每株树干胸高与观测者立于样点处的眼高之间形成的倾斜角度 θ 逐株自动进行坡度改正，所计数的树木株数就是改正成水平状态后的计数值，再乘以 F_g，即可得到林分每公顷胸高总断面积。

例 15.1 当使用缺口宽度为 1.41cm, 杆长为 50cm 的角规（F_g=2）进行绕测时，其中相割树木为 13 株，计数值为"13"，相切树木为 3 株，计数值为"1.5"，总计数值 Z=13+1.5，即 14.5，计算林分每公顷胸高断面积为

$$G = F_g Z = 2 \times 14.5 = 29\,(\text{m}^2/\text{hm}^2)$$

若在林分中设置了 n 个角规点进行观测，则林分每公顷胸高断面积计算式为

$$G = \frac{1}{n}\sum_{i=1}^{n} G_i = \frac{F_g}{n}\sum_{i=1}^{n} Z_i = F_g \times \overline{Z}\,(\text{m}^2/\text{hm}^2) \tag{15-1}$$

式中，Z_i 为第 i 个角规点上计数的树木株数；$\overline{Z}$ 为平均计数值。

■ **任务实施**

角规法测定林分胸高断面积

一、工具

每组配备：角规（片形角规或自平曲线角规）1 套，记录夹，记录表格。

二、方法与步骤

第 1 步　角规点位置的选择和数量的确定

根据林分树木分布情况、林地视野条件，按照系统或随机抽样的原则设置角规点。所选定的角规点位置应有一定代表性，要避免在林分过疏或过密处设置。当角规点位于林缘时，样圆有可能超出林地边界范围，故角规点不能落入林缘带。因样圆超出林地边界范围而带来的角规绕测误差，称为林缘误差。消除林缘误差，就要使角规点离林分边界的水平距离大于或等于最大有效样圆半径。可以根据林缘附近最粗树木的胸径 d_{MAX} 及所用角规的 F_g，计算出最大有效样圆半径 R_{MAX}，并以此为据划出林缘带，不在林缘带内设置角规点。

例 15.2 测得林分边缘最粗树木胸径 d_{MAX} = 28cm，若用 F_g = 1 的角规，则最大有效样圆半径为

$$R_{\text{MAX}} = \frac{50}{\sqrt{F_g}} \times d_{\text{MAX}} = 50 \times 0.28 = 14\,(\text{m})$$

角规点的数量应当根据林分面积，按照林分调查角规点数的确定（表 15-2）的标准或按照调查目的和精度要求来确定。本次实训采用人为选取的方法，共设 3 个测点。

表 15-2　林分调查角规点数的确定（F_g=1）

林分面积/hm²	1	2	3	4	5	6	7~8	9~10	11~15	>16
角规点个数	5	7	9	11	12	14	15	16	17	18

第 2 步　F_g 的选择与检查

1) F_g 的选择。根据经验，以每个测点的计数株数在 15 株左右较适宜。在测定不同的林分断面积时，可以根据林分平均直径大小、疏密度、通视条件及林木分布状况等因素选用适当大小的 F_g，见表 15-3。

表 15-3 林分特征与选用 F_g 参数表

林分特征	角规常数（F_g）
平均直径为 8～16cm 的中龄林，任意平均直径但疏密度为 0.3～0.5 的林分	0.5
平均直径为 17～28cm，疏密度为 0.6～1.0 的中、近熟林	1.0
平均直径为 28cm 以上，疏密度为 0.8 以上的成、过熟林	2 或 4

本次实训选用 $F_g=1$ 的角规绕测。

2）检查 F_g。F_g 是由缺口宽度 l 与杆长 L 的比值确定的。水平角规应当检查其杆长 L 与缺口宽度 l 的准确性，片形角规重点检查绳长的规范性，以便保证 F_g 的正确。各角规具体的缺口宽度 l 与杆长 L 的比值见表 15-1。

第 3 步 角规绕测技术

（1）角规绕测

观测者立于测点上，确定一个起点，将角规无缺口的一端贴近眼睑处，视线通过缺口逐株观测周围每株树木的胸高断面位置，如图 15-4 所示。通过缺口内侧的两条视线与胸高断面的几何关系，可以得到相割、相切与相离 3 种情况，并按计数规则进行记数。用角规绕测时，应当注意以下事项：

1）角规点的位置不能任意移动。当待测树木胸高部位被其他树木或灌木遮挡时，可以稍离开观测点在其左右侧观测，但是该观测点到被测树树干中心的水平距离应当保持不变。观测完毕后，应当立即回到原观测点继续绕测。

2）防止重测和漏测。在绕测起点立标杆或作出明显标记。

3）实行正反绕测。每个测点必须正反绕测两次，当两次绕测计数值相差不超过 1 时，计算平均值作为该点的计数值；当两次绕测计数值相差超过 1 时，须返工重测。

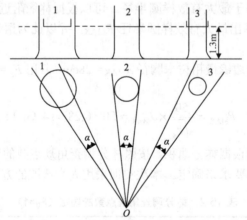

1. 相割，计数"1"；2. 相切，计数"0.5"；3. 相离，计数"0"。

图 15-4 水平角规计数示意图

（2）计数规则

1）缺口的两条视线与胸高断面"相割"的树木，计数为"1"，如 1 号树（图 15-4）。

2）缺口的两条视线与胸高断面"相切"的树木，计数为"0.5"，如 2 号树（图 15-4）。

3）缺口的两条视线与胸高断面"相离"的树木，不计数，如 3 号树（图 15-4）。

(3) 临界树判定

通过视角的视线明显相割或相离的树木容易确定，接近相切临界状态的树木往往难以判断。由于临界树很少，对于难以判断是否相切的树木，可以实测该树木的胸径 d，并用皮尺量出测点与树干中心的距离 S，先按临界距离公式计算该直径树木的样圆半径 R：

$$R = \frac{50d}{\sqrt{F_g}} \tag{15-2}$$

或

$$R = \frac{L}{l} d \tag{15-3}$$

再根据实际水平距离 S 与样圆半径 R 的关系来判断：若 $S<R$，树木位于样圆范围内，则相割，计数为 "1"；若 $S=R$，树木正好位于样圆边界上，则相切，计数为 "0.5"；若 $S>R$，树木位于样圆范围外，则相离，不计数。

(4) 坡度改正

当使用水平角规、片形角规进行观测时，还应利用测斜仪测量该角规点计数范围内林地的平均坡度值（θ）。若坡度 $\theta>5°$，则应对绕测计数结果进行坡度改正，即

$$Z = Z_\theta \times \sec\theta \tag{15-4}$$

例 15.3 使用 $F_g=1$ 的片形角规在坡度为 15° 的林地上进行绕测，其中相割树木为 12 株，相切树木为 3 株，试计算该林分每公顷胸高断面积。

$$Z_\theta = 12 + 1.5 = 13.5 \text{（株）}$$
$$Z = 13.5 \times \sec 15° = 13.98 \text{（株）}$$
$$G = F_g Z = 1 \times 13.98 = 13.98 \, (\text{m}^2/\text{hm}^2)$$

当使用自平曲线角规进行绕测时，因其可以自动进行单株树木的坡度修正，所以不需要再进行坡度改正。

第 4 步 林分调查因子计算

绕测时只按树种不分径阶计数情况（角规全林绕测）。

1) 计算林分每公顷胸高断面积。计算出各测点的经坡度改正的角规计数值：$Z_j = Z_{j\theta} \times \sec\theta$。每个测点改正后的角规计数值乘以 F_g 即为该点所测的每公顷胸高断面积：$G_j = F_g \times Z_j$。求出各测点的每公顷胸高断面积的平均值即为林分的每公顷胸高断面积：$G = \frac{1}{k} \sum_{j=1}^{k} G_j$。

例 15.4 某落叶松-樟子松混交林（林地坡度小于 5°），用 $F_g=1$ 的角规绕测，共计数 22.5 株，其中落叶松为 18 株，樟子松为 4.5 株，计算该林分每公顷断面积为

$$G = F_g Z = 1 \times 22.5 = 22.5 \, (\text{m}^2/\text{hm}^2)$$

其中，落叶松为 $18 \text{m}^2/\text{hm}^2$，樟子松为 $4.5 \text{m}^2/\text{hm}^2$。

2) 计算树种组成系数。用角规测得的各树种的计数株数 Z_i 或每公顷断面积 G_i 分别与林分总计数株数 Z 或每公顷胸高断面积 G 的比值乘以 10，即为各树种组成系数。

3) 计算林分疏密度。根据林分的平均高 $\bar{H}$ 和角规绕测得到的林分每公顷胸高断面

积 G,在相应树种的标准表中查出标准林分每公顷林木胸高断面积 $G_{1.0}$,即可计算出林分疏密度 P。

4)计算林分每公顷林木株数。根据林分平均胸径 $\bar{d}$ 和角规测定的林分每公顷胸高断面积 G,按下式计算林分每公顷林木株数:

$$N = \frac{G}{g} = \frac{40\,000 F_g Z}{\pi \bar{d}^2} \tag{15-5}$$

5)计算林分每公顷蓄积量。

一元材积表法(形高法):用当地对应树种的一元材积表,按 $R_i = V_i/g_i$ 计算出各树种的形高 R_i,再乘以角规绕测的各树种每公顷胸高断面积 $(F_g Z_i)$,得各树种每公顷蓄积量 M_i,各树种蓄积量之和即为林分每公顷蓄积量。

接例 15.4,若落叶松平均胸径为 13.6cm,查一元材积表得其平均材积为 0.0964m³,则落叶松的每公顷蓄积量为

$$M_i = F_g Z_i R_i = F_g Z_i \frac{V_i}{g_i} = 1 \times 18 \times \frac{0.0964}{0.014\,52} \approx 119.5041\,(\text{m}^3/\text{hm}^2)$$

用同样方法可以算出樟子松的每公顷蓄积量,从而合计出全林分的每公顷蓄积量。

标准表法:根据林分平均高 $\bar{H}$ 和林分每公顷胸高断面积 G,在相应树种的标准表中查出标准林分的每公顷胸高断面积 $G_{1.0}$ 和每公顷蓄积量 $M_{1.0}$,按下式计算出各角规点的林分每公顷蓄积量:

$$M = M_{1.0} \times \frac{G}{G_{1.0}} = M_{1.0} \times \frac{F_g Z}{G_{1.0}} = 180 \times \frac{1 \times 18}{31} \approx 104.5161\,(\text{m}^3/\text{hm}^2)$$

用同样方法可以算出樟子松的每公顷蓄积量,从而合计出全林分的每公顷蓄积量。

平均实验形数法:按下式计算每公顷蓄积量为

$$M = G(\bar{H}+3)f_3 = (F_g Z)(\bar{H}+3)f_3$$

三、数据记录

每人按照操作步骤完成角规绕测,并将测定结果记入表 15-4。

表 15-4 角规绕测记录表

角规常数_____

树号	树种	实测胸径/cm	距角规点距离/m	记数	胸高断面积/m²

四、注意事项

1)角规观测点的选取应有一定的代表性,防止将角规设置在林分过密、过稀处或林缘带上。

2）为了保证角规常数的正确，在使用片形角规时应当注意保证绳长值的固定。

3）使用角规进行观测时，应将无缺口的一端（杆柄或固定绳长值端）紧贴于眼下，并通过缺口观测树木胸高位置，保证角规常数的正确。

4）严格按照角规绕测操作方法进行角规观测，避免重测与漏测。

5）野外测定要注意安全，保管好仪器、用品。

子任务 15.2 角规控制检尺

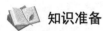
知识准备

角规控制检尺是指角规绕测时既分树种又分径阶计数。其他知识与前同，不再赘述。

■ 任务实施

角规法测定林分因子

一、工具

每组配备：角规，围尺，皮尺，测高器，记录夹，记录表等。

二、方法与步骤

对绕测时判断为相切或相割的树木，需要实测其胸径，并分树种各按径阶记录计数值（当坡度大于 5° 时，则按式（15-4）进行坡度改正），绕测结果填入表 15-5。

表 15-5 角规控制检尺记录表

角规点_____ 角规类型_____ 坡度_____ F_g = _____

径阶	树种：			树种：		
	胸径 1	胸径 2	平均胸径	胸径 1	胸径 2	平均胸径
合计						

调查者_____ 检查者_____ 调查日期_____

由于大多数林分调查因子的计算方法与只分树种不分径阶的计算方法相同，因此这里不再赘述。下面重点介绍计算方法不同的内容。

第 1 步 计算林分每公顷株数

计算径阶每公顷总胸高断面积：

$$G_{ij} = F_g Z_{ij}$$

计算径阶单株胸高断面积：

$$g_{ij} = \frac{\pi}{40\ 000} d_{ij}^2$$

计算径阶每公顷株数：

$$N_{ij} = \frac{G_{ij}}{g_{ij}} = \frac{40\ 000 F_g Z_{ij}}{\pi \cdot d_{ij}^2}$$

计算树种（组）每公顷株数：

$$N_i = \sum N_{ij} = \frac{40\ 000 F_g}{\pi} \sum \frac{Z_{ij}}{d_{ij}^2}$$

计算林分每公顷总株数：

$$N = \sum N_i$$

式中，Z_{ij} 为 i 树种 j 径阶计数株数；d_{ij} 为 i 树种 j 径阶中值。

具体算例见表 15-6。

表 15-6 角规测树每公顷株数计算表（F_g=1）

径阶	各树种计数株数		单株断面积/m²	各树种每公顷株数		
	落叶松	樟子松		落叶松	樟子松	合计
4	—	0.5	0.001 26	—	397	397
6	—	—	0.002 83	—	—	—
8	2	1	0.005 03	398	199	597
10	3	2	0.007 85	382	255	637
12	5	2	0.011 31	442	177	619
14	6	1	0.015 39	390	65	455
16	1	1	0.020 11	50	50	100
18	1	—	0.025 45	39	—	39
合计	18	7.5	—	1701	1143	2844

第 2 步 计算林分平均胸径

根据落叶松每公顷总胸高断面积 G_i 和株数 N_i，按 G_i / N_i 计算单株平均胸高断面积 $\bar{g}_i$，反算平均胸径。用同样方法可以计算樟子松的平均胸径。

第 3 步 一元材积表法计算林分每公顷蓄积量

用一元材积表按 $R_{ij} = V_{ij} / g_{ij}$ 导出 i 树种 j 径阶的形高 R_{ij}，乘以 j 径阶每公顷胸高断面积（$F_g Z_{ij}$）得到径阶每公顷蓄积量 M_{ij}，由各径阶蓄积量之和得到 i 树种每公顷蓄积量 M_i，由各树种蓄积量之和得到每公顷蓄积量 M，即

$$M = \sum M_i = \sum\sum M_{ij} = F_g \sum\sum R_{ij} Z_{ij} = F_g \sum\sum \frac{V_{ij} Z_{ij}}{g_{ij}}$$

三、数据记录

提交角规控制检尺记录表及角规控制检尺林分调查因子计算表（表 15-7）的综合计算结果。

表 15-7 角规控制检尺林分调查因子计算表

径阶	Z_{ij}		g_{ij}/m²	V_{ij}/m³		G_{ij}/m²		N_{ij}		R_{ij}/m		M_{ij}/m³		
	树种	树种		树种	树种	树种	树种	树种	树种	树种	树种	树种	树种	合计
合计														
平均胸径计算														
平均实验形数法计算蓄积量														

四、注意事项

1）按照立木检尺要求进行角规控制检尺。

2）按照角规使用要求进行角规控制检尺。

3）当观测者视线与被测树的胸高断面相切时要进行实测，用临界树判别公式确定被测树状态。

■ 任务评价

1）主要知识点及内容如下。

① 角规绕测：角规定义；角规种类；角规常数；角规计数规则；相切、相割；临界树判断方法；临界树判定公式。

② 角规控制检尺：角规控制检尺内业计算。

2）对任务实施过程中出现的问题进行讨论，并完成角规测树任务评价表（表 15-8）。

表 15-8 角规测树任务评价表

任务程序		任务实施中应注意的问题
人员组织		
材料准备		
实施步骤	1. 角规计数	
	2. 相切、相割	
	3. 临界树判断方法	
	4. 角规控制检尺内业计算	

任务 16　测定林分生长量

任务描述

林分生长量通常是指林分蓄积的生长量。由于森林存在自然稀疏现象，林分生长过程呈现"消""长"双向动态变化，不同阶段的林分生长量变化趋势不同，通过对林分生长量的测定，可以有效地判定林分所处阶段，从而制定相应的营林措施，实现森林的永续利用。本任务测定林分的各种生长量，主要包括毛生长量、纯生长量、净增量、枯损量、采伐量、进界生长量。

知识目标

1. 掌握林分生长量的概念，理解林分生长规律与特点。
2. 熟悉林分生长量的种类，掌握各种林分生长量之间的关系。
3. 熟悉林分收获表。

技能目标

1. 理解固定标准地在测算林分蓄积生长量中的作用。
2. 能够测算林分胸径生长量。
3. 能够测算林分蓄积生长量。

思政目标

1. 培养学生认真负责、科学求实的工作态度。
2. 培养学生树立新时代生态文明理念。

知识准备

根据测算的林分生长量数值可以知道林分生长发育规律，为林业生产中采取不同经营措施提供理论依据。

一、林分生长的规律

林分生长量一般是指林分蓄积量随着年龄的增长所发生变化的量。林分生长与单株林木的生长不同，单株树木在伐倒或死亡之前，其直径、树高和材积总是随着年龄的增长而增加的。在林分生长过程中，"消""长"两种对立的作用同时发生：①活着的林木其材积逐年增加，林分蓄积量也不断增加。②自然稀疏或抚育间伐及其他原因使一部分林木死亡，减少了林分蓄积量。当林分处于生长旺盛阶段，因林木株数减少而减少的蓄积量小于活立木生长量，故林分蓄积量不断增加；到某个年龄阶段，因株数减少而减少的蓄积量与活立木生长量相等，此时林分蓄积量达到最高；进入衰退阶段，林分总蓄积量开始减少，直到全部死亡。因此，林分生长量不仅是一定时间内林木生长的总和，还包含该期间内因自然稀疏和抚育间伐所减少的林木总量。因此，林分蓄积生长量实际上是林分中两类林木材积生长量的代数和。这两类林木材积生长量包括使林分蓄积增加的所有活立木材积生长量，以及使蓄积减少的枯损林木的材积（枯损量）和间伐量。为此，林分的生长发育可分为以下5个阶段（图16-1）。

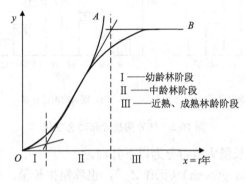

图16-1　林分生长曲线图

1）幼龄林阶段。在此阶段，由于林木间尚未发生竞争，自然枯损量接近于零，林分的总蓄积在不断增加。

2）中龄林阶段。由于林木间竞争，发生自然稀疏现象，但是林分蓄积的正生长量仍大于自然枯损量，因而林分蓄积量仍在增加。

3）近熟林阶段。随着林木间竞争的加剧，自然稀疏急速增加，此时林分蓄积的正生长量等于自然枯损量，反映出林分蓄积生长量的生长逐渐减慢。

4）成熟林阶段。林分蓄积量增加减缓直至完全停止。

5）过熟林阶段。此时林分蓄积的正生长量小于枯损量，反映林分蓄积量在不断下降，最终被下一代林木所更替。

然而，具体到某一林分，由于林分的初始密度、立地条件的差异，林木间竞争的开始时间及其变化时刻均有一定差异。但是林分必然存在上述消长规律，反映林分蓄积的总生长量与林龄的函数是非单调连续函数。实际上，常采用分段拟合法进行拟合。

在森林经营管理上，测定林分生长量具有重要意义。它既能反映立地条件的好坏和森林生产能力的高低，又可作为判断营林效果及确定年伐量和主伐年龄的重要依据。

二、林分生长量

1. 林分生长量的种类

根据测定因子的不同，林分生长量分为平均胸径生长量、平均树高生长量、林分蓄积生长量。在林分生长过程中，林木株数按胸径的分布每年都在发生变化，若在两次测定期间所有林木的胸径定期生长量恰好是一个径阶（2cm），则整个林分的株数按胸径的分布都向右移一个径阶。同时，在此期间林分还发生了许多变化：有些林木被间伐；有些林木因受害、被压而死亡；有些林木在期初测定时未达到起测径阶而在期末测定时已进入起测径阶；还有不少林木在两次测定期间增加了一个径阶。因此，在期初调查和期末调查时，林分胸径分布呈现的状态如图16-2所示。

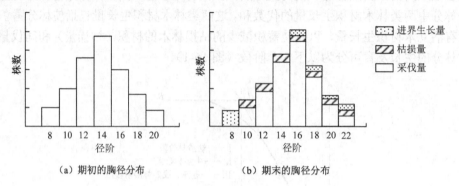

（a）期初的胸径分布　　　　　　（b）期末的胸径分布

图16-2　林分胸径分布动态变化

据此，林分蓄积生长量大致可分为以下几种。

1) 毛生长量（gross growth）（记作 Z_{gr}），也称粗生长量，是林分中全部林木在调查间隔期内生长的总材积。

2) 纯生长量（net growth）记作（Z_{ne}），也称净生长量，是毛生长量减去调查间隔期间枯损量以后生长的总材积。纯生长量即净增量与采伐量之和。

3) 净增量（net increase）（记作 Δ）是期末材积（V_b）和期初材积（V_a）两次调查的材积差，即 $\Delta = V_b - V_a$。净增量是通常所用的生长量。

4) 枯损量（mortality）（记作 M_0）是调查期间内因各种自然原因而死亡的林木的材积。

5) 采伐量（cut）（记作 C）一般是指抚育间伐的林木材积。

6) 进界生长量（ingrowth）（记作 I），是指在期初调查时未达到起测径阶的幼树，在期末调查时已长大进入检尺范围之内，这部分林木的材积称为进界生长量。

2. 林分生长量之间的关系

根据上述几种生长量的定义可知，林分各种生长量之间的关系可用下述公式表达。

1) 林分生长量中包括进界生长量，表示如下：

$$\Delta = V_b - V_a \tag{16-1}$$

$$Z_{ne} = \Delta + C = V_b - V_a + C \tag{16-2}$$

$$Z_{gr} = Z_{ne} + M_0 = V_b - V_a + C + M_0 \tag{16-3}$$

2) 林分生长量中不包括进界生长量，表示如下：

$$\Delta = V_b - V_a - I \tag{16-4}$$

$$Z_{ne} = \Delta + C = V_b - V_a - I + C \tag{16-5}$$

$$Z_{gr} = Z_{ne} + M_0 = V_b - V_a - I + C + M_0 \tag{16-6}$$

从上式可知，林分生长量实际上是两类林木生长量的总和：①在期初和期末两次调查时都被测定过的林木,即在整个调查期间活立木的生长量($V_b - V_a - I$)。这些林木在森林经营过程中称为保留木。②在期初和期末两次调查时只被测定过一次的林木生长量(期初未测定、期末测定的进界生长量 I 和期初测定、期末未测定的采伐量 C 及枯损量 M_0)。虽然这些林木只在调查期间生长了一段时间,但是也有与其相应的生长量。

例 16.1 某林场分别于 2010 年和 2012 年进行两次固定样地测树,测定每公顷蓄积量分别为 121.1m³ 和 123.6m³,期间枯损量为 1.496m³,采伐量为 1.391m³,进界生长量为 0.136m³,求此期间(2 年)毛生长量、纯生长量和净增量各是多少?

1)林分生长量中包含进界生长量:

$$\Delta = V_b - V_a = 123.6 - 121.1 = 2.5 \text{（m}^3\text{）}$$
$$Z_{ne} = \Delta + C = 2.5 + 1.391 = 3.891 \text{（m}^3\text{）}$$
$$Z_{gr} = Z_{ne} + M_0 = 3.891 + 1.496 = 5.387 \text{（m}^3\text{）}$$

2)林分生长量中不包含进界生长量:

$$\Delta = V_b - V_a - I = 123.6 - 121.1 - 0.136 = 2.364 \text{（m}^3\text{）}$$
$$Z_{ne} = \Delta + C = 2.364 + 1.391 = 3.755 \text{（m}^3\text{）}$$
$$Z_{gr} = Z_{ne} + M_0 = 3.755 + 1.496 = 5.251 \text{（m}^3\text{）}$$

三、林分收获量

林分收获量是指林分在某一时刻采伐时,由林分可以得到的(木材)总量。例如,某一落叶松人工林在 40 年生时进行主伐,此时该林分蓄积量为 290m³/hm²,在森林经营过程中进行了两次抚育,抚育间伐量分别为 20m³/hm² 和 35m³/hm²,则该林分收获量为 345m³/hm²。实际上,收获量包括两重含义,即林分累计的总生长量和采伐量。它既是林分在各期间所能收获可采伐的数量,又是在任何期间所能采伐的总量。

林分生长量和林分收获量是从两个角度定量说明森林变化情况。为了经营好森林,森林经营者不仅要掌握森林的生长量,同时也要准确预估一段时间后的收获量。生长量是森林的生产速度,它体现了特定期间(连年或定期)的收获量的概念。林分收获量是林分生长量积累的结果,两者之间存在着一定的关系,这一关系被称为林分生长量和林分收获量之间的相容性。与林木一样,林分生长量和林分收获量之间的这种生物学关系可采用数学上的微分和积分关系予以描述。从理论上讲,可以通过对林分生长模型积分导出相应的林分收获模型,同样也可以通过对林分收获模型的微分导出相应的林分生长模型。

四、收获表的基本概念

收获表是按树种、立地质量、林龄和密度来表达同龄纯林的单位产量及其林分特征因子的数表,如表 16-1 所示。20 世纪 50 年代,在我国又称其为生长过程表,副林木是指在林分生长过程中因自然稀疏而枯损的林木,该林分林木往往是间伐利用的对象。主林木是指保留的活林木,主林木的株数变化显示林分的自然稀疏过程。

表 16-1 Ⅱ地位级白桦林收获表（饱和密度林分）

林分平均年龄	主林木（保留部分）								副林木（枯损）			全林分合计			
	平均树高/m	平均胸径/cm	株数	断面积合计/m²	干材蓄积量/m³	连年生长量/m³	平均生长量/m³	形数	株数	干材蓄积量/m³	连年生长量/m³	干材蓄积量/m³	连年生长量/m³	平均生长量/m³	连年生长率/%
5	5.7	4.0	9070	11.4	35		3.5	0.531		6	6	41		4.1	
15	11.3	9.0	2720	17.3	96	6.1	4.8	0.490	6350	19	25	121	8.0	6.0	12.0
25	15.5	13.5	1500	21.5	157	6.1	5.2	0.456	1200	24	49	206	8.5	6.9	6.7
35	19.0	20.3	769	24.9	212	5.5	5.3	0.449	731	27	76	288	8.2	7.2	4.4
45	21.6	22.6	683	27.4	260	4.8	5.2	0.440	86	27	103	363	7.5	7.3	3.2
55	23.8	24.4	622	29.1	301	4.1	5.0	0.435	61	25	128	429	6.6	7.2	2.4
65	25.5	25.9	575	30.3	334	3.3	4.8	0.432	47	21	149	483	5.4	6.9	1.7
75	26.8	27.2	540	31.4	361	2.7	4.5	0.430	35	18	167	528	4.5	6.6	1.3
85	27.7	28.3	512	32.3	382	2.1	4.2	0.429	28	14	181	563	3.5	6.3	0.9
95	28.5	29.3	482	32.5	397	1.6	4.0	0.429	30	9	199	583	2.5	5.9	0.6

五、收获表的种类

（1）标准收获表

标准收获表是反映标准林分的收获量和生长过程的数表。标准林分是指林分生长呈正常状态且具有疏密度为 1.0 和最高生长能力的林分。生长呈正常状态是指未受过少许危害且保持完整状态而生长着的林分。间伐不及时或过密的林分，或是为了增加收入对优势木过度间伐的林分，都不属于正常状态。因此，标准收获表是反映理想模式林分生长的过程数表。

（2）经验收获表

经验收获表又称现实收获表，它是以现实林分为对象的收获表。该表以标准地或样地平均数为基础，取消了为选择适度郁闭所作的限制，从而减少了外业收集资料的难度。表 16-2 的数值表明具有平均密度林分的特征。

表 16-2 黄檀可变密度总胸高断面积收获表

林分平均年龄	每公顷的林木株数								
	100	200	300	400	500	600	700	800	900
10							11.151	12.286	13.383
15				12.263	14.420	16.461	18.411	20.285	22.097
20			13.668	16.844	19.806	22.610	25.288	27.863	30.350
25			16.973	20.916	24.595	28.076	31.402	34.599	
30			19.774	24.368	28.654	32.710	36.584	40.308	
35		16.423	22.045	27.166	31.045	36.466			
40	10.717	17.728	23.798	29.326	34.484	39.366			

（3）可变密度收获表

可变密度收获表是以林分密度为自变量的现实林分的收获表。因此，它不受正常林分的限制，是可以反映各种密度水平的收获表。例如，印度黄檀木树种的可变密度收获表（表 16-2），在其总胸高断面积收获模型的自变量中增加了株数密度因子，其收获函数式为

$$\lg(G) = b_0 + b_1\lg(t)\lg(SI) + b_2(t) + b_3(SI) + b_4\lg(N) \tag{16-7}$$

式中，G 为每公顷胸高断面积（m^2）；t 为林分年龄；N 为株数密度；SI 为地位指数；b_0、b_1、b_2、b_3、b_4 为参数。

六、收获表的应用

收获表的主要用途如下：判断林地的地位级；测定林分的生长量和蓄积量，预估今后的生长状态和收获量；确定森林成熟龄和伐期龄；鉴定经营措施的效果；作出有关森林经营的最佳决策。

用收获表预估生长量的步骤如下：

1）测定现实林分年龄、每公顷总胸高断面积及林分平均高或优势木平均高。
2）确定现实林分立地质量级。
3）在收获表中查出疏密度为 1.0 时的蓄积量及与其有关因子。
4）计算现实林分疏密度、蓄积量、生长量及其他因子。
5）在预估现实林分生长量时，可用盖尔哈尔特（E.Gehrhardt，1930）公式予以预估和调整，其公式为

$$Z_M = Z_{表} P[1+ K(5-P)] \tag{16-8}$$

式中，Z_M 为预估的生长量；$Z_{表}$ 为收获表中的生长量（m^3）；P 为现实林分的疏密度；K 为因树种而改变的系数，其经验值：喜光树种为 0.6～0.7，中性树种为 0.8～0.9，耐荫树种为 1.0～1.1。

例 16.2 某白桦天然林分，测定林分年龄为 80 年，平均树高为 25m，总胸高断面积为 25.1m^2。

1）确定地位级。根据林分平均高和林龄查白桦天然林分正常收获表或相应树种地位级表，确定该林分地位级为 II 级。

2）根据林分年龄，由 II 地位级白桦天然林分收获表中查得每公顷胸高断面积为 31.4m^2，每公顷蓄积量为 361m^3，连年生长量为 2.7m^3。

现实林分疏密度：$P = 25.1/31.4 \approx 0.80$

林分蓄积量：$M_{实} = M_{表} \times P = 361 \times 0.80 = 288.8$（$m^3/hm^2$）

蓄积生长量：$Z_M = Z \times P = 2.7 \times 0.80 = 2.16$（$m^3/hm^2$）

任务实施

标准地法、标准木法测定林分生长量

一、工具

每组配备：皮尺、透明直尺、生长锥、方格纸、铅笔、粉笔；森林调查手册、标准适用的二元材积表、林分中标准地每木调查数据、胸径生长量测定数据表。

二、方法与步骤

测定林分蓄积生长量的方法较多，这里仅介绍固定标准地法和标准木法。

（一）固定标准地法

准备工作，先进行固定标准地的设置和测定，其方法与临时标准地基本相同。

第1步 调查方法确定

1）对每株林木进行编号，在树干上用油漆标明胸高1.3m的位置，用围尺测径，精度保留到0.1cm。

2）确定每株林木在标准地的位置，并绘制林木位置图。

3）复测时要分别对单株林木记载死亡情况与采伐时间，进界树木要标明生长级。

4）其他测定项目与临时标准地测定项目相同。

第2步 计算生长量

（1）胸径和树高生长量

在固定标准地上逐株测定每株林木的D_i、H_i，或用系统抽样方式测定一部分树高，利用期初、期末两次测定结果计算Z_D、Z_H。步骤如下：

1）将标准地上的林木（主林木和副林木）调查结果分别按径阶归类，求各径阶期初、期末的平均直径或平均高。

2）期末、期初平均直径之差即为该径阶的直径定期生长量。

3）以径阶中值及直径定期生长量作点绘制定期生长量曲线。

4）从曲线上查出各径阶的理论定期生长量，计算连年生长量。

（2）材积生长量

固定标准地的材积是用二元材积表计算的，期初、期末两次材积之差即为材积生长量。由于固定标准地的树高测定方式不同，材积生长量的计算方法也不同。

1）在标准地上每木调查时，根据胸径和树高的测定值用二元材积表计算期初、期末的材积，两次材积之差即为材积生长量。

2）在用系统抽样方法测定部分树木的树高时，根据树高曲线导出期初、期末的一元材积表，计算期初、期末的蓄积量，两次蓄积量之差即为蓄积生长量。

例16.3 以某固定标准地为例说明树木编号固定标准地的生长量的测算。该固定标准地2012年和2014年两次调查因子测定和检尺资料见表16-3和表16-4。

试根据表16-3中的数据计算34年生树木的平均生长量及各调查因子的连年生长量。

表 16-3　固定标准地调查因子测定表

调查因子	年龄	平均树高/m	平均直径/cm	总断面积/m²	蓄积量/m³	枯损和采伐断面积/m²	枯损和采伐蓄积量/m³	说明
第一次测定	32	17.3	26.3	27.2	167	1.2	14.36	林分两年内枯损和采伐总断面积和总蓄积量分别为 0.31m² 和 1.95m³
第二次测定	34	17.6	26.5	28.6	179	1.5	16.31	

表 16-4　固定标准地检尺资料表

年份	平均年龄	平均树高/m	龄组	郁闭度	每公顷株数	林分平均直径/cm
2012 年	32	17.3	成熟林树种组成：9 针 1 阔	0.73	825	26.3
2014 年	34	17.6	成熟林树种组成：9 针 1 阔	0.73	850	26.5

$$\Delta M = \frac{M_a + \sum \Omega}{a} = \frac{179 + 16.31}{34} \approx 5.74\,(\mathrm{m}^3) \tag{16-9}$$

$$Z_M = \frac{M_a - M_{a-n} + \Omega}{n} = \frac{179 - 167 + 1.95}{2} = 6.975\,(\mathrm{m}^3) \tag{16-10}$$

$$Z_g = \frac{28.6 - 27.2 + 0.31}{2} = 0.855\,(\mathrm{m}^2) \tag{16-11}$$

$$Z_H = \frac{17.6 - 17.3}{2} = 0.15\,(\mathrm{m}) \tag{16-12}$$

$$Z_D = \frac{27.3 - 26.3}{2} = 0.5\,(\mathrm{cm}) \tag{16-13}$$

式中，ΔM 为林分蓄积平均生长量；M_a 为林分 a 年时蓄积量；M_{a-n} 为林分（$a-n$）年时蓄积量；$\sum \Omega$ 为林分枯损和采伐量之和；Ω 为林分 n 年间枯损量和采伐量；Z_M、Z_g、Z_H、Z_D 分别为林分蓄积、断面积、平均高、平均直径的连年生长量；n 为间隔年数。

1）胸径生长量。胸径生长量直接由固定标准地两次检尺资料获得。

2012 年林分平均直径为 26.3cm，2014 年林分平均直径为 26.5cm，因此两年间林分胸径定期生长量为

$$26.5 - 26.3 = 0.2\,(\mathrm{cm})$$

2）树高生长量。2012 年林分平均树高为 17.3m，2014 年林分平均树高为 17.6m，因此两年间林分树高定期生长量为

$$17.6 - 17.3 = 0.3\,(\mathrm{m})$$

3）蓄积生长量。由固定标准地两次检尺资料查一元材积表，可以直接获得该林分每公顷的净增量、枯损量、采伐量、进界生长量、纯生长量、毛生长量。

实际计算得出 2012 年该林分每公顷蓄积量为 167m³，2014 年该林分每公顷蓄积量为 179m³，枯损量为 23m³，采伐量为 0.9088m³，进界生长量为 0.9713m³。两年间蓄积净增量纯生长量、毛生长量计算如下。

净增量：

$$\Delta = V_b - V_a - L = 179 - 167 - 0.9713 = 11.0287\,(\mathrm{m}^3)$$

纯生长量：
$$Z_{ne} = \Delta + C = V_b - V_a - I + C = 11.0287 + 0.9088 = 11.9375 \text{ (m}^3\text{)}$$

毛生长量：
$$Z_{gr} = Z_{ne} + M_0 = V_b - V_a - I + C + M_0 = 11.9375 + 23 = 34.9375 \text{ (m}^3\text{)}$$

（二）平均标准木法

在林分中选出几株平均标准木，伐倒后按照区分求积法测定其连年生长量，然后按比例求出林分蓄积量连年生长量（Z_M）。

采用平均标准木法，一次测定即可求得蓄积生长量，简便快速，掌握好也能取得令人满意的调查结果，但是该方法不能测量枯损量和采伐量。

$$Z_M = \frac{\sum G}{\sum g} \cdot \sum Z_V \tag{16-14}$$

式中，$\sum Z_V$ 为标准木材积连年生长量之和（m³）；$\sum G$ 为林分总胸高断面积（m²）；$\sum g$ 为标准木断面积之和（m²）。

例 16.4 据某标准地调查结果，总胸高断面积 $\sum G$ = 30.911 08 m²，3 株平均标准木伐倒后，测算结果如下：

1）g_1 = 0.093 48 m²；V_a = 1.121 m³；V_{a-5} = 0.984 m³；
2）g_2 = 0.088 67 m²；V_a = 0.992 m³；V_{a-5} = 0.862 m³；
3）g_3 = 0.085 53 m²；V_a = 0.955 m³；V_{a-5} = 0.833 m³；
4）$\sum g$ = 0.267 68 m²；$\sum V_a$ = 3.068 m³；$\sum V_{a-5}$ = 2.679 m³。

由上述条件可得：

标准木材积连年生长量为

$$\sum Z_V = \frac{(\sum V_a - V_{a-5})}{5} = \frac{0.389}{5} = 0.0778 \text{ (m}^3\text{)}$$

林分蓄积生长量为

$$Z_M = \frac{\sum G}{\sum g} \cdot \sum Z_V = \frac{30.911\ 08}{0.267\ 69} \times 0.0778 \approx 8.984 \text{ (m}^3\text{)}$$

三、数据记录

1）完成固定标准地法测定林分蓄积生长量及计算结果。
2）完成平均标准木法测定林分蓄积生长量的过程及计算结果。

四、注意事项

1）标准地对拟调查的林分应有充分代表性。
2）固定标准地的测量设备（标桩、测线等）要保证易于复位。
3）一般应在标准地四周设置保护带，带宽以不小于林分的平均树高为宜。

4)重复测定的间隔年限,一般以 5 年为宜。速生树种间隔期可定为 3 年;生长较慢树种或老龄林分可取 10 年为一个间隔期。

5)测树工作及测树时间最好在树木生长停止时。应在树干上用油漆标出胸高(1.3m)的位置,用围尺检径,精确到 0.1cm,并绘出树木位置图。

6)样木直径测量要分东西方向和南北方向,计算其平均值。

■ **任务评价**

1)主要知识点及内容如下:
林木生长量种类;各种生长量的计算方法。

2)对任务实施过程中出现的问题进行讨论,并完成测定林分生长量任务证价表(表 16-5)。

表 16-5 测定林分生长量任务评价表

任务程序			任务实施中应注意的问题
人员组织			
材料准备			
实施步骤	1. 固定标准地法	①固定标准地的设置和测定	
		②树木编号固定标准地的调查及生长量的计算	
	2. 平均标准木法		

任务 17 　 林分多资源调查

 任务描述

林业既是一项基础性产业，又是一项公益性事业。森林与人类的生存、发展和需求息息相关。随着人们对森林功能的需求不断增长，特别是随着现代社会生态文明建设的不断推进，已将森林的生态环境效益和社会效益放在了重要位置，为此开展野生经济植物资源、野生动物资源、景观资源、水资源和渔业资源、放牧资源等多项资源调查具有重要的意义。本任务对林分中的野生植物资源、野生动物资源、水资源、渔牧资源、景观资源、种质资源等进行调查。

 知识目标

1. 熟悉多资源调查的内容。
2. 掌握多资源调查的方法。

 技能目标

1. 能够根据经营对象确定多资源调查的项目。
2. 能够根据实际情况，熟练运用多种调查方法对当地经济植物资源进行调查。

 **思政目标**

1. 培养学生热爱祖国绿水青山的情怀。
2. 培养学生爱岗敬业、踏实肯干的工作作风。

知识准备

人类对环境质量越来越重视，森林资源是提高环境质量最重要的生态系统。森林资源不仅包括林木资源，也包括森林内的动物资源、植物资源、土地资源、水资源、气候资源和地下资源等。为了正确评价森林的多种效益，发挥森林的各种效能，满足森林经营方案、总体设计、林业区划与规划设计的需要，在森林分类经营的基础上开展多资源调查。

一、多资源调查内容

森林中的各种资源是一个有机的整体，是一个结构和功能繁多而又复杂的生态系统。林木资源与其他资源互为环境，相互影响。由于林区资源较为复杂，如果只是泛泛地调查，那么不仅时间和经费不允许，而且技术能力也达不到。因此，应当针对多资源调查的内容及详细程度编制具体实施方案和技术操作细则，并根据此方案和细则进行调查。要突出调查内容的特点,要具有科学性和可操作性。我国多资源调查大体可归纳为野生经济植物资源、野生动物资源、水资源和渔业资源、放牧资源、景观资源、珍稀植物资源等方面的调查。

1. 野生经济植物资源调查

森林植物中,除了可以提供木材原料的树种,还有可以提供其他具有较高经济价值附产品的植物资源。其中包括食用类资源,以提供果实、种子为主,如红松、刺龙芽;药材类资源,如黄檗、杜仲、人参、黄芪等;工业原料类资源,如漆树、橡胶等乔木、灌木及草本植物。此外,还有美化观赏类资源。调查这些植物资源的种类、分布、蕴藏量、培育和利用情况、经济效益及其开发条件等,为植物资源的合理采集、加工,大力发展种植业,充分发挥森林植物资源的生态效能、社会效能和经济效能,制定森林植物资源的经营规划提供依据。

2. 野生动物资源调查

野生动物资源调查是森林资源调查的重要组成部分,因此应对林区出现的野生动物资源进行调查。主要调查其种类、大致数量、组成、动向、地域分布、种群消长变化规律及可利用的情况和群体的自然区域;确定不同种类野生动物对食物和植被的需要;评价维持野生动物种类的各种生存环境。这对制定野生动物保护方案和措施,发展林区养殖业及狩猎场具有积极意义。

3. 水资源和渔业资源调查

森林资源与水资源之间密切联系,从某种意义上讲,没有森林就没有水。河水不仅是天然动力资源,也是垂钓、游泳、划船和其他以水为基础的旅游活动场所,还是城市生活和工业用水、农业用水的重要来源。

水资源调查的内容包括降水、地表水和地下水;水域面积、水量、水质、水生生物和水生生态环境评价;地表水环境;人为活动对水的污染;生产和生活中对水的利用情况等。

渔业资源调查是在水资源调查的基础上进行的,调查的内容包括养殖面积、种类、鱼龄、鱼类生长发育情况、现有量、负载量等。

4. 放牧资源调查

放牧资源主要是指分布于草地、低湿地、灌木丛、造林未成林地、河流两岸和部分类型林地中的草本植物,此外也包括一些灌木的叶、小枝和果实,还包括部分乔木的果实等。

放牧资源调查的主要内容包括草场的种类、面积、立地条件、利用系数、载畜量(头数)、发展畜牧业及野生动物事业的潜力等。其中,利用系数是指适于放牧的牧草的质量,灌木的枝、叶、果实等饲料的百分数,它随立地条件、牲畜等级及季节而变化。

由于牧草资源由多种植物构成,它们的生长季长度和产量高峰期有所不同,因此要注意牧草资源调查的季节。对于大多数植被而言，调查的最好时期通常接近其生长季节末期，在此期间，不仅植物品种最容易辨认，而且草饲料总量和嫩枝叶量最大。

5. 景观资源调查

景观资源调查是进行风景规划设计和开展森林旅游不可缺少的基础工作。它是多资源调查的重要组成部分，要按照美学原则和开放旅游的要求调查。其调查内容包括自然景观（地质地貌、水文、气象、动物、植物等）和人文景观（历史古迹、民族风情、近现代革命文物和文化建设等）。调查时应按下列类型进行：

1）乔灌林景观的调查。以山区垂直植物带或不同林分类型为单位，调查记载具有旅游观赏价值的景观。

2）可观赏植物调查。应当记载植物的种类、分布范围、数量、花期。

3）林区地貌景物调查。山景调查包括悬崖、陡壁、怪石、雪山等。对特殊山（石）景，还应记载奇峰、怪石的位置（记载详细的 GPS 坐标值）、生成原因、数量、分布特点、形态大小。对溶洞，应当记载其深度、广度、位置、形成原因、洞内景物特点及可及度。对雪山，应当调查其位置、面积、坡度。此外，还要调查记载可以远眺原野、林海、沙漠、日出、日落等景观的场所。

4）水文景观调查。水文景观包括海湾、湖泊、瀑布、溪流、泉水等。要调查它们的位置（记载详细的 GPS 坐标值）、海拔、形成原因、当地名称、水质、景观特点、可利用价值及可览度等。

5）人文景观的调查。人文景观包括历史古迹、民族风情、宗教、革命文物等。要调查记载它们的种类、名称、位置（记载详细的 GPS 坐标值）、景观、美丽的神话传说及故事等。

6）障碍因素调查。要调查记载八级以上强风种类及沙尘暴、雪暴、暴雨等出现的季节、频率、强度，对居住及交通的危害程度和重灾气候等自然因素；社会生活及工矿企业等造成的大气、水质、地理、生物、气候等自然因素；社会生活及工矿企业等造成的大气污染和水质污染情况；不利于开放旅游的社会因素及自然因素等。凡对游人的身心健康有严重危害，或为消除障碍因素的投入长期大于收益的风景区，不论其景区等级高低，都不可作为风景旅游区。

风景区力求包含尽可能多的风景要素（景素），并应考虑人工置景的需要，以及景区容纳大规模游客必要的场所面积和食宿等需要，同时还要考虑开放景区所带来的污染问题及其预防措施。

6. 珍稀植物资源调查

珍稀植物资源调查是森林资源调查的重要组成部分，因此应对林区出现的珍稀植物资源进行调查。珍稀植物资源调查的任务是查清调查地区珍稀植物资源的种类、大致数量、分布、生长环境、蕴藏量、培育和利用情况，以及根据调查结果提出必要的保护措施等。

7. 林木种质资源调查

林木种质资源是指林木遗传多样性资源和选育新品种的基础材料,包括森林植物的栽培种、野生种的繁殖材料,以及利用上述繁殖材料人工创造的遗传材料。林木种质资源的形态包括植株、苗、果实、籽粒、根、茎、叶、芽、花、组织、细胞和DNA、DNA片段及基因等。林木种质资源是人类的宝贵财富,是林木遗传改良和新品种选育的基础材料,对林业经济建设和生态建设具有重要战略意义。主要调查内容如下:

1) 包括野生林木种质资源(含珍稀濒危树种)的种类、分布、种群信息、生长情况等。

2) 收集保存的林木种质资源的来源、数量、分布、生长情况等。

3) 栽培树种(品种)种质资源的数量、分布、生长情况等。

4) 古树名木资源的类型、数量、分布、生长情况等。

8. 其他多资源调查

其他多资源调查包括建材(花岗岩等)、矿产(浮石等)、采伐、造材、加工剩余物等。应当调查这些资源的数量,现有利用情况和开发利用方向,为发展林区多种经营提供科学依据。

二、多资源调查方法

林区内森林多资源调查一般与森林经营调查同时进行,其调查方法的详尽程度要根据森林资源的特点、经营目标和调查目的等内容而定。

现将多资源调查的一些常用方法介绍如下。

1. 野生经济植物资源调查

一般采用路线调查和典型调查相结合的方法,以便调查统计全林或单一类型的产量和可利用程度等。

路线调查是根据调查地区的森林植被面积和分布状况,先在室内地形图上选择3~5条有代表性的线路,即选择地形变化大、植被类型多样、植物生长旺盛的地段。调查线路应当垂直于等高线,并尽可能通过各种森林植物群落。目测调查记载经济植物的种类、分布、蕴藏量等项目。这种方法虽然较为粗糙,但可窥其全貌,尤其适用于经济植物产量较少且分布不均匀的面积较大的地区。

典型调查是在路线调查的基础上选择确定设置标准地的地块,标准地要选择有代表性的地段,并按不同的植物群落设置样地,在样地内进行细致的调查研究。样地的设置是按不同的环境(含各种地形、海拔、坡度、坡向等)拉上工作线,在工作线上每隔一定距离设置样地(样地的大小根据调查的目的、对象而定,一般草本植物为 1~4m^2,灌木为4~50m^2,乔木为 100~10 000m^2;样地可以是方形、圆形,也可以是长方形)。在样地内对经济植物的种类、株树、多度、盖度(郁闭度)及每株湿重、风干重量等分别测量统计。

2. 野生动物资源调查方法

可采用抽样调查或典型调查的方法,样地面积不少于动物栖息地面积的10%。根据本地现有物种的实际情况选择适当的调查方法。调查时参考地方土特产收购部门的统计数据及当地居民和林业部门的介绍,同时也可采取下列方法:

1) 直接调查法。哄赶调查;空中监视;利用航空像片和红外片。

2) 间接调查法。叫声数;足迹或卧迹计数或拍照;尿斑、粪堆计数、啃食痕迹;地方土特产收购部门的记录及地方志的记载。

3) 动向估测法。可在特定季节里沿预定路线步行或乘汽车或骑马来测定动物,将行程中每公里见到的动物总数提供一个群体的动向指标或估计各种动物性别和年龄比率。这种调查虽然不能构成一个完整的调查,但可在经营管理中起参考作用。

3. 水资源和渔业资源调查

调查前应当仔细查阅水文资料,可采用抽样调查、路线调查、目测调查等方法。对鱼群可采用直接调查法捕捞调查。

4. 放牧资源调查方法

主要采用抽样调查方法。当有质量好的航空像片时,分层抽样是一种有效的调查方法。同时结合小班样地调查,样地形状可以是圆形、方形、长方形,尽可能小些,抽样效率高些。其中,牧草数量调查可采用割取样地牧草、目测法等方式。

调查时,首先在卫星照片上判读区划,利用小班调查线即目测调查法进行调查。

5. 风景资源调查

主要采用路线调查、典型调查、抽样调查与查阅历史文献、座谈访问和景物实际调查等相结合的方法。调查人员必须学会看山,学会看风景,要善于"发现",善于联想,充分发挥想象力,发掘出有价值的景观并对其进行科学的评价。

6. 珍稀植物资源调查方法

珍稀植物资源的调查方法主要采用路线调查(概查)、样地调查、补充调查或逐地逐块全面调查(详查)相结合的方法。

1) 路线调查。在收集调查地区各种资料的基础上,根据调查地区的地貌特点,选择地形变化大、植被类型多、植物生长旺盛的具有代表性的地段设置踏查路线进行调查。一般布设 2~3 条,在调查路线上观测记载各种调查因子,预测调查地区的植被类型,确定珍稀植物重点调查种类。

2) 样地调查。根据路线调查预测的植被种类和调查地区植被类型分布的规律,借助航空像片或卫星像片、地形图、林相图对各种植被类型进行区划。在区划的基础上参照地形图、航空像片平面图,在单张航空像片上选定具有代表性的典型地段布设样地并刺点编号，在同一植被类型内选定 3~5 个样地，每块样地面积为 20m×20m=400m² （0.04hm²），然后在样地中心和对角线 4 个角分别对 5 个草本植物 1m×1m 的小样方或灌木 5m×5m 的小样方进行调查，填写珍稀植物样地调查表。

3）补充调查。对路旁、林缘、沼泽等特殊地段采取随机设置样方的方法（草本植物 1m×1m，灌木 5m×5m），进行种类、数量、高度、分布情况等调查。

4）详查（全面调查）。根据不同要求对调查地区进行逐地逐块（林班、小班等）调查，对所见珍稀植物种类、数量、高度、分布情况等进行实地调查。

7. 林木种质资源调查方法

林木种质资源调查方法主要有资料查阅法（查询已有的技术档案和文献资料，掌握该区域内林木种质资源的基础信息，了解树种分布及整体概况）、知情人访谈、线路调查法及标准地调查法。

8. 其他多资源调查

建材、矿产等可采用航摄像片或卫星像片判读法，根据要求对项目进行目测记载，并调查这些资源的数量和开发利用方向，必要时进行实地勘探。

■ 任务实施

调查野生植物

一、工具

每组配备：相应的交通图、地图、地形图底图；植物检索表、物种照片；采集袋、标本夹、野外记录表、枝剪和各种采集刀、铅笔、标签；GPS、照相机、放大镜、罗盘仪、皮尺、测高仪、测绳等。

二、方法与步骤

第 1 步 确定调查内容

野生植物资源调查的内容取决于现有记载当地野生植物资源的资料、经营目的和对本地区的认知程度，当一个地区从来没有开展过野生经济植物资源调查时，需要进行全面调查以提供一份本地区的植物资源名单。在此基础上，还可以按照本地某项经济要求或根据调查者本人的愿望来确定一个调查范围。

第 2 步 确定调查时间和地点

1）调查时间。在时间安排上，最好选择周年定期的方法，即在 4 月份至 10 月份的植物生活期间，每隔半个月或一个月进行一次调查。这样安排对全面了解一个地点的植物资源很有必要。

2）调查地点。可以选择本地具有代表性的地方作为调查点。具有代表性是指在生境和植被方面能够代表本地的生境特点和植被类型。在山区，可以选择 1~2 个山头作为调查点。在平原，可以选择 1~2 块自然地段作为调查点。

第3步　收集资料

搜集调查地区有关野生植物资源调查、利用等的现状资料和历史资料，包括文字资料和各种图件资料，如野生植物资源分布图等；了解调查地区野生植物资源种类、分布及利用现状，以及以前的调查结果。搜集调查地区有关植被、土壤、气候等自然环境条件的文字资料和图件资料，包括植被分布图、土壤分布图等；了解分析调查地区野生植物资源生产的社会经济技术条件。

第4步　方案编制

调查方案应当包括下列内容：

1）任务来源、调查目的、调查范围、工作起止时间和有关要求。

2）地理位置、行政区划、自然资源与生态环境状况、社会经济状况及以往调查程度、成果和问题。

3）调查内容、调查方法、主要技术指标、主要工作量及相关要求。

4）预期成果、经费预算、计划进度、保障措施。

5）调查区域地理位置图、调查表格等相关图件、图表。

第5步　野外调查

1）野外初查。在调查范围内按照不同方向选择几条具有代表性的线路，沿着线路调查，记载经济植物种类、采集标本、观察生境、目测多度等。在调查路线上应按一定的距离随时记录野生植物资源种类的分布情况，应先在植物群落中设置样方或样线，在样方（样线）的范围内寻找植物，进行调查。设置样地并采集植物标本和实验样品。

① 野外初查的基本方法。用器官感觉的方法，即利用视觉、嗅觉以及触觉去观察形态颜色、分辨气味和触摸质地。在野外，大多数资源植物都可以用这种方法进行测定。但是有少数资源植物特别是各种药用植物在野外很难测定，可以访问当地居民了解各种植物的药用价值。

② 野外初查中应当注意的问题。不同科属中常含有不同的资源植物，因此在野外初查中要根据分类学资料进行调查，做到心中有数。例如，唇形科是富含芳香植物和药用植物的一个科，当遇到唇形科植物时，就应从芳香油和药用这两个方面进行鉴别。

野外初查中，要特别注意那些鲜为人知的植物种类。这样的植物很少被研究和利用，它们可能具有某种不为人知的资源价值。另外，对于人类已经了解和利用过的资源植物，也要注意它的第二个和第三个资源价值。

2）采集标本和样品。初查后，要对初步确定的资源植物进行标本和样品的采集。

① 采集标本。植物资源调查是一项科学性很强的工作，资源植物的名称一定要准确，这就要采集标本，使调查工作有依据。对于所调查的资源植物，不管调查者是否认识，都要采集标本。采集标本时要按照正确方法进行，必须填写采集记录卡，在标本制作完成后，定名务必准确。

② 采集样品。采集样品主要用于室内检验测定。

样品采集的部位、数量及规格要求视资源植物的类型而异。例如，油脂植物要采集果实或种子2000～3000g；纤维植物要采集其皮部或全部茎叶，数量在1000g左右。采集的样品要放在阴处风干保存,勿使生霉腐烂。样品采集后,应当填写"资源植物采集样品登记卡",并拴好号牌。

3)室内测定。室内测定是利用有关仪器设备,在室内对资源植物进行检验测定。通过室内测定,可以确定一个资源植物的产量、品质和利用价值,这是调查植物资源不可缺少的步骤。若调查者缺乏室内测定的手段,则可将一部分样品送交有关单位代为测定。

4)蕴藏量的调查。经济植物蕴藏量的调查目前还没有较为精确和切实易行的方法,一般采用两种方法:①估量法,即邀请有经验的人员座谈讨论,并参照历年资料和调查所得的印象作出估计。这种方法虽然精度不高,但是具有一定的参考价值。②实测法,即在同一地区分别调查各种植物群落的种类组成,并设置若干样地,在样地内调查统计经济植物的株数,重复调查若干样地,求出样地面积的平均株数,再换算成每公顷单位面积产量,作为计算该植物群落蕴藏量的基本数据。从植被图、林相图、草场调查等计算出该植物群落占有的面积,这样就可以求得该植物群落的蕴藏量。把各个植物群落的蕴藏量加起来,就得出该地区的各种经济植物蕴藏量。

第6步 整理资料和总结报告

在调查工作中积累了大量的资料,当调查工作结束时,应该整理这些资料,进行总结。

(1)整理资料

1)植物标本整理。在野外调查中采集了大量标本,应当及时将它们制成蜡叶标本和浸制标本,并查阅文献、鉴定名称。对定名后的标本,应按资源植物的类别进行分类,妥善存放。植物标本是资源调查工作全部成果的科学依据。因此,每一份标本都要具备以下3个条件:标本本身应是完整的,包括根、茎、叶、花(果);野外记录复写单的各项内容应当完整无缺;定名正确。

2)样品整理。每一种样品都要单独存放(放入布袋、纸袋或其他容器内),样品要拴好号牌,容器外面贴好登记卡。需要请外单位代为测定的样品应当及时送出,不要拖延,以免时间过长导致样品变质。

3)各项原始资料整理。所有野外观察记录、野外简易测定数据、各种测定方法、访问记录等,都是调查工作的原始资料。只有依据这些原始资料,才能发现和确定新的资源植物,以及提出对植物资源如何利用的意见,因此要珍视各项原始资料。原始资料要按类别装订成册,并由专人保管。

(2)资料总结

1)提出本地区各类野生植物资源名录。一份准确而全面的野生植物资源名录能够对本地区的资源开发和经济发展提供重要的线索和依据,作用很大。野生植物资源名录最好是在野外初查、室内测定和蓄积量调查的基础上提出。若室内测定和蓄积量调查不能很快完成,则可根据野外初查的结果提出名录。对名录中的每一种资源植物,应当说明它的分布、生态环境、利用部分、野外测定结果、利用价值等项内容。若完成室内测定和蓄积量,则应将这两方面的数值写入名录。

2)提出几种有开发价值的资源植物。在提出一份植物资源名录的基础上,应当提出几种有开发价值的资源植物。有开发价值的资源植物应是新发现的、有重大利用价值的新资源植物；或是已知的资源植物，但是在调查中发现其有新的重要用途；或是已知的资源植物，也没发现其有新的用途，但是在本地发现有大量分布。对有开发价值的资源植物，除了应按名录中各项内容进行介绍，还应提出它的利用方法和发展前途。

3）提出本地区野生植物资源综合利用方案。根据本地区的野生植物资源名单和重要资源植物情况，可以提出对本地野生植物资源综合利用的方案。其内容包括应当开发利用哪些植物资源；如何开发利用；如何做到持续利用；对本地濒危植物资源如何保护；如何做到开发和保护相结合等。

三、数据记录

调查后填写下列各表（表 17-1 和表 17-2）。

表 17-1　野生植物调查表

中文名称（种名）		拉丁学名		俗名	
标本编号	野外编号		室内编号	照片编号	
所在地点	省（自治区）	市	县	乡（镇、场）	村	组
地理位置	东经/（°/′/″）		北纬/（°/′/″）		海拔/m	
分布面积	公顷		种群数量			
地貌类型						
气候环境	年平均气温/℃	≥10℃年积温/℃	年平均降水量/mm	年平均日照时数	年蒸发量/mm	
植被类型			植被覆盖度			
土壤类型			土壤肥力			
形态特征						
生物学特性						
濒危状况						
保护与利用状况						

调查人＿＿＿＿　　　调查日期＿＿年＿＿月＿＿日　　　审查人＿＿＿＿

表 17-2　野生植物资源物种名录

网格编号＿＿＿＿　省＿＿＿＿　市（州）＿＿＿＿　县＿＿＿＿　统计人＿＿＿＿　日期＿＿＿＿

种/科	俗名	拉丁学名	特有性	用途	利用情况	分布	凭证	备注

注：①种名：发表或权威书籍上的中文名；②俗名：地方名；③拉丁学名：国际统一拼写标准；④特有性：中国特有填 N，省级特有填 P；⑤用途：材用、观赏、药用等；⑥利用情况：大量、少量、偶尔等；⑦分布：县级行政地名；⑧凭证：文献资料记载、标本记载、实地调查等。

四、注意事项

1）调查时，选取方法要正确可行。

2）安全第一。

■ 任务评价

1）主要知识点及内容如下：

多资源调查种类；多资源调查方法。

2）对任务实施过程中出现的问题进行讨论，并完成多资源调查任务评价表（表17-3）。

表17-3 多资源调查任务评价表

任务程序		任务实施中应注意的问题
人员组织		
材料准备		
实施步骤	1. 确定调查内容	
	2. 确定调查时间和地点	
	3. 收集资料	
	4. 方案编制	
	5. 野外调查	
	6. 整理资料和总结报告	

自 测 题

一、名词解释

1. 林分 2. 林分调查因子 3. 纯林 4. 混交林 5. 同龄林 6. 疏密度 7. 郁闭度 8. 标准地 9. 每木调查 10. 角规测树 11. 临界树

二、填空题

1. 为了将大片森林划分为林分，必须依据一些能够客观反映_____特征的因子，这些因子称为林分调查因子。
2. 由人工直播造林、植苗或插条等造林方式形成的林分称作_____。
3. 凡是由种子起源的林分称作_____。
4. 在混交林中，蓄积量比重最大的树种称为_____。
5. 在既定的立地条件下，林分中最适合经营目的的树种称作_____。
6. 树高的生长与胸径生长之间存在着密切关系，一般规律为树高随胸径的增大而_____。
7. 在树高曲线上，与_____相对应的树高值，称为林分条件平均高。
8. 在林分调查中，常依据用材树株数占林分总株数的百分比确定_____。
9. 地位指数是指在某一立地上特定标准年龄时林分优势木的_____。
10. 根据林木树干材积与其_____的相关关系而编制的立木材积表，称为一元材积表。
11. 根据林木树干材积与其胸径及_____两个因子的相关关系而编制的立木材积表，称作二元材积表。
12. 标准林分是指某一树种在一定年龄，一定的立地条件下_____和_____地利用所占空间的林分，其疏密度为_____。
13. 常用的角规常数为 0.5、1 和 2 的简易角规，当其杆长固定为 50cm 时，缺口宽度分别是_____。
14. 角规绕测时应观测树木的_____部位，可以得到相割、相切与相离 3 种情况，分别计数值为_____。
15. 在平坦的林分采用角规常数为 1 的角规绕测，有一树木实测其胸径为 16.8cm，量得角规点至该树木中心的水平距离为 8.0m，则该树木属_____，计数值为_____。
16. 调查初期与末期两次结果的差值为_____。
17. 林分从发生、发育一直到衰老或采伐为止的全部生活史为_____。
18. 景观资源调查的主要内容包括_____和_____。
19. 多资源调查主要包括_____、_____、_____、_____、_____

_____等内容。

20. 野生动物资源调查主要包括_____野生动物种类的各种生境。

21. 野生动物资源调查，可采用抽样调查或典型调查的方法，样地面积不少于动物栖息地面积的_____。

三、选择题

1. 能够客观反映（　　）的因子，称为林分调查因子。
   A. 林分生长　　　B. 林分特征　　　C. 林分位置　　　D. 林分环境
2. 根据林分（　　），林分可分为天然林和人工林。
   A. 年龄　　　　　B. 组成　　　　　C. 起源　　　　　D. 变化
3. 只有一个树冠层的林分称作（　　）。
   A. 单纯林　　　　B. 单层林分　　　C. 人工林　　　　D. 同层林
4. 林分优势木平均高是反映林分（　　）高低的重要依据。
   A. 密度　　　　　B. 特征　　　　　C. 立地质量　　　D. 标准
5. 依据林分优势木平均高与林分（　　）的关系编制地位指数表。
   A. 优势木平均直径　B. 优势木株数　　C. 优势木年龄　　D. 密度
6. 在林分调查中，起测径阶是指（　　）的最小径阶。
   A. 林分中林木　　B. 主要树种林木　C. 每木调查　　　D. 优势树种林木
7. 林分平均断面积是反映林分林木（　　）的指标。
   A. 大小　　　　　B. 平均　　　　　C. 精度　　　　　D. 水平
8. 根据人工同龄纯林直径分布近似遵从正态分布曲线的特征，林分中最细林木直径值大约为林分平均直径的（　　）。
   A. 10%~20%　　　B. 40%~50%　　　C. 60%~70%　　　D. 80%~90%
9. 根据人工同龄纯林直径分布近似遵从正态分布曲线的特征，林分中最粗林木直径值大约为林分平均直径的（　　）。
   A. 1.1~1.2　　　B. 1.3~1.4　　　C. 1.7~1.8　　　D. 2.0~2.5
10. 测定林分蓄积量除了测定林分单位面积上的林分蓄积量外，还应包括林分（　　）的测定。
    A. 位置　　　　　B. 坡向　　　　　C. 环境　　　　　D. 面积
11. 采用平均标准木法测定林分蓄积量时，应以标准地内林木的（　　）作为选择标准木的依据。
    A. 平均材积　　　B. 平均断面积　　C. 平均直径　　　D. 平均高
12. 立木材积表是载有各种大小树干单株（　　）的数表。
    A. 平均直径　　　B. 平均树高　　　C. 平均断面积　　D. 平均材积
13. 依据林木树干材积与树干（　　）的相关关系而编制的立木材积表称为一元材积表。
    A. 胸径　　　　　B. 树高　　　　　C. 断面积　　　　D. 中央直径
14. 每木调查是指在标准地内分别按树种测定每株林木的（　　），并按径阶记录、统计的工作。

A. 胸径　　　　　B. 树高　　　　　C. 检尺长　　　　D. 检尺径

15. 从地位指数表中查得的地位指数是指（　　　）。
    A. 林分在调查时的平均高　　　　　B. 林分在调查时的优势木平均高
    C. 林分在标准年龄时的平均高　　　D. 林分在标准年龄时的优势木平均高

四、判断题

1. 测定林分蓄积量的方法有很多，无论哪种方法都必须经过设置标准地、每木调查、测定树高的基本程序。（　　　）
2. 在树高曲线上不但可以查出林分平均高，还可以查定各径阶平均高。（　　　）
3. 材种出材率是某材种的带皮材积占树干总去皮材积的百分数。（　　　）
4. 林分生长各调查因子都是随着年龄的增大而增加的。（　　　）
5. 利用标准木法一次测定即可测得蓄积生长量。（　　　）
6. 在混交林中，蓄积量比重最大的树种称为主要树种。（　　　）
7. 在某种立地条件下最符合经营目的的树种称为主要树种。（　　　）
8. 设置标准地进行每木调查时，境界线上的树木可以检尺，也可以不检尺。（　　　）
9. 某林分的地位指数为"16"，即表示该林分在标准年龄时优势木平均高为16m。（　　　）
10. 林分生长与单株林木生长相同，都是随年龄增大而增加。（　　　）
11. 林分纯生长量也就是净增量。（　　　）
12. 在进行经济植物调查时，对于物种、数量稀少，分布面积小，种群数量相对较少的区域，宜采用全查法。（　　　）

五、简答题

1. 在林分调查中选择标准地的基本要求是什么？
2. 标准地调查的主要工作步骤及调查内容是什么？
3. 常用的角规有几种？为什么自平曲线杆式角规可以自动进行坡度改正？
4. 保证角规测树精度的关键技术是什么？
5. 什么叫角规控制检尺？通过角规控制检尺还能间接计算哪些林分调查因子？
6. 简述用角规测树技术测定林分蓄积量的方法及步骤。
7. 简述林分生长量的种类及各生长量之间的关系。
8. 设置和测定固定标准地应当注意哪些事项？
9. 简述经济植物资源调查的主要内容？
10. 野生经济植物调查有哪些常用的方法？

六、计算题

1. 某林分面积为 8.5hm^2，平均高为 11.2m，每公顷胸高断面积为 20.5m^2，查该树种标准表得知标准林分公顷蓄积量为 120m^3，标准林分公顷胸高断面积为 25.0m^2，求该林分的疏密度和蓄积量。

2. 在面积为 10hm² 的某山杨林分中设置一块标准地，其面积为 0.1hm²，标准地每木调查结果见下表。

利用一元材积表计算林分蓄积量表

径阶/cm	株数	单株材积/m³	径阶材积/m³
6	11		
8	23		
10	24		
12	40		
14	30		
16	15		
18	4		
合计			

请利用一元材积表测算该山杨林分蓄积量，见下表。

某地山杨立木一元材积表（节录）

径阶/cm	4	6	8	10	12	14	16	18	20
材积/m³	0.0049	0.0129	0.0257	0.0439	0.0680	0.0985	0.1357	0.1800	0.2318

3. 根据某标准地调查结果，总胸高断面积 $\sum G$ =30.911 08m²，3 株平均标准木伐倒后，其测算结果如下：

（1） g_1 =0.093 48m²； V_a=1.121m³； V_a-5=0.984m³；

（2） g_2 =0.088 67m²； V_a=0.992m³； V_a-5=0.862m³；

（3） g_3 =0.085 53m²； V_a=0.955m³； V_a-5=0.833m³。

请利用平均标准木法计算林分蓄积生长量。

4. 有一落叶松林分，采用 F_g =1 的角规控制检尺记录见下表，请分别计算该林分的每公顷胸高断面积、每公顷株数、平均直径和林分蓄积量。

角规控制检尺林分蓄积量计算表（形高法）

径阶/cm	Z_i	g_i /m²	V_i /m³	G_i /m²	N_i	R_i /m	M_i /m³
8	1		0.0201				
10	2		0.0345				
12	4		0.0532				
14	2.5		0.0762				
16	1		0.1037				
合计							
平均胸径计算							

5. 一块林分第一次调查时平均年龄为 20 年，平均高为 12.0m，平均直径为 14cm，第二次调查时平均年龄为 30 年，平均高为 15.5m，平均直径为 20cm，计算该林分树高、直径的净增量。

模块四　森林抽样调查

情境描述

森林资源的辽阔性决定了调查森林资源不可能采用全面调查的方法。为此考虑以数理统计理论为基础，在大面积森林调查中，按照调查精度的要求，从总体（这里指森林）中抽取一定数量的单元（林业样地或固定标准地）组成样本，通过对样本单元（样地）的测设和调查，推算调查总体（森林）。这种方法常用于监测和清查大区域内森林资源的面积、总蓄积量、生长量、枯损量及森林立地质量。

若要更好地利用抽样调查方法，就要掌握抽样调查的总体、样本、单元数、方差、标准差、标准误差、精度、最大允许测量误差（又称误差限）、估计区间等相关知识点和外业操作技能。

森林抽样调查包括预备调查及抽样调查方案设计；样地的测设与调查；调查总体资源的估计、误差分析及成果汇编等。

任务 18　系统抽样调查森林资源

任务描述

系统抽样调查是抽样调查方法的一种,其优点是抽样样本分布较好,总体估计值容易计算。系统抽样法调查森林资源是以数理统计理论为基础的,通过样本数据推算总体森林数据,是一种非全面的调查方法,经济性好,实效性强,准确性高,常用于大面积森林资源的清查。本任务包括森林系统抽样调查外业和内业,具体内容有预备调查及抽样调查方案设计;样地的测设与调查;调查总体资源的估计、误差分析及成果汇编等。

知识目标

1. 了解森林抽样调查基础理论与知识。
2. 掌握森林抽样调查方案的设计方法。
3. 掌握森林抽样调查样地的测设与调查方法。
4. 掌握森林抽样调查资源估计和误差分析方法。

技能目标

1. 能够完成森林抽样调查工作方案的设计。
2. 能够熟练完成样地的引点定位。
3. 能够熟练掌握样地周界测量、样地调查的方法。
4. 能够熟练掌握总体资源估计、误差分析及成果汇编的方法。

思政目标

1. 培养学生实事求是、科学严谨的工作态度。
2. 培养学生勇于挑战、甘于吃苦的工作精神。
3. 培养学生有关地理信息的保密意识。

子任务 18.1　森林系统抽样调查外业

 知识准备

一、森林抽样调查基础

(1) 总体与总体单元

按照研究目的所确定的调查对象和全体称为总体。构成总体的每一个基本单位称为

总体单元。将总体划分为单元时，可采用构成总体的自然单位，也可采用人为规定的单位。例如，某林场面积为 $6×10^4 hm^2$，调查其林木总蓄积，可以规定以一定面积上的全部林木作为单元。假设以 $0.06hm^2$ 的方形林地上全部林木作为一个总体单元，则总体单元数 N 为 60 000/0.06，即该调查总体得到 100 万个总体单元。

（2）样本与样本单元

进行抽样调查需要从总体中抽取部分研究对象进行观察或实验。在生产与科学研究中，观察或实验通称为调查。从总体中抽取调查测定的部分单元的全体称为样本，样本中的每一个单元称为样本单元。

样本所含单元的个数称为样本单元数或样本容量，用 n 表示。区分大样本与小样本没有明确界限，这与抽样分布有关。在应用时，通常认为 $n≥50$ 属于大样本，$n<50$ 属于小样本。

样本单元数与总体单元数的比称为抽样比，用 f 表示，即 $f=n/N$。例如，若从含有 100 万个单元的总体中抽取 500 个单元组成样本，则抽样比为 500/1 000 000，即 0.0005。

根据总体所含单元的情形，可将总体分为有限总体与无限总体。含有限个单元的总体称为有限总体，含无限多个单元的总体称为无限总体。在实际生产中，往往把抽样比很小的有限总体看作无限总体。例如，从由 100 万个单元构成的总体中抽取 500 个单元组成样本，由于抽样比 $f=0.0005$ 已很小，可以把该总体看作无限总体。

二、森林系统抽样调查方法

系统抽样又称机械抽样，是等间距抽取样本的方法。具体地说，是从含有 N 个单元的有限总体中随机地确定起点，然后严格地按照预先规定的间隔或图示来抽取样本单元组成样本，用以估计总体，样本各单元在总体中分布较为均匀，是森林调查中常用的方法。具体做法是：用方格网随机覆盖在林业图上，其方格交点就是样地点位。

我国于 1978 年建立的森林资源连续清查体系就是采用了以公里网交点作为样地点的系统抽样方法，系统抽样的样地分布较为均匀。

三、森林抽样调查特点

森林抽样调查的特点如下：

1）可靠性。调查结果应用精度指标，抽样调查不仅能够客观地估计误差，还有概率保证，一般用 95% 的概率保证即可。

2）有效性。误差小、效率高、成本低。

3）连续性。适宜建立森林资源连续清查体系，通过定期复查，能够及时地分析森林资源的消长变化。

4）灵活性。调查方案可塑性大，适用范围广，能够满足林业科学技术发展要求。在林区进行综合性调查时，要尽量注意估计参数不同的抽样方案，相互嵌套，以便提高工效，降低成本。

■ 任务实施

制定系统抽样调查设计方案

一、工具

每组配备：皮尺，围尺，测高器，测绳，标杆 2 根，罗盘仪 1 个，记录板 1 块，记录表格若干，1∶10 000 地形图，粉笔，记号笔，铅笔等。

二、方法与步骤

第 1 步 确定总体境界，求算总体面积

明确调查总体，将总体境界线在地形图上准确地勾绘出来，用方格网法或求积仪法计算总体面积。若已经建立森林资源地理信息系统，则可直接在计算机中计算总体面积。

第 2 步 划分总体单元，确定样地形状和大小

在既定精度条件下，样地的形状及面积大小不同，其效率也是不同的。

1）样地的形状。样地的形状一般有方形、圆形和矩形。方形样地边界木少，灵活性大，边界测量容易，可用闭合导线法设置。圆形样地也称样圆，设置方法简单，当样地面积相同时，样圆的周界最短。我国森林抽样调查的样地形状常采用正方形。

2）样地的大小。样地的大小实质是划分总体单元的大小，当总体面积相同时，样地面积越大，总体单元数越少。变动系数随样地面积增大而减小，当增加到一定程度时变动系数趋于稳定；当样地数相同时，面积大的样地估计精度高，但是面积大的样地增加了人力和成本的消耗。因此，样地最优面积 a 应以变动系数 c 开始趋于稳定的最小面积为宜（图 18-1），即 0.06hm^2。

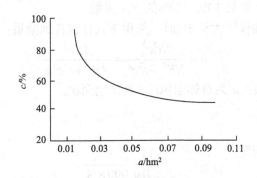

图 18-1 变动系数随样地面积变化曲线

我国常用的样地面积为 $0.06\sim0.08\text{hm}^2$，在林分变动较大的林区样地面积为 0.1hm^2，幼龄林为 0.01hm^2 较适宜。国家森林资源连续清查的样地面积为 0.0667hm^2（1 亩），形状大多采用正方形。

第 3 步 确定样地数量

样地数量的确定，既要满足精度要求，又要使工作量最小。在森林调查中，由于总体面积一般较大，抽样比一般小于 5%，通常采用重复抽样公式计算样地数量：

$$n = \frac{t^2 s^2}{\Delta^2} = \frac{t^2 c^2}{E^2} \tag{18-1}$$

式中，s^2 为总体方差估计值；Δ 为绝对误差限；c 为变动系数；E 为相对误差限；t 为可靠性指标。

总体方差、总体标准差的估计值以及变动系数见式（18-2）～式（18-5）。

当抽取 n 个单元组成样本时，总体方差 σ^2 的估计值 s^2 为

$$s^2 = \frac{1}{n-1} \sum_{i=1}^{n} (y_i - \bar{y})^2 \tag{18-2}$$

式中，y_i 为第 i 个样本单元的观测值；$\bar{y}$ 为样本的平均数。

为了便于计算，上式可改写为

$$s^2 = \frac{1}{n-1}\left(\sum y_i^2 - \bar{y}\sum y_i\right) = \frac{1}{n-1}\left(\sum y_i^2 - n\bar{y}^2\right)$$
$$= \frac{1}{n-1}\left[\sum y_i^2 - \frac{1}{n}\left(\sum y_i\right)^2\right] \tag{18-3}$$

总体标准差 σ 的估计值 s 为

$$s = \sqrt{\frac{1}{n-1}\left[\sum y_i^2 - \frac{1}{n}\left(\sum y_i\right)^2\right]} \tag{18-4}$$

标准差的相对值即变动系数 c 为

$$c = \frac{s}{\bar{y}} \times 100\% \tag{18-5}$$

在生产中，可靠性和抽样误差可以事先给定，但总体方差估计值 s^2 或变动系数 c 是未知的，可以查阅以往的调查材料或通过预备调查作出预估。为了保证调查精度，常在确定的样地数量基础上增加 10%～20% 的安全系数。

在不重复抽样或抽样比大于 5% 时，采用下式计算样地数量：

$$n = \frac{Nt^2 c^2}{NE^2 + t^2 c^2} = \frac{At^2 c^2}{AE^2 + t^2 c^2 a} \tag{18-6}$$

式中，N 为总体单元数；A 为总体面积；a 为样地面积。

第 4 步　布点

1）确定样地间距。

样地在实地上的间距：

$$L = \sqrt{\frac{10\,000 \times A}{n}}$$

样地在布点图上的间距：

$$l = 100L \times \frac{1}{m}$$

式中，m 为比例尺分母。

2）制作样地布点图。根据样地在布点图上的间距，在地形图上确定公里网或公里网加密交叉点；一般先在地形图上随机找一个公里网交点（图 18-2 中 F 点），再按样地

间距沿公里网的方向布点,各交点即为选取的样点。也可按样地在图上的间距,用预先制好的网点板或透明方格纸随机覆盖在地形图上,并将抽中的网点刺于地形图的布点图上,布点时要注意避免森林分布周期性的影响。当发现地形、森林分布等周期性影响时,要及时给予纠正,重新布点抽样。

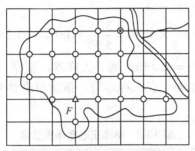

○样地 △随机起点 ⊙起始样地

图 18-2　系统抽样布点示意图

对落入总体范围内的样点,按照从西向东、由北向南的顺序编样地号,完成系统抽样样点图的制作。

例 18.1　某林场森林系统抽样调查方案设计。

1)确定调查总体的境界,计算总体面积。根据收集到的图面材料(地形图或基本图)把调查总体的境界准确地勾绘出来作为调查用图,通过透明方格网或地理信息系统计算[已知某样地的总体面积为 378.29hm²（5674.3 亩）]。

2)确定样地形状和大小。样地形状采用正方形,样地面积选用 0.0667hm²（1 亩）。

3)确定样地数量。

① 确定变动系数。通过调查、搜集获得该林场前期样地调查资料,具体材料见表 18-1。

表 18-1　某林场前期样地蓄积量　　　　　　　　　　　　　单位:m³

5.8	4.0	1.8	4.3	1.9	0.9	0.2	0.4	1.7	4.0
10.7	1.2	3.8	0.7	4.1	8.8	5.7	8.7	9.3	6.0
7.8	5.0	8.7	4.6	7.2	3.6	12.3	5.2	13.7	2.1
13.1	1.9	5.2	10.5	2.8	7.4	15.2	5.4	8.8	4.6
6.7	2.8	5.3	0.1	6.5	3.5	4.3	3.8	3.6	8.6
5.2	10.5	2.8	7.4	15.2	13.2	8.7	4.6	7.2	3.6
8.6	9.7								

$$\sum y_i^2 = 5.8^2 + 4.0^2 + 1.8 + \cdots\cdots + 8.6^2 + 9.7^2 = 3092.54$$

$$\sum y_i = 5.8 + 4.0 + 1.8 + \cdots\cdots + 8.6 + 9.7 = 371$$

$$\bar{y} = \frac{1}{n}\sum y_i = \frac{1}{62} \times 371 \approx 5.98$$

$$s^2 = \frac{\sum y_i^2 - (\sum y_i)^2/n}{n-1} = \frac{3092.54 - \frac{371^2}{62}}{62-1} \approx 14.3$$

$$s = \sqrt{14.3} \approx 3.78$$

则总体的变动系数为

$$c = \frac{s}{\bar{y}} \times 100\% = \frac{3.78}{5.98} \times 100\% \approx 63.2\%$$

② 确定可靠性指标。$n=62>50$，属于大样本，根据 95%可靠性的抽样要求查标准正态概率积分表，得 $t=1.96$。在大样本时，按照可靠性要求，由标准正态概率积分表（表 18-2）查得 t 值。

表 18-2 标准正态概率积分表

可靠性/%	50	68.8	80	90	95	95.4	99
可靠性指标 t	0.67	1.00	1.28	1.64	1.96	2.00	2.58

在小样本时，按照 95%可靠性的抽样要求和自由度 $df=n-1$ 查小样本 t 分布数值表（表 18-3），得到 t 值。

表 18-3 小样本 t 分布数值表

df	1	2	3	4	5	6	7	8	9	10	11	12
t	12.71	4.30	3.18	2.78	2.57	2.45	2.37	2.30	2.26	2.23	2.20	2.18
df	13	14	15	16	17	18	19	20	21	22	23	24
t	2.16	2.14	2.13	2.12	2.11	2.10	2.09	2.09	2.08	2.07	2.07	2.06
df	25	26	27	28	29	30	40	60	120			
t	2.06	2.06	2.05	2.05	2.05	2.04	2.02	2.00	1.98			

③ 确定允许误差。由于调查精度要求达到 85%，因此调查的允许误差为 $E=1-P=1-85\%=15\%$。

④ 确定样本单元数。$A=5674.3$ 亩，样地面积 $a=1$ 亩，采用重复抽样公式计算样本数量，总体单元数为

$$N = \frac{A}{a} = \frac{5674.3}{1} \approx 5675$$

因为抽样比 $f = \frac{n}{N} = \frac{62}{5675} \approx 0.01 < 0.05$，所以采用重复抽样公式计算样地数量，计算如下：

$$n = \frac{t^2 c^2}{E^2} = \frac{1.96^2 \times 0.632^2}{0.15^2} \approx 68$$

由于该总体为人工林，林相较为整齐，变动系数较小，为了保证系统抽样调查的精度，总体只需增加 3%的安全系数。

$$n = 68 \times (1+3\%) = 70$$

4）布点，完成样点分布图。计算样地间距如下。

样地在实地上的间距：

$$L=\sqrt{\frac{666.67\times A}{n}}=\sqrt{\frac{666.67\times 5674.3}{70}}\approx 232.5\text{（m）}$$

样地在布点图上的间距：

$$l=100L\times\frac{1}{m}=100\times 232.5\times\frac{1}{10000}\approx 2.3\text{（cm）}$$

在地形图上按照 2cm×2cm 进行公里网加密布点，各交点即为抽取的样地点。对落入总体范围内的样点，按照从西向东、由北向南的顺序编样地号。

子任务18.2　森林系统抽样调查内业

参见任务 18.1 森林系统抽样调查外业。

■ 任务实施

样地调查及数据处理

一、工具

每组配备：辅助计算表格（可以自行设计），调查总体地形图，森林分布图，林业基本图，森林资源规划调查设计技术规定。

二、方法与步骤

第1步　总体平均数的估计值

在抽样调查中，用样本平均数 $\bar{y}$ 作为总体平均数 $\bar{Y}$ 的估计值。在含有 N 个单元的总体中，随机或系统抽取 n 个单元组成样本，则总体平均数的估计值为

$$\hat{\bar{Y}}=\bar{y}=\frac{1}{n}\sum_{i=1}^{n}y_i \tag{18-7}$$

第2步　总体总量的估计值

$$\hat{Y}=\hat{\bar{Y}}N=\bar{y}N=\frac{N}{n}\sum_{i=1}^{n}y_i \tag{18-8}$$

若总体面积为 A，样本单元面积为 a，则

$$\hat{Y}=\frac{N}{n}\sum y_i=\frac{A}{na}\sum y_i=\frac{A}{a}\bar{Y} \tag{18-9}$$

第3步　总体方差 σ^2 的估计值

当抽取 n 个单元组成样本时，总体方差 σ^2 的估计值 s^2 为

$$s^2=\frac{1}{n-1}\sum_{i=1}^{n}(y_i-\bar{y})^2 \tag{18-10}$$

为了便于计算，上式可写成下面形式：

$$s^2 = \frac{1}{n-1}\left(\sum y_i^2 - \bar{y}\sum y_i\right) = \frac{1}{n-1}\left(\sum y_i^2 - n\bar{y}^2\right)$$
$$= \frac{1}{n-1}\left[\sum y_i^2 - \frac{1}{n}\left(\sum y_i\right)^2\right] \tag{18-11}$$

总体标准差 σ 的估计值 s 为

$$s = \sqrt{\frac{1}{n-1}\left[\sum y_i^2 - \frac{1}{n}\left(\sum y_i\right)^2\right]} \tag{18-12}$$

标准差的相对值叫变动系数为

$$c = \frac{s}{\bar{y}} \times 100\% \tag{18-13}$$

第 4 步 总体平均数估计值的方差 $s_{\bar{y}}^2$

(1) 重复抽样

被抽中的样本单元又重新放回总体中继续参加下次抽取，这样的抽样叫作重复抽样。在重复抽样条件下，总体平均数估计值 $s_{\bar{y}}^2$ 的方差为

$$s_{\bar{y}}^2 = \frac{s^2}{n} \tag{18-14}$$

总体平均数估计值的标准差（标准误）$s_{\bar{y}}$ 为

$$s_{\bar{y}} = \frac{s}{\sqrt{n}} \tag{18-15}$$

(2) 不重复抽样

被抽中的样本单元不再放回总体中参加下次抽取，这样的抽样叫作不重复抽样。在不重复抽样条件下，总体平均数估计值的方差 $s_{\bar{y}}^2$ 为

$$s_{\bar{y}}^2 = \frac{s^2}{n}\left(1 - \frac{n}{N}\right) \tag{18-16}$$

标准差 $s_{\bar{y}}$ 为

$$s_{\bar{y}} = \frac{s}{\sqrt{n}}\left(1 - \frac{n}{N}\right) \tag{18-17}$$

式中，$\left(1 - \frac{n}{N}\right)$ 为有限总体改正项，表明总体中有 n 个样本单元已经实测，不存在抽样误差，抽样误差只源于总体中 $(N-n)$ 个单元，故用 $\left(1 - \frac{n}{N}\right)$ 加以改正。若抽样比 $\frac{n}{N} < 0.05$，其改正量小于 0.5%，则可忽略不计。当 $n = N$ 时，$\left(1 - \frac{n}{N}\right) = 0$，标准差为 0，表明总体中各单元均已实测，不存在抽样误差。

在森林调查实践中，虽然广泛采用非重复抽样，但是由于森林总体单元数非常大，抽样比 $\frac{n}{N} < 0.05$，$\left(1 - \frac{n}{N}\right)$ 接近于 1，可将非重复抽样视为重复抽样。因此，标准差的大小主要取决于样本单元数的多少，这是总体为正态分布时的情况。当总体不为正态分布且样本为小样本（$n < 50$）时，则会产生较大误差。

第5步 抽样误差限估计值

1）绝对误差限 $\Delta_{\bar{y}}$ 为

$$\Delta_{\bar{y}} = ts_{\bar{y}} \tag{18-18}$$

2）相对误差限 E 为

$$E = \frac{\Delta_{\bar{y}}}{\bar{y}} \times 100\% = \frac{ts_{\bar{y}}}{\bar{y}} \times 100\% \tag{18-19}$$

大样本时，按照可靠性要求，由标准正态概率积分表（表18-2）查得 t 值。

小样本时，按照可靠性要求95%和自由度 $df = n-1$ 查小样本 t 分布数值表（表18-3），得到 t 值。

第6步 抽样估计的精度

$$P = 1 - E \tag{18-20}$$

第7步 总体平均数的估计区间

$$\bar{y} \pm ts_{\bar{y}} \tag{18-21}$$

第8步 总体总量的估计区间

$$N(\bar{y} \pm ts_{\bar{y}}) = N\bar{y}(1 \pm E) = \hat{Y}(1 \pm E) \tag{18-22}$$

例18.2 某林场总体面积为5674.3亩，通过设置面积为0.0667hm² 的正方形样地进行蓄积量调查，样地调查数据见表18-4，请计算总体特征数，并按照85%精度、95%可靠性的抽样要求对该林场总体森林资源作出估计。

表18-4 某林场样地调查蓄积量   单位：m³

1.7	1.9	11.7	11.9	13.4	1.2	1.7	4.0	7.3	5.4
9.3	2.8	5.8	0.1	6.5	5.0	3.5	4.3	1.2	3.8
13.7	0.4	3.4	4.3	0.4	1.9	8.7	4.6	14.6	11.4
8.8	0.1	8.6	7.3	2.4	2.8	0.4	1.2	2.1	17.6
3.6	13.6	13.7	1.2	5.5	10.5	12.6	8.4	2.1	5.2
7.2	10.3	10.5	14.6	11.5	9.7	1.5	1.4	7.8	1.9
1.7	1.93	11.7	2.1	2.3	1.2	3.0	1.9	7.3	1.0

（1）总体平均蓄积量（以1亩打样地计算）

$$\bar{Y} = \bar{y} = \frac{1}{n}\sum y_i = 6.1 \,(\mathrm{m^3})$$

（2）计算标准差的估计值和变动系数

$$s^2 = \frac{\sum y_i^2 - (\sum y_i)^2 / n}{n-1} = 22.86$$

$$s = \sqrt{22.86} \approx 4.78$$

$$c = \frac{s}{\bar{y}} \times 100\% = \frac{4.78}{6.1} \times 100\% \approx 78.4\%$$

（3）计算总体平均蓄积量标准差的估计值

因为 $f = \frac{n}{N} = \frac{70}{5675} \approx 0.01 < 0.05$，故在重复抽样条件下计算，则有

$$s_{\bar{y}} = \frac{s}{\sqrt{n}} = \frac{4.78}{\sqrt{70}} \approx 0.57$$

(4) 总体蓄积量抽样误差

因为 $n=70>50$，属于大样本，根据可靠性 95%查标准正态概率积分表（表 18-2），得 $t=1.96$，所以绝对误差限为

$$\Delta_{\bar{y}} = ts_{\bar{y}} = 1.96 \times 0.57 \approx 1.12$$

绝对误差为

$$\Delta_y = Nts_{\bar{y}} = 5674.3 \times 1.12 = 6355$$

相对误差限为

$$E = \frac{\Delta_{\bar{y}}}{\bar{y}} \times 100\% = \frac{1.12}{6.1} \times 100\% \approx 18.4\%$$

(5) 估计精度

$$P = 1 - E = 1 - 18.4\% = 81.6\%$$

因为 $P=81.6\%<85\%$，所以本次系统抽样调查失败，应当增设样地进行补充调查以提高精度。

三、数据记录

提交计算结果。

■任务评价

1）主要知识点及内容如下：

系统抽样；系统抽样外业调查步骤；系统抽样内业计算。

2）对任务实施过程中出现的问题进行讨论，并完成抽样调查任务评价表（表 18-5）。

表 18-5　抽样调查任务评价表

任务程序			任务实施中应注意的问题
人员组织			
材料准备			
实施步骤	1. 样地数量的确定		
	2. 点间距计算		
	3. 图上布点		
	4. 抽样调查外业	①罗盘引点定位，或 GPS 找点	
		②设置固定标准地	
		③样地每木调查	
	5. 调查因子计算	①总体平均数估计	
		②总体总量估计	
		③总体方差估计	
		④抽样误差限估计	
		⑤抽样估计的精度	
		⑥总体估计区间	

任务 19　森林分层抽样调查

　任务描述

　　分层抽样是抽样调查方法中的一种，它是把总体划分成若干个层（副总体），然后在各层中进行随机抽样或系统抽样以对总体进行估计。森林分层抽样调查就是按照分层抽样调查方法对森林资源进行调查，以便获得森林资源数量和质量方面的信息，为生产经营政策调整提供依据。本任务是用分层抽样调查方法进行森林资源调查，其主要内容包括分层调查方案的设计、总体资源估计、误差分析及成果汇编。通过对分层抽样外业和内业的学习，学会测定固定样地各调查因子的定期生长量及预估若干年后各调查因子生长量。

　知识目标

1. 了解森林分层抽样调查的基础理论与知识。
2. 掌握森林分层抽样调查必须满足的条件。

　技能目标

1. 能够完成森林分层抽样调查工作方案的设计。
2. 能够熟练掌握总体资源估计、误差分析及成果汇编的方法。

　思政目标

1. 培养学生善于思考、敢于尝试的开拓精神。
2. 培养学生热爱森林、尊重自然规律的生态意识。

　知识准备

　　按照森林各部分的不同特征，把总体划分成若干个层（类型），然后在各层中进行随机抽样或系统抽样以对总体进行估计（图 19-1）。在总体分层后，每一层成为一个独立的抽样总体，因此所分的层又称副总体。分层因子大致相同的森林地段有着近似的蓄积量，分层后可以扩大层间差异，缩小层内变动，提高抽样工作效率。
　　实施分层抽样应当满足以下 3 个条件：
　　1）各层的总体单元数是确知的，或者各层的权重是确知的。
　　2）在总体分层后，各层间任何单元都没有重叠或遗漏。
　　3）在各层中进行的抽样是独立的。
　　在样本数量相同的条件下，分层抽样比随机抽样精度高。可以看出，在进行森林分层抽样调查时，不仅要确知总体面积，还必须知道各层的面积及其所占的比例。

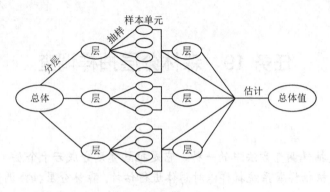

图 19-1 分层抽样示意图

例 19.1 某林场森林分层抽样调查方案设计。

（1）确定总体境界，计算总体面积

根据收集的图面材料（地形图、基本图或地理信息图），把调查总体的境界准确地勾绘出来作为调查用图，通过计算，抽样总体森林的面积为 476.0hm^2。

（2）样地形状和大小

样地形状采用正方形，样地面积为 0.06hm^2。

（3）分层方案的确定

1）分层因子的选择。以查清森林蓄积量为主要目标，根据该林场森林资源状况，本次调查确定将树种、龄组、郁闭度作为分层因子。

2）分层因子级距的确定。

① 树种：根据该林场森林资源状况，本次树种选定为落叶松、白桦。

② 龄组。

落叶松：该林场落叶松林分年龄有近熟林、成熟林和过熟林，由于落叶松近熟林、成熟林、过熟林的林分变化基本一致，单位面积蓄积量差异不大，因此落叶松林分就分为一个"落叶松近成过熟林"龄组。

白桦：白桦林分年龄由中龄林、成熟林、过熟林组成，由于中龄林分与成熟林、过熟林林分的差别较大，因此白桦林分分为"中龄"和"成过熟林"两个龄组。

③ 郁闭度。由于落叶松、白桦林分郁闭度均有密、中、疏，因此落叶松、白桦林分郁闭度分为密、中、疏 3 种。

3）分层。根据分层因子和分层因子级距将该林场分为落叶松近成过熟林密林、落叶松近成过熟林中林、落叶松近成过熟林疏林、白桦成过熟林密林、白桦成过熟林中林、白桦中龄疏林共 6 层。为方便起见，将各层用层代号表示，分别为落Ⅲ密、落Ⅲ中、落Ⅲ疏、白Ⅲ密、白Ⅲ中、白Ⅱ疏。

（4）层化小班和各层面积权重计算

根据分层方案，将落Ⅲ密、落Ⅲ中、落Ⅲ疏、白Ⅲ密、白Ⅲ中、白Ⅱ疏各层的每个小班边界在地形图上准确地勾绘出来，对各层面积进行计算，并计算各层面积权重。具体计算结果见表 19-1。

表 19-1 各层面积权重计算表

层代号	层别	层面积/hm²	权重（0.000 01）
落Ⅲ密	落叶松近成过熟林密林	135.6	0.2849
落Ⅲ中	落叶松近成过熟林中林	87.7	0.1842
落Ⅲ疏	落叶松近成过熟林疏林	18.9	0.0397
白Ⅲ密	白桦成过熟林密林	176.2	0.3702
白Ⅲ中	白桦成过熟林中林	34.1	0.0716
白Ⅱ疏	白桦中龄疏林	23.5	0.0494
	合计	476.0	1.0000

（5）确定样本单元数

1）确定变动系数。通过预备性调查，预估各层的变动系数和平均数，具体预估数值见表 19-2。

表 19-2 用面积比例分配方法计算分层抽样样地数及其分配

层代号	预估值				ω_h	$\omega_h y_h$	$\omega_h s_h^2$	n_h	$\omega_h^2 s_h^2$
	y_h	$c/\%$	s_h	s_h^2					
落Ⅲ密	11	30	3.3	10.89	0.2849	3.1339	3.1026	17	
落Ⅲ中	10	50	5.0	25.0	0.1842	1.8420	4.6050	11	
落Ⅲ疏	9	50	4.5	20.25	0.0397	0.3573	0.8039	3	
白Ⅲ密	10	30	3.0	9.0	0.3702	3.7020	3.3318	22	
白Ⅲ中 白Ⅱ疏	9	50	4.5	20.25	0.1210	1.0890	2.4503	7	
合计	—	—	—	—	—	10.1242	14.2936	60	

注：$s_h = y_h \times c$，c 为变动系数，$t=2$，$E=10\%$，$N=60$。

根据预估的各层变动系数 c 和平均数 y_h 求出各层的标准差和方差，如落Ⅲ密层的标准差 $s_h = y_h \times c = 11 \times 30\% = 3.3$；落Ⅲ密层的方差 $s_h^2 = 3.3^2 = 10.89$。其他各层的标准差和方差的计算方法同上。

总体平均数 $\bar{y}$ 等于各层平均数的加权平均数，即

$$\bar{y} = \sum \omega_h y_h = 0.2489 \times 11 + 0.1842 \times 10 + 0.0397 \times 9 + 0.3702 \times 10 + 0.1210 \times 9$$
$$= 10.1242$$

总体方差等于各层方差的加权平均数，即

$$s^2 = \sum \omega_h s_h^2 = 0.2489 \times 10.89 + 0.1842 \times 25 + 0.0397 \times 20.25 + 0.3702 \times 9 + 0.1210 \times 20.25$$
$$= 14.2936$$

2）确定总体和各层的样本单元数。本次调查采用面积比例分配方法计算总体和各层的样本单元数。在设计调查方案过程中，可能发现白Ⅲ中层和白Ⅱ疏层的林分特征相近，故将这两层合并成一层。由于林业调查的总体面积一般较大，抽样比往往小于 0.05，因此采取重复抽样公式计算总体样本单元数。分层抽样的总样地数为

$$n = \frac{t^2 \sum_{h=1}^{L} \omega_h s_h^2}{E^2 \left(\sum_{h=1}^{L} \omega_h \overline{y}_h \right)^2} = \frac{2^2 \times 13.9015}{0.10^2 \times 9.7282^2} \approx 58$$

为了确保抽样精度，样本单元数增加3%的安全系数，样本单元数为

$$n = 58 \times (1 + 3\%) \approx 60$$

根据 $n_h = \omega_h n$ 计算各层样地数，具体如下：

落Ⅲ密层的样本单元数 $n_1 = \omega_1 n = 60 \times 0.2849 \approx 17$；

落Ⅲ中层的样本单元数 $n_2 = \omega_2 n = 60 \times 0.1842 \approx 12$；

落Ⅲ疏层的样本单元数 $n_3 = \omega_3 n = 60 \times 0.0397 \approx 3$；

白Ⅲ密层的样本单元数 $n_4 = \omega_4 n = 60 \times 0.3702 \approx 22$；

白Ⅲ中层、白Ⅱ疏层的样本单元数 $n_5 = \omega_5 n = 60 \times 0.1210 \approx 8$。

落Ⅲ密层、落Ⅲ中层、白Ⅲ中层和白Ⅱ疏层分配到的样地数与实际的样地数不符，样地数出现出入的原因是从样地布点后到实地调查期间林分发生了变化，或是前期调查时树种确定错误。

（6）布点

1）确定样地间距。

样地在实地上的间距：

$$L = \sqrt{\frac{10\,000 \times A}{n}} = \sqrt{\frac{10\,000 \times 476}{60}} \approx 281.66 \,(\text{m})$$

样地在布点图上的间距：

$$l = 100L \times \frac{1}{m} = 100 \times 281.66 \times \frac{1}{10\,000} = 2.82 \,(\text{cm})$$

2）制作样地布点图。

① 面积比例分配法。采取一个系统布点，在地形图上根据 2.8cm×2.8cm 进行公里网加密布点，所有公里网交叉点均为样点，并对落入总体范围内的样点按照从西向东、由北向南的顺序编样地号。

② 最优分配法。根据计算的各层样地数，在各层化小班内独立布点。

任务实施

分层抽样法调查森林资源

一、工具

每组配备：围尺，皮尺，测高器，测绳，罗盘仪，测杆，记录板，记录表格，粉笔，记号笔，铅笔等。

二、方法与步骤

第1步 确定分层方案的原则

1）遵循林业生产上对调查成果的要求。

2）依据总体内的森林结构特点。
3）充分利用过去的调查材料。
4）缩小层内方差，扩大层间方差。
5）充分利用图面材料和航空像片判读成果。

第 2 步　分层因子的选择

分层方案包括分层因子的选择与级距的划分。分层因子的选择依据调查目标而定，以清查森林蓄积量为目的的资源调查应将对蓄积量影响较大的因子作为分层因子。当前我国在林业生产上主要采用树种（组）—龄组—郁闭度（疏密度）三因素的分层方案。当总体蓄积量变化较大时，应以单位面积蓄积量作为分层因子，如亩蓄积量。

第 3 步　分层因子级距的确定

当总体采用树种（组）—龄组—郁闭度（疏密度）三因素作为分层因子时，各分层因子级距确定如下：

1）树种（组）在混交林中用优势树种或树种组来分层。
2）龄组一般划分为幼龄林、中龄林、近熟林和成熟林。
3）郁闭度（疏密度）一般划分为疏（≤0.2）、中（0.21～0.69）和密（≥0.7）3 个层。

当总体采用单位面积蓄积量作为分层因子时，分层因子的级距应当根据总体单位面积蓄积量的极差和分层的层数来确定。

根据分层因子和分层因子的级距进行分层。为方便起见，各层可用层代号表示。例如，"落成密"表示落叶松成熟龄密林。分层因子不宜过多且级距不宜过小，否则层的面积误差加大，反而会降低精度。

第 4 步　层化小班及求积

把总体中每个林分按照确定的分层因子和级距准确地区划出来。

操作时，根据森林分布图、地形图、林相图、航空像片等资料，结合地面现场调查，在林业基本图上勾绘出各层的界限与范围，经过分层勾绘的分层平面图是计算各层面积权重和进行分层布点的基本资料（图 19-2）。

然后在分层平面图上用求积仪或直接由地理信息系统计算各分层小班面积。各分层小班面积之和应该等于总体面积，最后计算各层的面积权重。

由于分层抽样调查是在认定各层面积没有误差的条件下计算蓄积量的精度，因此各层面积的勾绘判读和计算必须准确。否则面积权重的偏差将导致总体估计值

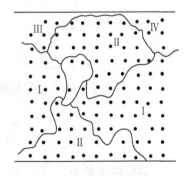

图 19-2　分层平面图

的偏差。一般情况下，当优势层的面积权重误差为±10%时，可使分层效率小于 1。

第 5 步　样本单元数计算与分配

（1）面积比例分配法

这是分层抽样调查常用的方法，按照各层面积大小或比例分配样地数量。

1）重复抽样。分层抽样的总样地数为

$$n = \frac{t^2 \sum_{h=1}^{L} \omega_h s_h^2}{E^2 \left(\sum_{h=1}^{L} \omega_h \overline{y}_h\right)^2} \tag{19-1}$$

式中，t、E 根据生产要求预先确定；ω_h 为已知的权重各层面积；s_h 和 $\overline{y}_h$ 是未知值，它只能根据以往调查资料或通过预备调查预估。因此，用该式得来的 n 的可靠程度取决于对 s_h 和 $\overline{y}_h$ 估计的准确程度。

各层样地数的分配与该层面积成正比，面积大的层，分配的样地数就多，反之则少，即 $n_h = \omega_h n$。

2）不重复抽样。分层抽样的总样地数为

$$n' = \frac{n}{1 + \frac{n}{N}} = \frac{t^2 \sum \omega_h s_h^2}{E^2 \left(\sum_{h=1}^{L} \omega_h \overline{y}_h\right)^2 + t^2 \left(\sum_{h=1}^{L} \omega_h s_h^2\right)/N} \tag{19-2}$$

各层样地数仍按 $n_h = \omega_h n$ 式计算。

（2）最优分配法

最优分配法不仅考虑各层面积大小，还考虑各层方差大小，使各层分配的样地数与各层面积权重和各层标准差的乘积成正比。这种方法在理论上抽样效率最高，故称最优分配法。

1）重复抽样。分层抽样的总样地数为

$$n = \frac{t^2 \left(\sum_{h=1}^{L} \omega_h s_h\right)^2}{E^2 \left(\sum_{h=1}^{L} \omega_h \overline{y}_h\right)^2} \tag{19-3}$$

各层样地数为

$$n_h = \frac{N_h s_h}{\sum N_h s_h} n = \frac{\omega_h s_h}{\sum \omega_h s_h} n \tag{19-4}$$

2）不重复抽样。分层抽样的总样地数为

$$n' = \frac{n}{1 + \frac{n}{N}} = \frac{t^2 \left(\sum \omega_h s_h\right)^2}{E^2 \left(\sum \omega_h \overline{y}_h\right)^2 + t^2 \left(\sum \omega_h s_h\right)^2/N} \tag{19-5}$$

各层样地数为

$$n_h = \frac{\omega_h s_h}{\sum \omega_h s_h} n \tag{19-6}$$

在森林抽样调查中常采用不重复抽样，当抽样比 $f \leq 0.05$ 时，采用重复抽样公式计算样地数量。

第 6 步　布点

完成样地布点图。

按面积比例分配法：生产上常用一个系统布点，与系统抽样的布点方法相同。

按最优分配法：根据计算的各层样地数，在各层化小班内独立系统布点。

由于分层抽样样本单元数计算是以总体的变动和精度要求为单位，因此只保证总体的估计精度，不保证各层的精度。如果要保证各层的精度，就应当根据各层的变动和精度要求来确定各层的样地数。即使没有适合的航空像片，也可先在地形图上进行分层抽样，即布点前不知道层面积，采用一次外业将样地调查和层化小班同时完成，待内业再分层计算，可以提高工作效率。

三、数据记录

提交分层抽样的计算结果。

四、注意事项

1）外业工作中做到地形图与实地相符。
2）外业中注意人身安全。
3）保护野生动物。

任务评价

1）主要知识点及内容如下：

分层抽样方法；分层抽样步骤；分层抽样内业计算。

2）对任务实施过程中出现的问题进行讨论，并完成抽样调查任务评价表（表19-3）。

表19-3 抽样调查任务评价表

任务程序			任务实施中应注意的问题
人员组织			
材料准备			
实施步骤	1. 分层方案原则		
	2. 分层因子选择		
	3. 分层因子级距		
	4. 抽样调查外业	①层化小班求积	
		②样本单元数计算	
		③图上布点	
	5. 调查因子计算	①总体平均数估计	
		②总体总量估计	
		③总体方差估计	
		④抽样误差限估计	
		⑤抽样估计精度	
		⑥总体估计区间	

任务 20　森林资源遥感调查

任务描述

森林资源是人类生活环境的重要组成部分。森林资源调查为维持森林生态系统健康及科学管理利用森林资源提供了必要依据。遥感技术作为一种新兴的科学技术手段,具有简单、快捷、可操作性强等优点,通过遥感技术获取森林资源信息,不仅能够提高森林资源调查的效率,还可使部分人工无法进行实测的样地的调查精确度得到提升,有助于推动林业经济的可持续发展。同时,也为国家和各级政府制定经济和环境发展规划、方针、政策等提供一定的依据。本任务从遥感技术的基础知识及遥感影像的判读入手,提取森林资源信息,进而高效地完成森林调查任务。

知识目标

1. 掌握遥感的概念及遥感技术系统的组成。
2. 掌握遥感的分类。
3. 了解遥感技术在林业中的应用。
4. 掌握遥感影像的判读方法。
5. 掌握非监督分类和监督分类的概念。
6. 掌握非监督分类和监督分类的方法。

技能目标

1. 学会遥感影像解译标志的建立方法。
2. 能够对遥感影像进行判读。
3. 能够对遥感影像进行非监督分类和监督分类。
4. 能够统计各地类的面积。

思政目标

1. 培养学生一丝不苟的学习态度。
2. 培养学生平实质朴的工作作风。

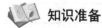

知识准备

一、遥感技术基础

遥感技术是 20 世纪 60 年代迅速发展起来的一门新兴的综合探测技术。它是建立在现代物理学(光学技术、红外技术、微波技术、雷达技术、激光技术、全息技术),计算机技术，数学及地学基础上的一门综合性科学。经过几十年的迅速发展，目前遥感技术已经广泛应用于农、林业及国土资源调查、环境及自然灾害监测评价、水文、气象、地质矿产、测绘、海洋、军事等领域，成为一门先进实用的空间探测技术。

我国幅员辽阔、资源丰富，但是自然条件非常复杂，长期以来缺乏全面而详细的资源调查资料。自20世纪70年代遥感技术引入我国林业以来，为我国森林资源监测技术和信息获取技术水平的提高作出了重要贡献，遥感数据已成为森林资源和森林生态状况监测的重要数据源。目前，随着以遥感技术、地理信息系统及全球定位系统为主的"3S"技术在林业中的应用，森林资源和森林生态状况信息的存储、查询、更新、分析、共享和传输变得更加完善，有力地推动了森林资源监测技术的发展，节省了大量的人力物力，提高了调查效率，更好地保证了森林资源监测数据的完备性和连续性。

1. 遥感的概念

就其字面含义，遥感可以解释为"遥远的感知"。人类通过大量的实践发现，地球上每一个物体都在不停地吸收、发射和反射信息和能量，其中就有一种人类已经认识到的形式——电磁波，并且发现不同物体的电磁波特性是不同的。遥感就是根据这个原理来探测地物对电磁波的反射和其发射的电磁波，从而提取这些物体的信息，完成远距离识别物体。

从广义上说，遥感泛指一切无接触的远距离探测，包括对电磁场、力场、机械波（声波、地震波）等的探测。在实际工作中，重力、磁力、声波、地震波等的探测都被划为物理探测的范畴，只有电磁波的探测属于遥感的范畴。

从狭义上说，遥感是借助对电磁波敏感的仪器（传感器），从远处（不与探测目标相接触）记录目标物对电磁波的辐射、反射、散射等特征信息，然后对所获取的信息进行提取、判定、加工处理及应用分析的综合性技术。

现代遥感技术是以先进的对地观测探测器为技术手段，对目标物进行遥远感知的过程。地球上每一种物质作为其固有的性质都会反射、吸收、透射及辐射电磁波。物体的这种对电磁波固有的波长特性称作光谱特性。一切物体，由于其种类及环境条件的不同，都具有反射或辐射不同波长的电磁波的特性。现代遥感技术就是根据这个原理完成基本作业过程：在距地面几千米、几百千米甚至数千千米的高度上，以飞机、卫星等为观测平台，使用光学、电子学和电子光学等探测仪器接收目标物反射、散射和发射来的电磁辐射能量，以图像胶片或数字磁带形式进行记录，然后把这些数据传送到地面接收站，最后将接收到的数据加工处理成用户所需要的遥感资料。

2. 遥感技术系统

通常把不同高度的平台使用传感器收集地物的电磁波信息，再将这些信息传输到地面并加以处理，从而达到对地物的识别与监测的全过程（图20-1），称为遥感技术。现代遥感技术系统一般由遥感平台、传感器、遥感数据接收与处理系统、遥感资料分析解译系统这四部分组成。其中，遥感平台、传感器和遥感数据接收与处理系统是决定遥感技术应用成败的3个主要技术因素，遥感分析应用工作者必须对其有所了解和掌握。

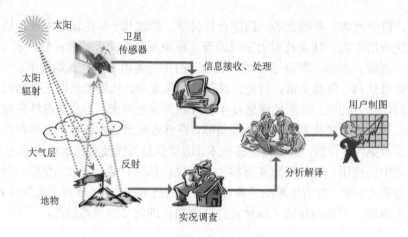

图 20-1 遥感过程

(1) 遥感平台

在遥感技术中，搭载传感器的工具称为平台或载体，它是传感器赖以工作的场所，平台的运行特征及其姿态稳定状况直接影响传感器的性能和遥感资料的质量。目前，遥感平台主要有飞机、卫星和航天飞机等。

(2) 传感器

收集、记录和传输目标信息的装置称为传感器，它是遥感的核心技术。目前应用的传感器主要有摄影机、摄像仪、扫描仪、光谱辐射计等。平台和传感器代表遥感技术的发展水平。在评价一个传感器性能优劣的指标中，空间分辨率、时间分辨率和波谱分辨率是几个很重要的参数。

1) 空间分辨率。空间分辨率是指遥感影像的解析能力，即在影像上分辨地物的能力。遥感所说的空间分辨率通常是指地面分辨率，即在影像上所能辨别的地物的最小尺寸。对于不同目的的卫星所获取的图像，其分辨率是不一样的，其中侦察卫星的图像分辨率最高，气象卫星的图像分辨率最低。像元是扫描影像的基本单元，是成像过程中或用计算机处理时的基本采样点，由亮度值表示。单个像元所对应的地面面积大小与卫星种类有关，其面积单位为米（m）或千米（km）。例如，美国 QuikBird 商业卫星一个像元相当于地面面积 0.61m×0.61m，其空间分辨率为 0.61m；Landsat 专题制图仪（TM）一个像元相当于地面面积 28.5m×28.5m，其空间分辨率为 30m。

2) 时间分辨率。时间分辨率是指在同一区域进行的相邻两次遥感观测的最小时间间隔。对于轨道卫星，也称覆盖周期。时间间隔大，时间分辨率低；反之，时间分辨率高。

时间分辨率是评价遥感系统动态监测能力和"多日摄影"系列遥感资料在多时相分析中应用能力的重要指标。根据地球资源与环境动态信息变化的快慢，可以选择适当的时间分辨率范围。按照研究对象的自然历史演变和社会生产过程的周期，划分为 5 种类型：①超短期的，如台风、寒潮、海况、鱼情、城市热岛等，需以小时计。②短期的，如洪水、冰凌、旱涝、森林火灾或虫害、作物长势、绿被指数等，需以日计。③中期的，如土地利用、作物估产、生物量统计等，一般需以月或季度计。④长期的，如水土保持、自然保护、冰川进退、湖泊消长、海岸变迁、沙化与绿化等，需以年计。⑤超长期的，如新构造运动、火山喷发等地质现象，可长达数十年以上。

3）波谱分辨率。波谱分辨率是指传感器探测器件接收电磁波辐射所能区分的最小波长范围。波段的波长范围越小，波谱分辨率越高。波谱分辨率也指传感器在其工作波长范围内所能划分的波段的量度。波段越多，波谱分辨率越高。

例如，陆地卫星多光谱扫描仪（multispectral scanner，MSS）和 TM，在可见光范围内，MSS 3 个波段的光谱范围均为 0.1μm，TM1～3 波段的波谱范围分别是 0.07μm、0.08μm 和 0.06μm，说明后者波谱分辨率高于前者。MSS 共有 4～5 个波段，TM 共分 7 个波段，也说明后者波谱分辨率高于前者。因地物波谱反射或辐射电磁波能量的差别最终会反映在遥感影像的灰度差异上，故波谱分辨率也反映区分不同灰度等级的能力。

(3) 遥感数据接收处理系统

为了接收从遥感平台传送来的图像和数据，必须建立遥感地面接收站。地面接收站由地面数字接收和记录系统（digital receiving and recording system，TRRS）及图像数字处理系统（image digital processing system，IDPS）两部分组成。地面数据接收和记录系统的大型抛物面天线能够接收遥感平台发回的数据。这些数据以电信号的形式传回，经检波被记录在视频磁带上。然后把这些视频磁带、数据磁带或其他形式的图像资料等送往图像数字处理系统。图像数字处理系统的任务是将数据接收和记录系统记录在磁带上的视频图像和数据进行加工处理和存储，最后根据用户要求制成一定规格的影像胶片和数据产品，作为商品分发给用户。

(4) 分析处理系统

用户得到的遥感资料是经过处理的图像胶片或数据。用户根据各自的应用目的，对这些资料进行分析、研究、判断解释，从中提取有用信息，并将其翻译成文字资料或图件，这一工作称为"解译"。目前，解译已经形成了一些规范的技术路线和方法。

1）常规目视解译技术。常规目视解译是指人们用手持放大镜或立体镜等简单工具，凭借解译人员的经验来识别目标物的性质和变化规律的方法。由于目视解译所用的仪器设备简单，因而在野外和室内都可进行。这种方法既能获得一定的效果，又可验证仪器的准确程度，是一种最基本的解译方法。但是目视解译不仅受解译人员专业水平和经验的影响，也受视觉功能的限制，并且速度慢，不够准确。

2）图像处理技术。图像处理技术是 20 世纪发展起来的一种识别地物的方法，它是利用电子计算机对遥感影像数据进行分析处理，获得目标地物的光谱信息，进而对地物进行判读，实现自动识别和分类。该技术既快速、客观、准确，又能直接得到解译结果，是遥感分析解译的发展方向。近年来，在目标识别上已发展到地表纹理、目标地物的形状等相结合的判别模型，从而大幅提高了目标识别的可靠性。

3. 遥感的分类

根据遥感分类的依据不同，或根据遥感自身的特点及应用领域，可从以下几个角度进行分类。

(1) 以探测平台划分

依据传感器所搭载的遥感平台进行分类，可分为地面遥感、航空遥感、航天遥感和航宇遥感。

1) 地面遥感是以近地表的载体作为遥感平台的探测技术。例如，汽车、三角架、气球和大楼等。所用的传感器可以是成像传感器或非成像传感器。地面遥感可以获得成像方式或非成像方式的数据，由于它与地面其他观测数据具有绝对同步关系，因此可为构建地表物理模型奠定重要基础。

2) 航空遥感是以飞机为平台从空中对目标地物进行探测的技术。其主要特点是沿航线分幅获取地面目标地物信息，灵活性大，所获得的图像比例尺大，分辨率高，已形成了完整的航空摄影理论体系，为地方尺度的遥感提供数据平台。

3) 航天遥感是以卫星、火箭及航天飞机为平台，从外层空间对目标地物进行探测的技术系统。航天遥感是20世纪70年代发展起来的现代遥感技术，其特点是已经形成从低分辨率到高分辨率的对地观测手段，不仅可用于宏观区域的自然规律与现象的研究，同时高分辨率小卫星为地方尺度的大比例尺制图与资源环境调查研究提供新的数据源，另外其重复周期短，为动态监测地球表面环境提供了可能。

4) 航宇遥感是以宇宙飞船为平台对宇宙星际的目标进行探测的遥感技术。随着运载火箭技术的不断发展，人类活动范围逐步从地球环境向宇宙星际环境延伸，从而实现了对月球、火星等星际环境的遥测。这一技术为进一步探索地球的起源提供了科学数据。

(2) 按探测的电磁波段划分

根据传感器所接收的电磁波谱，遥感技术可分为以下6种。

1) 可见光遥感。传感器仅采集与记录目标物在可见光波段的反射能量，主要有摄影机、扫描仪、摄像仪等。

2) 红外遥感。传感器采集并记录目标地物在电磁波红外波段的反射或辐射能量，主要有红外摄影机、红外扫描仪等。

3) 微波遥感。传感器采集并记录目标地物在微波波段反射的能量，所用传感器主要包括扫描仪、微波辐射计、雷达、高度计等。

4) 多光谱遥感。传感器将把目标物反射或辐射来的电磁辐射能量分割成若干个窄的光谱带，同步探测得到一个目标物不同波段的多幅图像。目前所使用的多光谱遥感传感器有多光谱摄影机、多光谱扫描仪和反束光导管摄像仪等。

5) 紫外遥感。传感器采集和记录目标物在紫外波段的辐射能量，由于太阳辐射能量到达地面的紫外线能量非常弱，因此可用波段非常窄（$0.3\sim0.4\mu m$），但是对地质遥感有非常重要的意义。

6) 高光谱遥感。高光谱遥感是近年来发展起来的新型遥感探测技术，它是在某一波长范围内，以小于10nm波长间隔对地观察，探测地表某目标物的反射或发射能量的探测技术。通常来讲，高光谱遥感可分为成像高光谱遥感和非成像高光谱遥感。非成像高光谱遥感是指利用高光谱非成像光谱（辐射）仪在野外或实验室测量特征地物的反射率、透射率及其辐射率，从而从不同侧面揭示特征地表波谱特征及其性质。

（3）电磁辐射源划分

根据传感器所接收的能量来源，遥感技术可分为主动遥感和被动遥感两种。

1）被动遥感是指传感器探测和记录目标地物对太阳辐射的反射或是目标地物自身发射的热辐射和微波的能量。其中目标物反射的电磁波能量，其输入能量是太阳辐射源而非人工辐射源，热红外和微波波段的发射能量是地物吸收太阳辐射能量后的再辐射过程。

2）主动遥感是指传感器带有电磁波发射装置，在探测过程中向目标地物发射电磁波辐射能量，然后接收和记录目标物反射或散射回来的电磁波的遥感，如雷达、闪光摄影等。

（4）按应用领域划分

根据遥感信息源的应用领域进行划分，可分为地质遥感、农业遥感、林业遥感、水利遥感、海洋遥感、环境遥感、灾害遥感等。

4. 遥感的特点及发展趋势

从遥感传感器与遥感平台的发展来看，在性能、经济效益等方面，遥感技术有以下6个方面的特点。

1）探测范围广，获取信息的范围大。一幅陆地卫星照片对应地面约三万四千多平方千米，覆盖我国全部领土仅需五百多张陆地卫星照片，而所需航片却近一百万张。前者可以连续不断且无一遗漏地重复获得，后者实际上不可能连续重复探测。因此，这个特点对国土资源勘查有着重大意义，同时其宏观特点使得大面积以至全球范围研究生态环境和资源问题成为可能。

2）获取的信息内容丰富、新颖，能够迅速反映动态变化。因为遥感探测范围广，所以获取的信息内容丰富。卫星对地球各处进行周期性观察，使其有可能进行动态观测，获取资料，从而实现对地物的动态变化监测。

3）获取信息方便而且快速。利用遥感获取信息不受地形限制。对高山冰川、戈壁沙漠、海洋等地区，采用一般方法不易获得的资料，通过卫星像片就可以获得大量有用的资料。同时，卫星不受任何政治条件、地理条件的限制，可以覆盖地球的任何一个角落。这使得人们能够及时地获得各种地表信息，过去对农田、森林、城市等大区域成图需要几年到十几年，现在需要的时间大为缩短。

4）综合性。遥感技术构成对地球观察监测的多层空间、多波段、多时相的探测网。它从3个空间：地理空间（经度、纬度、高程）、光谱空间、时间空间提供五维信息，使人们能够更加全面深入地观察分析问题。

5）成本低。

6）高分辨率、高光谱遥感发展逐步走向成熟。当代遥感技术已能全面覆盖大气窗口，包括可见光、近红外和短波红外区域。热红外遥感的波长可达 8～14μm；微波遥感观测目标物电磁波的辐射和散射，分为被动微波遥感和主动微波遥感，波长范围为 0.1～100cm。目前卫星遥感的空间分辨率已从原来的几千米、几百米、几十米逐步发展到几米和几十厘米。光谱分辨率从单一波段、多光谱遥感逐步发展到高光谱遥感。

5. 遥感技术在林业上的应用

遥感作为一门综合技术，是美国海军研究局的艾弗林·普鲁伊特（Evelyn.L.Pruitt）在1960年提出来的。此后，在世界范围内，遥感作为一门独立的新兴学科获得了飞速发展。自20世纪70年代以来，我国遥感事业也有了长足的进步。全国范围内的地形图更新普遍采用航空摄影测量，并在此基础上开展了不同目标的航空专题遥感试验与应用研究。我国成功研制了机载地物光谱仪、多光谱扫描仪、红外扫描仪、成像光谱仪、真实孔径和合成孔径测视雷达、微波辐射计、激光高度计等传感器，为赶超世界先进水平和推动传感器国产化作出了重要贡献。

遥感技术在林业上的应用主要包括以下几个方面。

（1）森林制图与森林资源调查

1）森林制图。遥感技术最早、最基本的应用是森林制图与森林资源调查。通过对遥感影像进行判读或分类处理，可以制作森林覆盖率地图。森林覆盖率是全球变化、景观格局与动态、可持续发展评价等诸多领域研究的基础。对某一较小的区域来说，可以制作森林分布图，方便统计森林覆盖率等土地利用情况。

2）国家森林资源连续清查。应用遥感目视判读技术与地面抽样调查相结合的方法开展国家森林资源清查，可以提供全面准确的森林资源调查数据和图面材料，为编制森林采伐限额和森林经营方案及建立森林资源档案提供可靠的科学依据。

目前在我国森林资源清查中，应用较多的遥感数据为（Landsat）TM/ETM数据和资源一号卫星CCD数据。1999年，在第六次全国森林资源连续清查中全面应用了"建立国家森林资源监测体系"项目的研究成果，遥感技术应用也由实验阶段过渡到实际应用，并在体系全覆盖、提高抽样精度、防止偏估等方面起到了重要作用。借助遥感手段寻求快速宏观监测森林资源的方法，从定时监测转向连续监测，从静态监测转向动态监测，提高了监测的现势性和时效性，对森林资源的可持续经营与利用具有重要意义。

3）森林资源规划设计调查。早在20世纪50年代，航空像片就开始用于森林资源二类调查，但是由于航空像片成本较高而难以广泛应用。20世纪90年代，Landsat TM数据开始应用于森林资源二类调查。虽然TM数据波段丰富，可供选择的波段组合较多，但是其空间分辨率较低，不宜用作外业调绘图纸，从而限制了其在二类调查中的应用。随着SPOT-5卫星数据的出现，2.5m和5m的全色波段分辨率及10m分辨率的多光谱数据在林业生产单位得到广泛应用。为加强森林资源经营管理，适应国家信息化发展需要，SPOT-5卫星数据不仅应用于林业科研项目，还在国内大范围地应用于森林资源二类调查。目前，国产高分辨率卫星在林业调查方面也得到广泛应用。

（2）森林资源动态监测

卫星遥感能够周期性地提供包括森林植被信息的遥感数据，为森林资源动态监测提供可靠的信息源。只要利用两个或多个不同时期的遥感资料，就可获得森林资源的动态变化情况。将遥感的多时相特点和GIS技术相结合，能够实现区域尺度甚至全球尺度的动态监测。目前，欧美许多国家应用中分辨成像光谱仪（moderate-resolution imaging spectroradiometer，MODIS）数据来监测森林资源，其内容包括冠层制图、植被覆盖转移监测、过火区与采伐监督。

1）森林资源生态状况监测。森林资源宏观监测的主要内容之一是林木生长状况监测。利用红外遥感波段可以清晰地反映森林健康状况；大区域遥感监测可以及时了解森林生境、森林消长动态；甚高分辨率扫描辐射计（advanced very high resolution radiometer，AVHRR）和中分辨率成像光谱仪（moderate-resolution Imaging spectroradiometer，MODIS）等提供的高时间分辨率数据的出现，为形成时间序列曲线监测森林物候、气候变化影响与响应提供了无可替代的条件，成为森林生态状况监测的重要分支。利用MODIS数据，可以采用归一化植被指数（normalized differential vegetation index，NDVI）、增强型植被指数（enhanced vegetation index，EVI）、土壤调节植被指数（soil-adjusted vegetation index，SAVI）及比值植被指数（ratio vegetation index，RVI）等对监测区典型树种的长势进行分析。

2）林业生态工程监测。利用多级分辨率卫星遥感数据对林业生态工程区进行遥感监测评价，对工程区域内林业生态工程（六大林业重点工程的天然林资源保护工程、退耕还林工程、"三北"及长江中下游等重点防护林体系建设工程、京津风沙源治理工程、野生动植物保护及自然保护区建设工程和重点地区速生丰产用材林基地建设工程等）的实施情况进行跟踪监测，实现监测数据及时、直观反映现实情况，达到客观评价其成效的目的，从而为我国林业生态建设管理及制定相应的管理规定和宏观决策提供科学依据。

林业生态工程监测可以综合运用"3S"技术，获得林业工程区域在时间序列上的空间信息，并通过分析与处理，对工程的实施作出以下方面的监测与评价：①监测工程进展情况，为工程落实提供基础数据。②监测工程实施状况和工程质量，为工程建设与管理提供基础数据。③评估工程建设成效，为工程建设的各项决策提供依据。④调查监测区森林植被变化状况，分析林业生态工程的实施对监测区生态环境的影响。

我国林业生态工程监测示范研究已经获得阶段性进展，对不同的工程选取重点监测区，利用不同分辨率的遥感数据，以多阶监测的方法，辅以适当的地面调查核实，对重点监测区进行连续的动态监测，已经形成一套系统的林业生态工程监测方法。

3）森林火灾监测预报。目前，我国林业系统已经建成了卫星林火监测中心、林火信息监测网络。通过气象卫星影像定标、定位处理，及时提取林火热点信息，确定林火发生地的环境、地类等内容，为森林火灾指挥扑救提供决策。例如，1987年我国大兴安岭原始森林发生特大火灾，遥感图像不仅显示了它的火头、火灾范围，还发现火势有向内蒙古原始森林逼近的可能，救火指挥部根据这一信息及时采取有效措施，加以防范，减少了火灾损失。

4）森林病虫害监测。植物受到病虫害侵袭会导致植物在各个波段上的波谱值发生变化。植物在受到病虫害时，在人眼还看不到时，其红外波段的光谱值就已发生了较大变化，从遥感资料提取这些变化的信息，分析病虫害的源地、灾情分布、发展状况，给防治病虫害提供信息。例如，对安徽省全椒县国营孤山林场1988年、1989年发生的马尾松松毛虫害，利用TM卫星遥感资料进行波谱亮度值分析，提取灾情信息，掌握了虫情分布、危害状况，并统计出重害区、轻害区和无害区所占的面积，有效地指导了对松毛虫的防治和灾后评估。"八五"国家科技攻关项目"松毛虫早期灾害点遥感监测研究",是我国利用遥感技术对森林病虫害进行预测、预报、监测管理的较为深入的应用研究。

5) 森林灾害损失评估。遥感技术能够及时、准确地评估森林灾害造成的损失。在1987年大兴安岭特大火灾的损失评估中,利用卫星资料统计出过火面积为 $124×10^4 hm^2$,其中又分为重度、轻度、居民点和道路的过火面积,其精度为96%。1986年吉林省长白山自然保护区原始森林遭受特大飓风侵袭,由于该地区交通不便,地面调查困难,利用卫星遥感资料对此灾害进行了损失评估,得出森林蓄积量损失达 $185×10^4 m^3$,有效地支持了灾后建设。

此外,遥感技术在森林生物物理参数反演(叶面积指数、吸收光合有效辐射净初级生产力、生物量),森林生态系统碳循环模拟,森林生态系统景观格局分析,森林经营可视化等方面都有一定的应用。

二、遥感影像判读

遥感影像判读是指人们依据地物波谱特性、空间特征和成像机制及所掌握的地学规律,通过分析地物影像特征识别它的过程,也称解译、判释。主要根据判读标志判读各种地物成像后所共有的影像特征。例如,形状、大小、色调,或颜色、阴影、模式,或结构、纹理、位置等。

由于地球上的任何物体都在不停地辐射和反射电磁波,不同的地物,同种地物不同性状,其反射和辐射电磁波的波段各不相同。遥感是利用物体的上述特性,借助电磁波敏感的仪器远距离探测目标物,获取辐射或反射的电磁波信息以识别目标物性质的技术,这是遥感信息可以判读并得以广泛应用的基本原理。遥感影像判读,首先需要建立目视解译标志。

目视解译是借助简单的工具,如放大镜、立体镜、投影观察器等,直接由肉眼来识别图像特征,从而提取有用信息,即人把物体与图像联系起来的过程。

遥感影像的解译标志是指那些能够用来区分目标物的影像特征,它可分为直接解译标志和间接解译标志两类。凡根据地物或现象本身反映的信息特性可以解译目标物的影像特征,即能够直接反映物体或现象的那些影像特征称为直接解译标志;通过与之有联系的其他影像上反映出来的影像特征,即与地物属性有内在联系、通过相关分析能够推断出其性质的影像特征、间接推断某一事物或现象的存在和属性,这些称为间接解译标志。

(1) 直接解译标志

直接解译标志包括色调、形状、大小、阴影、结构和图形,这里主要以可见光航空像片为例,介绍解译标志。

1) 色调。色调是地物电磁辐射能量在影像上的模拟记录,在黑白影像上表现为灰度,在彩色影像上表现为颜色,它是一切解译标志的基础。黑白影像上根据灰度差异划分为一系列等级,称为灰阶。一般情况下,从白到黑划分为10级:白、灰白、淡灰、浅灰、灰、暗灰、深灰、淡黑、浅黑、黑。也有将灰度分为15级或更多的。将10个以上的灰阶摆在一起，人眼可以分辨出它们的差别，但是如果单独拿出一个灰阶，就难以确定其级别。因此，在实际应用时，人们习惯将其归并为 7 级（白、灰白、浅灰、灰、深灰、灰黑、黑）或 5 级（灰白、浅灰、灰、深灰、黑），甚至更简略地分为浅色调、中等色调、深色调 3 级。

彩色影像上人眼能够分辨出的彩色在数百种以上，常用色别、饱和度和明度来描述。在实际应用时，色别用孟塞尔颜色系统的 10 个基本色调，饱和度分为饱和度大（色彩鲜艳）、饱和度中等和饱和度低 3 个等级，明度分为高明度（色彩亮）、中等明度和低明度（色彩暗）3 级。

在目视解译时，虽然能够识别出的地物色调是一个灵敏的普通标志，但是它又是一个不稳定的标志。影响它的因素有很多，包括物体本身的物质成分、结构组成、含水性、传感器的接收波段、感光材料特性、洗印技术等因素。因此，色调标志的标准是相对的，不能仅仅依靠色调来确定地物。

① 物体本身的颜色。若一般物体颜色较浅，则像片色调较淡；反之，则像片色调较暗。

② 物体表面的平滑和光泽亮度。一般物体表面平滑且具有光泽者，其反射光较强，影像色调较淡；物体表面粗糙者，其反射光较弱而影像色调较暗。

2）形状。形状是地物外貌轮廓在影像上的相似记录。任何物体都具有一定的外貌轮廓，在遥感影像上表现出不同的形状。例如，游泳池是长方形，足球场是两端为弧形的长方形，水渠为长条形，公路为蜿蜒的曲线形态等。因此，利用形状可以直接判定物体。

物体在影像上的形状细节显示能力与比例尺有很大关系，比例尺越大，其细节显示越清楚；比例尺越小，其细节就越不清楚。但应当注意的是，遥感影像上所表现的形状与我们平常在地面上所见的地物形状有所差异。

① 遥感影像所显示的主要是地物顶部或平面形状，是从空中俯视地物；平常人们在地面上是从侧面观察地物，两者之间有一定差别。物体的俯视形状是它的构造、组成、功能，了解与运用俯视的能力，有助于提高遥感影像的解译效果。

② 遥感影像为中心投影，物体的形状在影像的边缘会产生变形，因而同形状的地物在影像上的形状因位置不同而发生变异。特别是位置不同或采用不同的遥感方式，变形不同，在解译时要认真分析，仔细判别。

3）大小。大小是地物的长度、面积、体积等在影像上按比例缩小的相似记录，它是识别地物的重要标志之一，特别是对于形状相同的物体更是如此。

地物在影像上的大小，主要取决于成像比例尺，当比例尺大小变化时，同一地物的尺寸大小也随着变化。在进行图像解译时，一定要有比例尺的概念，否则，很容易将地物辨认错误。例如，公路和田间小路、楼房和平房、飞机场和足球场等形状相似的地物，借助其影像大小，可将两者区别开。当然在某些情况下，也可利用其他标志解译。

4）阴影。阴影是指地物电磁辐射能量较低部分在影像上形成暗区，可以把它看成是一种深色到黑色的特殊色调。阴影可以形成立体感，帮助人们观察到地物的侧面，判断地物的性质，但是阴影内的地物不容易识别，掩盖了一些物体的细节。

地物的阴影根据其形成原因和构成位置，分为本影和落影两种。

① 本影。本影是地物本身电磁辐射较弱而形成的阴影。在可见光影像上，本影就是地物背光面的影像，它与地物受光面的色调有着显著差别。本影的特点表现在受光面向背光面过渡及两者所占的比例关系。地物起伏越缓和，本影越不明显；反之，地物形状越尖峭，本影越明显。

② 落影。在可见光影像上，落影是指地物投落在地面上的阴影所成的影像。它的特点是可以显示地面物体纵断面形状，根据落影长度测定地物的高度。

阴影的长度和方向随纬度、时间呈现有规律的变化，是太阳高度角的函数。太阳高度角不同，形成的阴影效果不同。太阳高度角大，阴影小而淡，影像缺乏立体感；太阳高度角过低，阴影长而深，掩盖地物过多，也不利于解译。通常以 30°～40°之间的太阳高度角较为适宜。

在热红外和微波影像上，阴影的本质与上述不同，解译时要根据物体的波谱特性认真分析对待。

5）纹理。纹理又称质地。由于像片比例尺的限制，物体的形状不能以个体形式明显地在影像上表现出来，而是以群体的色调、形状重复构成个体无法辨认的影像特征。不同物体的表面结构特点和光滑程度并不一致，在遥感影像上形成不同的纹理质地。例如，河床上的卵石较沙子粗糙些；草原表面要比森林光滑；沙漠中的纹理能够表现沙丘的形状及主要风系的风向；海滩纹理能够表示海滩沙粒结构的粗细等。

纹理（质地）常用光滑状、粗糙状、参差状、海绵状、疙瘩状、锅穴状表示。

6）图型。图型又称结构，是个体可以辨认的许多细小地物重复出现所组成的影像特征，它包括不同地物在形状、大小、色调、阴影等方面的综合表现。水系格局、土地利用形式等均可形成特有的图型，如平原农田呈栅状近长方形排列，山区农田呈现弧形长条形态。

图型常用点状、斑状、块状、线状、条状、环状、格状、纹状、链状、垅状、栅状等描述。

（2）间接解译标志

自然界各种物体和现象都是有规律地与周围环境和其他地物、现象相互联系，相互作用。因此，可以根据一个地物的存在或性质来推断另一个地物的存在和性质，或者根据已经解译出的某些自然现象判断另一种在影像上表现不明显的现象。

例如，通过直接解译标志可以直观地看到各种地貌现象，通过岩石地貌分析可识别岩性，通过构造地貌分析可识别构造。这种通过对解译对象密切相关的一些现象进行推理、判断达到辨别解译对象的方法，称为间接解译。主要的间接解译标志如下：

1）位置。位置是指地物所处环境在影像上的反映，即影像上目标（地物）与背影（环境）的关系。地物和自然现象都具有一定的位置。例如，芦苇长在河湖边、沼泽地；红柳丛生在沙漠；河漫滩和阶地位于河谷两侧；洪积扇总是位于沟口等。

2）相关布局。景观各要素之间或地物与地物之间有一定的相互依存关系，这种相关性反映在影像上形成平面布局。例如，从山脊到谷底，植被有垂直分带性，于是在影像上形成色调不同的带状图形布局；山地、山前洪积扇，再往下为冲积洪积平原、河流阶地、河漫滩等。

由于各种地物是处于复杂多变的自然环境中，因此解译标志也随着地区的差异和自然景观不同而变化，绝对稳定的解译标志是不存在的，有些解译标志具有普遍意义，有些解释标志则带有地区性。有时即使是同一地区的解译标志，在相对稳定的情况下也有变化。因此，在解译过程中，对解译标志要认真分析总结，不能盲目照搬套用。

解译标志的可变性还与成像条件、成像方式、传感器类型、洗印条件和感光材料等有关。一些解译标志往往具有地区性或地带性，它们常常随着周围环境的变化而变化。色调、阴影、图形，纹理等标志总是随摄影时的自然条件和技术条件的改变而改变，否则会造成解译错误。有些解译标志存在一定的可变性或局限性，解译时要尽可能将直接解译标志和间接解译标志进行综合分析。为了建立工作区的解译标志，必须反复认真解译和进行野外对比检验，并选取一些典型像片作为建立地区性解译标志的依据以提高解译质量。

三、遥感影像判读方法

1. 遥感资料的选择

遥感图像记录的仅是某一瞬间某一波段的空间平面特征，绝非地面实况的全部信息。因此，遥感资料选择的正确与否直接影响解译效果。不同的遥感资料具有不同的用途，研究不同的问题需要选择合适的遥感资料。

资料类型选择。由于不同的成像方式对地物的表现能力不同，图像的特征不同，因此在进行目视解译时要选择合适的遥感资料类型。

波段选择。由于各类地物的电磁辐射性质各不相同，因此应当根据地物波谱特性曲线来选择适用的波段。例如，解译植物采用 TM2、TM3、TM4、MSS5、MSS7 较好；解释水体用 TM1、MSS4、MSS5 最佳；岩性识别采用 TM1、TM5 等。

时间选择。由于季节不同，环境变化很大，因而所获得的图像不同。例如，地质、地貌解译最好选择冬季的图像；植被类型的识别一般要用春季、秋季的图像；农作物估产要选择扬花和开始结实时的图像。

比例尺选择。由于解译目标不同，影像比例尺也不相同，绝不能认为比例尺越大越好。不适当地扩大影像的比例尺，不仅造成浪费，而且解译效果并不一定好。一般要求与成图比例尺相一致的影像比例尺。

对于"静止的"或变化缓慢的自然现象，只需选择特定波段、特定时间、特定比例尺的影像就可完全识别。对于动态的自然现象，需要对多波段、多时相、多比例尺的影像进行对比分析才能完全掌握它的动态变化。

2. 遥感图像的处理

在对遥感图像进行解译时必须要有高质量的图像，即高几何精度、高分辨率的图像。图像增强和信息特征提取等预处理技术有助于目视解译。因此，要充分利用各种处理手段，尽可能得到高质量的图像。

影像放大。影像放大是最简单、最实用的影像处理方法。虽然影像经过放大不能产生新的信息，但是能提高其辨别能力，尤其是能够提高影像的几何分辨率。因为人眼的几何分辨力是受生理条件限制的，物体或影像的大小只有大于最小人眼分辨能力时，才能为人眼所识别。

影像数字化。影像数字化是影像预处理的重要方面。依靠数字化影像，可以进行各种增强信息特征提取试验，提高目视解译的速度和精度。影像数字化利用数字化仪和模数转化器进行。

图像处理。遥感图像处理的方法有很多，包括光学处理、计算机处理和光学计算机混合处理。原始图像经过图像复原、增强、特征提取等技术处理，使得识别地物的有用信息得到增强，方便图像的目视解译。

现代图像处理正向资料的复合方向发展，即将不同类型的遥感图像和其他资料复合，为解译提供丰富而有价值的图像和资料。

3. 遥感影像判读的方法

在遥感影像解译过程中，利用解译标志来认识地物及其属性的方法通常可以归纳为以下几种。

1）直判法。直判法是指能够通过遥感影像的解译标志直接判定某一地物或现象的存在和属性的一种直观解译方法。一般具有明显形态、色调特征的地物和现象，大多运用这种方法进行解译。

2）邻比法。在同一张遥感影像或相邻较近的遥感影像上进行邻近比较，进而区分出两种不同目标的方法。这种方法通常只能将不同类型地物的界线区分出来，不一定能够鉴别出地物的属性。例如，同一农业区种有两种农作物，此法可把这两种农作物的界线判出，但不一定能够判定其是何种作物。用邻比法时，要求遥感影像的色调保持正常。邻比法最好是在同一张影像上进行。

3）对比法。对比法是指将解译地区遥感影像上所反映的某些地物和自然现象与另一已知的遥感影像样片进行比较，进而判定某些地物和自然现象的属性。

对比必须在各种条件相同时进行。例如，地区自然景观、气候条件、地质构造等应当基本相同，对比的影像应是相同的类型、相同的波段，遥感的成像条件（时间、季节、光照、天气、比例尺和洗印等）也应相同或相近。

4）逻辑推理法。借助各种地物或自然现象之间的内在联系所表现的现象，间接判断某一地物或自然现象的存在和属性。当利用众多的表面现象来判断某一未知对象时，要特别注意这些现象中哪些是可靠的间接解译标志，哪些是不可靠的，从而确定未知对象的存在和属性。例如，当在影像上发现河流两侧均有小路通至岸边，由此就可联想到该处是渡口处或是涉水处；若进一步解译，当发现河流两岸登陆处连线与河床近似直交时，则表明河水流速较小；若与河床斜交，则表明流速较大，斜交角度越小，流速越大。

5）历史对比法。利用不同时间重复成像的遥感影像加以对比分析，从而了解地物与自然现象的变化情况，称为历史对比法。这种方法对认识自然资源和环境的动态变化尤为重要，例如，土壤侵蚀、农田面积减少、沙漠化移动速度、冰川进退、洪水泛滥等。

上述各种解译方法在具体运用中不能完全分开，而是相互交错在一起，只是在某一解译过程中某一方法占主导地位而已。

四、遥感信息获取技术

与目视判读解译不同，计算机自动解译的主要依据是对地物的光谱特征进行统计判别，具体方法包括非监督分类方法和监督分类方法。分类结果的可靠性需要通过严格的分类精度统计分析，以及野外调查进行验证。

1. 非监督分类

非监督分类是根据地物的光谱统计特性进行分类，直接利用象元灰度值的统计特征进行类别划分，常用于对分类区没有什么了解的情况。其分类前提是假设同类物体在相同的条件下具有相同的光谱特征，其不必对影像地物获取先验知识，仅是利用影像不同类地物光谱信息或者纹理信息进行特征提取，然后通过统计特征的差别进行分类，最后再对已分出的各个类别的实际属性进行归属确认。非监督分类方法的优点是：方法简单，对光谱特征差异大的地物类型分类效果好。但是当两个地物类型对应的光谱特征类差异很小时，非监督分类效果不好。其常用的方法有分级集群法、动态聚类法等。

在实际操作中，非监督分类人为干预较少，自动化程度较高。例如，常用 ISODATA 算法，其完全按照象元的光谱特性进行统计分类，图像的所有波段都参与分类运算，分类结果往往是各类别的象元数大体等比例。

2. 监督分类

监督分类比非监督分类更多地需要用户来控制，常用于对研究区域较为了解的情况。在监督分类过程中，首先选择可以识别或者借助其他信息可以断定其类型的象元建立模板，然后基于该模板使计算机系统自动识别具有相同特性的象元。对分类结果进行评价后再对模板进行修改，多次反复后建立一个较为准确的模板，并在此基础上最终进行分类。监督分类一般要经过以下几个步骤：建立模板（训练样本）、评价模板、确定初步分类结果、检验分类结果、分类后处理、分类特征统计、栅格矢量转换。

■ **任务实施**

判读遥感影像中的森林资源信息

一、工具

每组配备：影像资料，相关软件，铅笔等。

二、方法与步骤

（一）解译遥感影像

解译遥感影像有着各种各样的应用目的，有的要编制专题地图，有的要提取某种有用信息和数据，但判读步骤具有共性，其过程如下：

第 1 步　准备工作

准备工作包括资料收集、分析、整理和处理。

1）资料收集。根据解译对象和目的选择合适的遥感资料作为解译主体，若有可能则可收集有关的遥感资料作为辅助，包括不同高度、不同比例尺、不同成像方式和不同波段、时相的遥感影像。同时，收集地形图、各种有关的专业图件及文字资料。

2）资料分析处理。对收集到的各种资料进行初步分析，掌握解译对象的概况、时空分布规律、研究现状和存在问题，分析遥感影像质量，了解可以解译的程度，若有可能则对遥感影像进行必要的加工处理，以便获得最佳影像。同时，要对所有资料进行整理，做好解译前的准备工作。

第 2 步　建立解译标志

通过路线踏勘制定判读对象的专业分类系统，并建立解译标志。

1）路线踏勘。根据专业要求进行路线踏勘，以便具体了解解译对象的时空分布规律、实地存在状态、基本性质特征及在影像上的反映和表现形式等。

2）建立分类系统和解译标志。在路线踏勘的基础上，根据解译目的和专业理论制定出解译对象的分类系统及制图单元。同时，依据解译对象与影像之间的关系，建立专业解译标志。

第 3 步　室内解译

严格遵循一定的解译原则和步骤，充分运用各种解译方法，依据建立的解译标志，在遥感影像上按专业目的和精度要求进行具体细致的解译。勾绘界线，确定类型。对每一个图斑都要做到推理合乎逻辑，结论有所依据，把一些解译把握性不大和无法解译的内容和地区记录下来，留待野外验证时确定，最后得到解译草图。

第 4 步　野外验证

野外验证包括解译结果校核检查、样品采集和调绘补测。

1）校核检查。将室内解译结果带到实地进行抽样检查、校核，发现错误及时更正、修改，特别是对室内解译把握不大和有疑问的，应做重点检查和实地解译，确保解译符合精度要求。

2）样品采集。根据专业要求，采集进一步深入定量分析所需的各种土壤、植物、水体、泥沙等样品。

3）调绘和补测。对一些变化了的地形地物、无形界线进行调绘、补测，测定细小物体的线度、面积、所占比例等数量指标。

第 5 步　成果整理

成果整理包括编绘成图、资料整理和文字总结。

编绘成图。首先将经过修改的草图审查、拼接，准确无误后着墨上色，形成解译原图；然后将解译原图上的专题内容转绘到地理底图上，得到转绘草图，在转绘草图上进行地图编绘，着墨整饰后得到编绘原图；最后清绘得到符合专业要求的图件和资料，即解译草图→解译原图→转绘草图→编绘原图→清绘原图。

资料整理、文字总结。将解译过程和野外调查、室内测量得到的所有资料整理编目，最后进行分析总结，编写说明报告。报告内容包括项目名称、工作情况、主要成果、结果分析评价和存在问题等。

（二）遥感图像处理软件

本任务使用美国 ERDAS 公司 ERDAS IMAGINE 遥感图像处理软件。实施过程如下。

1. 非监督分类（Unsupervised Classification）

第 1 步　进行非监督分类

进行非监督分类，首先在 Unsupervised Classification 对话框中分别确定输入文件、输出文件、确定聚类参数、初始聚类方法选择和分类数，对分类数的确定，实际工作中常将分类数目取为最终分类数目的两倍以上，最后单击 OK 按钮即可，如图 20-2 所示。

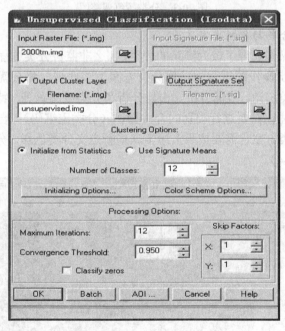

图 20-2　非监督分类对话框

第 2 步　定义各地类颜色和名称

初始分类图像是灰度图像，各类别的显示灰度由系统自动赋予，为了提高分类图像的直观效果，需要重新定义类别颜色。在 Raster Attribute Editor 窗口对每一个分类进行赋色。

虽然已经得到了一个分类图像，但是对各个分类的专题意义目前还没有确定，通过将原始图像与分类后图像叠加显示,设置分类图像在原始图像背景上闪烁(Flicker),观察其与背景图像之间的关系,从而判断该类别的专题意义,并分析其分类准确程度。当然,也可用卷帘显示(Swipe)、混合显示(Blend)等图像叠加显示工具进行判别分析,如图20-3所示。

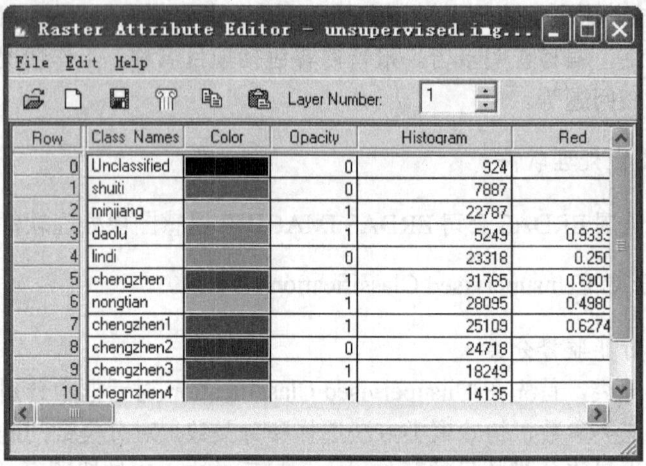

图 20-3　分类颜色调整图

第3步　类别合并与属性重定义

如果经过上述操作获得了较为满意的分类,那么非监督分类过程就可以结束。反之,如果在进行上述各步操作的过程中发现分类方案不够理想,那么就需要进行分类后处理。例如,进行聚类统计、过滤分析、去处分析和分类重编码等。特别是由于给定的初始分类数量较多,往往需要进行类别的合并操作(分类重编码);合并操作之后,就意味着形成了新的分类方案,需要按照上述步骤重新定义分类色彩、分类名称、计算分类面积等属性(图20-4)。

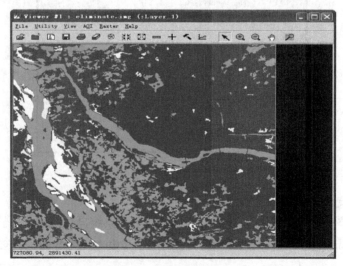

图 20-4　非监督分类最终结果图

第 4 步 面积统计

打开非监督分类最终结果图，打开栅格属性编辑器，增加面积列，单位选择公顷，即可得到各地类的面积，如图 20-5 所示。

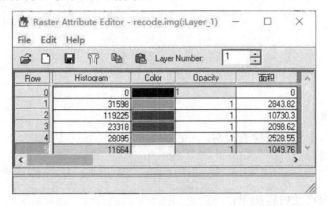

图 20-5 统计各地类的面积

2. 监督分类（Classification Signature）

监督分类一般有以下几个步骤：定义分类模板（Define Signatures）、进行监督分类（Perform Supervised Classification）和评价分类结果（Evaluate Classification）。

第 1 步 定义分类模板

ERDAS IMAGINE 的监督分类是基于分类模板（Classification Signature）进行的，而分类模板的生成、管理、评价和编辑等功能是由分类模板编辑器（Signature Editor）来负责的。分类模板编辑器是进行监督分类的一个不可缺少的组件。在分类模板建立后，就可对其进行评价（Evaluating）、删除、更名及与其他分类模板合并等操作。分类模板的合并，可使用户应用来自不同训练方法的分类模板进行综合分类，这些模板训练方法包括监督、非监督、参数化和非参数化。

第 2 步 执行监督分类

监督分类实质上就是依据所建立的分类模板、在一定的分类决策规则条件下，对图像象元进行聚类判断的过程。在监督分类过程中，用于分类决策的规则是多类型、多层次的。例如，对非参数分类模板有特征空间、平行六面体等方法；对参数分类模板有最大似然法、马氏（mahalanobis）距离法、最小距离法等方法。当然，非参数规则与参数规则可以同时使用，但是要注意应用范围，非参数规则只能应用于非参数型模板，对参数型模板要使用参数规则。另外，如果使用非参数型模板，就要确定叠加规则（Overlay Rule）和未分类规则（Unclassified Rule）。

第 3 步 分类后处理

监督分类，其分类原理是基于图像的光谱特征进行聚类分析，因此不可避免带有一定的盲目性。要想获得较为理想的分类结果，还需要对分类后的结果图像进行一些后处理工作，这些处理操作通称为分类后处理。

第4步 统计各地类面积

打开监督分类最终结果图后,打开栅格属性编辑器,增加面积列,单位选择公顷,即可得到各地类的面积。

三、数据记录

提交结果。

四、注意事项

1）仔细认真。
2）软件操作中要及时检查校对。

■ 任务评价

1）主要知识点及内容如下：

监督分类；非监督分类；遥感的概念及遥感技术系统的组成；遥感分类；遥感技术在林业上的应用；电磁波与电磁波谱；遥感影像判读。

2）对任务实施过程中出现的问题进行讨论，并完成解译遥感影像任务评价表（表20-1）。

表20-1 解译遥感影像任务评价表

任务程序		任务实施中应注意的问题
人员组织		
材料准备		
实施步骤	1. 资源收集	
	2. 建立解译标志	
	3. 室内解译	
	4. 野外验证	
	5. 成果整理	

■ 拓展知识

一、我国森林资源连续清查体系

森林资源受自然环境、人为活动的影响不断发生变化，只有定期进行清查，才能摸清林业"家底"，为林业乃至国民经济发展宏观决策提供依据。森林资源连续清查是指对同一范围的森林资源，通过连续可比的方式定期进行重复调查，掌握森林资源的数量、质量、结构、分布及其消长变化，分析和评价一定时期内人为活动对森林资源的影响，从而客观反映森林资源保护发展的最新动态。

我国森林资源连续清查简称"一类调查"，是以省（区、市）为单位，以数理统计抽样调查为理论基础，通过系统抽样方法设置固定样地并进行定期复查，掌握森林资源现状及其消长变化，为评价全国和各省（区、市）林业和生态建设成效提供重要依据。

国家森林资源连续清查是全国森林资源监测体系的重要组成部分，清查成果以宏观掌握森林资源现状与动态为目的，全面把握林业发展趋势，为编制林业发展规划与国民经济和社会发展规划等重大战略决策提供科学依据。森林资源连续清查是制定和调整林业方针政策、规划、计划及监督检查各地森林资源消长任期目标责任制的重要依据。

我国森林资源连续清查体系是 1978 年建立的，之后每 5 年复查一次，样地数量和间距因各省情况而定。例如，辽宁 4km×4km 等，设置的样地称为省级样地（一类样地），样地面积为 0.08hm^2，形状为正方形。随着森林调查内容的增加，一类样地调查的项目也从最初的资源数据监测扩大到土地利用与覆盖、森林健康状况与生态功能，在对森林生态系统多样性的现状和变化等方面的调查中发挥了更大作用。

根据全国森林资源连续清查技术规定要求，省级固定样地应当完成基本情况、林分状况、每木调查、样木位置图绘制及其他因子的调查工作，并详细记录"森林资源连续清查样地调查记录"。在每次全国森林资源连续清查时，样地调查操作细则都会适当地修改，因此在调查前应当认真学习，熟悉操作规程。

二、森林抽样调查技术的发展

用抽样方法调查森林资源始于 18 世纪后期。1930 年概率论的应用为现代抽样调查奠定了理论基础。1936 年方差和协方差分析的发表，开辟了抽样设计和误差估计方面的新途径。1953 年美国的威廉.G.科克伦所著的《抽样技术》一书出版，提供了系统的抽样理论和方法。近十几年来，航空摄影、人造卫星、电子计算机技术和精密测树仪的应用和发展，大幅度地提高了森林抽样调查的效率。在中国，1949 年以前抽样方法在森林调查中已有应用。1949 年以后，我国大量采用方格法和带状样地法。20 世纪 60 年代引进了航空像片的森林分层抽样技术，并在全国广泛应用。20 世纪 70 年代后期，以省为总体建立了固定样地的森林连续清查系统，全国共设固定样地 14 万个，用以监测全国大区域森林资源的变动情况。

近十几年来，抽样技术的研究日益被国内外重视，抽样技术的发展非常迅速。尤其是航空摄影技术，卫星遥感技术，全球定位系统技术，计算机连续清查管理系统的研发，精密测树仪及手持野外调查记录仪的应用和发展，促使森林调查工作朝着精度高、速度快、成本低、自动化和连续化的方向发展。目前，森林抽样调查技术已经形成了一门独特的学科。

在林业生产上，除本单元介绍的应用较多的系统抽样调查和分层抽样调查外，还有比估计、两阶抽样、双重抽样、两期抽样、不等概率抽样、回归估计等抽样技术。

1）比估计。在回归估计中，主因子和辅助因子的线性关系一般不通过原点，如果这种关系通过原点，那么回归估计就变成了比估计。也就是说，若辅助因子总体平均数已知，则利用 y 与 x 的比值进行抽样估计。比估计一般是有偏差的。但是在样本很大时，这种偏差不大。

2）两阶抽样。先将总体划分成一阶单元（群），再将每个一阶单元划分成更小的二阶单元，然后随机地抽取一部分一阶单元，再从每个被抽中的一阶单元中抽取部分二阶单元进行测定，这种抽样方法就是两阶抽样。

3）双重抽样。当总体很大时使用回归估计或比估计，即使辅助因子的单元调查成本很低，要进行全面调查也是较为困难的，这时作为一种变通方法，可以抽取一个较大的样本进行对比估计，然后再利用主因子和辅助因子的关系进行抽样估计，这就形成了一种利用双重样本进行抽样估计的方法，也就是双重抽样，或称两相抽样。

4）两期抽样。如果对同一总体进行多次调查，那么这种抽样调查就是多期抽样，其中相邻的两次抽样调查就是两期抽样。其主要目的是调查估计最近一期的现况及前后两期之间的总体变化。

自 测 题

一、名词解释

1. 森林抽样调查　2. 系统抽样　3. 分层抽样　4. 3S 技术　5. 遥感
6. 空间分辨率　7. 遥感图像分类　8. 非监督分类　9. 监督分类

二、填空题

1. 现代遥感技术系统一般由四部分组成，分别是_____、_____、_____和_____。
2. 电磁波谱按照频率由高到低排列主要有_____、_____、_____、_____、_____、_____和_____。
3. 直接解译标志主要有_____、_____、_____、_____和_____等。
4. 遥感技术按照遥感平台不同，可分为_____、_____和_____；根据遥感工作波长分类，可分为_____、_____、_____和多波段遥感等；根据辐射源分类，可分为_____和_____。

三、选择题

1. 遥感的关键装置是（　　）。
   A. 航天器　　　B. 航空器　　　C. 电子计算机　　　D. 传感器
2. 遥感探测的范围越大，则（　　）。
   A. 获得资料的速度越慢　　　B. 获得资料的周期越长
   C. 对地物的分辨率越低　　　D. 对地物的分辨率越高
3. 阴雨天气中，对地物分辨率最高的是（　　）。
   A. 飞机可见光遥感　　　B. 卫星可见光遥感
   C. 飞机微波遥感　　　　D. 卫星微波遥感
4. 气象卫星发回的卫星云图主要运用了（　　）。
   A. 全球定位技术　　　B. 卫星遥感技术
   C. 地理信息技术　　　D. 数字地球虚拟技术
5. 以下卫星中，空间分辨率最高的是（　　）。
   A. 美国 Quick Bird 系列卫星
   B. 1999 年中国发射的中巴资源卫星 CBERS-2
   C. 装载 HRV 传感器的法国 SPOT 系列卫星
   D. 1999 年美国发射的 IKNOS 卫星
6. 遥感技术测量、记录、分析被测目标的（　　）。

A. 形状特征 B. 位置
C. 电磁波谱特征 D. 地形的起伏特征

7. 2m 分辨率的遥感影像是指（　　）。
   A. 2m 边长的遥感影像
   B. 只要边长小于 2m 的物体都可以判断
   C. 影像上的一个像元，表示 2m 边长的方形地面范围
   D. 影像上的一个像元，表示地面 $2m^2$ 的范围

8. 大气窗口是指（　　）。
   A. 没有云的天空区域
   B. 电磁波能够穿过大气层的局部天空区域
   C. 电磁波能够穿过大气的电磁波谱段
   D. 没有障碍物阻挡的天空区域

9. 当前遥感发展的主要特点中，以下不正确的是（　　）。
   A. 高分辨率小型商业卫星发展迅速
   B. 遥感从定性走向定量
   C. 遥感应用不断深化
   D. 技术含量高，可以精确地反映地表状况，完全可以替代地面调查

10. 遥感技术应用的领域包括（　　）。
    ①资源普查　②灾害监测　③环境监测　④工程建设及规划
    A. ①②　　　B. ③④　　　C. ①②③　　　D. ①②③④

四、判断题

1. 林分纯生长量也就是净增量。（　　）
2. 用生长锥钻取胸径取木条时的压力会使自然状态下的年轮变窄。（　　）
3. 遥感中较多地使用可见光、红外线和微波波段。可见光波段虽然波谱区间很窄，但是对遥感技术而言却非常重要。（　　）
4. 遥感数字图像计算机分类的依据是像素具有的多光谱特征，并没有考虑相邻像素间的关系，未能利用图像中提供的形状和空间位置特征。（　　）
5. 专题制图仪 TM 是 NOAA 气象卫星上携带的传感器。（　　）
6. 当一幅数字图像的目视效果不太好或者有用的信息突出不够时，就需要进行数字图像的增强处理。（　　）

五、简答题

1. 与树木生长相比，林分生长的特点是什么？
2. 简述林分生长量的种类及各生长量之间的关系。
3. 森林抽样调查方案评定指标有哪几方面？
4. 我国森林资源连续清查是何年建立？采用什么抽样方法布设样地？样地的面积是多少？几年复查一次？

5. 简述实施森林分层抽样应当满足的条件。
6. 简述利用罗盘仪进行样地引点定位的工作步骤。
7. 在森林抽样调查时，样地定位的精度如何要求？
8. 在森林资源连续清查时，复位样地林木检尺类型有哪些？
9. 简述遥感影像解译（判读）的步骤。
10. 遥感影像判读的方法有哪些？
11. 非监督分类一般要经过哪些步骤？
12. 监督分类的一般步骤有哪些？

六、计算题

1. 一块林分第一次调查时平均年龄为 20 年，平均高为 12.0m，平均直径为 14cm，第二次调查时平均年龄为 30 年，平均高为 15.5m，平均直径为 20cm，计算该林分树高、直径的净增量是多少？

2. 已知某地总体面积为 264 200 亩，平均每亩蓄积量为 $3m^3$，少数高产林分的每亩蓄积量为 $22.8m^3$，最小为 0，样地面积为 1 亩，可靠性为 95%，要求总体蓄积量抽样精度为 90%。

（1）按照系统抽样调查方案需要多少样地（不含保险系数）？

（2）若保险系数为 10%，按照正方形系统布点，则点间距为多少？

参 考 文 献

北京林业大学，1990．测树学[M]．北京：中国林业出版社．
高见，张彦林，2009．森林调查技术[M]．兰州：甘肃科学技术出版社．
黄涛，张洪，2016．地形图识图与应用[M]．北京：测绘出版社．
靳来素，2014．林业遥感技术[M]．沈阳：沈阳出版社．
李娜，2020．GNSS 测量技术[M]．武汉：武汉大学出版社．
孟宪宇，1996．测树学[M]．2 版．北京：中国林业出版社．
苏杰南，2017．森林调查技术[M]．北京：高等教育出版社．
苏杰南，胡宗华，2014．森林调查技术[M]．2 版．北京：中国林业出版社．
苏杰南，曾斌，高见，2021．森林调查技术[M]．3 版．北京：中国林业出版社．
魏占才，2002．森林计测[M]．北京：高等教育出版社．
魏占才，2006．森林调查技术[M]．北京：中国林业出版社．
魏占才，2006．森林调查技术[M]．北京：中国林业出版社．
赵建三，贺跃光，2018．测量学[M]．3 版．北京：中国电力出版社．
赵耀龙，易红，郑春燕，等，2015．地图学基础[M]．北京：科学出版社．